"碳中和多能融合发展"丛书编委会

主　编：

刘中民　中国科学院大连化学物理研究所所长/院士

编　委：

包信和　中国科学技术大学校长/院士

张锁江　中国科学院过程工程研究所研究员/院士

陈海生　中国科学院工程热物理研究所所长/研究员

李耀华　中国科学院电工研究所所长/研究员

吕雪峰　中国科学院青岛生物能源与过程研究所所长/研究员

蔡　睿　中国科学院大连化学物理研究所研究员

李先锋　中国科学院大连化学物理研究所副所长/研究员

孔　力　中国科学院电工研究所研究员

王建国　中国科学院大学化学工程学院副院长/研究员

吕清刚　中国科学院工程热物理研究所研究员

魏　伟　中国科学院上海高等研究院副院长/研究员

孙永明　中国科学院广州能源研究所副所长/研究员

葛　蔚　中国科学院过程工程研究所研究员

王建强　中国科学院上海应用物理研究所研究员

何京东　中国科学院重大科技任务局材料能源处处长

"十四五"国家重点出版物出版规划项目

国家出版基金项目
NATIONAL PUBLICATION FOUNDATION

碳中和多能融合发展丛书

刘中民　主编

碳中和目标下 多能融合战略

刘中民　蔡　睿　朱汉雄　李婉君　等　著

科学出版社
龙门书局
北　京

内 容 简 介

我国能源各分系统相对独立，存在系统壁垒，难以"合并同类项"，导致能源系统结构性矛盾突出、整体效率不高。缺乏能联系不同能源种类、打破系统壁垒的关键技术是造成上述问题的重要原因。本书基于中国科学院战略性先导科技专项(A 类)"变革性洁净能源关键技术与示范"的战略研究成果和科技研发进展，提出了通过技术创新实现多种能源之间互补融合的"多能融合"理念和技术框架；阐释了多能融合"四主线、四平台"内涵；分析了多能融合关键技术清单及各平台技术的专利导航情况；提出了典型区域开展多能融合示范的系统方案；通过能源系统模型，量化评估了碳中和目标下多能融合战略实施的效果，提出了加速推进多能融合战略的政策建议。

本书是基于技术分析开展战略研究的探索性成果，可为我国面向"双碳"目标的新型能源体系构建提供参考，也能为科技研发人员、政府管理人员、能源政策研究人员了解我国能源科技整体布局和发展需求提供参考。

图书在版编目(CIP)数据

碳中和目标下多能融合战略 / 刘中民等著. —北京：龙门书局，2024.6
(碳中和多能融合发展丛书)

国家出版基金项目

ISBN 978-7-5088-6370-2

Ⅰ. ①碳… Ⅱ. ①刘… Ⅲ. ①二氧化碳-节能减排-研究-中国
Ⅳ. ①X511

中国国家版本馆 CIP 数据核字(2023)第 246203 号

责任编辑：吴凡洁 王楠楠 / 责任校对：王萌萌
责任印制：师艳茹 / 封面设计：有道文化

科 学 出 版 社
龍 門 書 局 出版

北京东黄城根北街 16 号
邮政编码：100717
http://www.sciencep.com

涿州市般润文化传播有限公司印刷
科学出版社发行 各地新华书店经销

*

2024 年 6 月第 一 版 开本：787×1092 1/16
2024 年 6 月第一次印刷 印张：16 1/2
字数：391 000

定价：168.00 元
(如有印装质量问题，我社负责调换)

作 者 简 介

➤ 刘中民

中国工程院院士，中国科学院大连化学物理研究所所长。曾荣获国家技术发明奖一等奖、国家科学技术进步奖一等奖、何梁何利基金科学与技术创新奖、全国创新争先奖、全国五一劳动奖章、最美科技工作者等多项奖励和称号。长期从事能源化工领域应用催化研究与技术开发，作为技术总负责人主持完成了多项创新成果并实现了产业化。

E-mail：zml@dicp.ac.cn

➤ 蔡睿

中国科学院大连化学物理研究所研究员，中国科学院大连化学物理研究所低碳战略研究中心负责人。主要研究领域：无机膜材料分离与催化、能源科技战略、科技管理与成果转化等。

E-mail：cairui@dicp.ac.cn

➤ 朱汉雄

中国科学院大连化学物理研究所低碳战略研究中心高级工程师，主要从事能源系统与政策分析、能源科技战略、能源相关碳排放估算等的研究，参与了多项国家和中国科学院能源领域战略研究，包括中国科学院战略性先导科技专项（A 类）"变革性洁净能源关键技术与示范"的战略研究课题、中国科学院学部"碳中和"重大咨询项目、榆林市能源革命创新示范区创建方案编制等。

E-mail：zhuhanxiong@dicp.ac.cn

➤ 李婉君

中国科学院大连化学物理研究所低碳战略研究中心副主任，副研究员。主要研究领域：能源技术战略、"多能融合"技术体系、技术评估方法、纳米金催化等。

E-mail：lwj@dicp.ac.cn

丛书序

2020 年 9 月 22 日，习近平主席在第七十五届联合国大会一般性辩论上发表重要讲话，提出"中国将提高国家自主贡献力度，采取更加有力的政策和措施，二氧化碳排放力争于 2030 年前达到峰值，努力争取 2060 年前实现碳中和"。"双碳"目标既是中国秉持人类命运共同体理念的体现，也符合全球可持续发展的时代潮流，更是我国推动高质量发展、建设美丽中国的内在需求，事关国家发展的全局和长远。

要实现"双碳"目标，能源无疑是主战场。党的二十大报告提出，立足我国能源资源禀赋，坚持先立后破，有计划分步骤实施碳达峰行动。我国现有的煤炭、石油、天然气、可再生能源及核能五大能源类型，在发展过程中形成了相对完善且独立的能源分系统，但系统间的不协调问题也逐渐显现，难以跨系统优化耦合，导致整体效率并不高。此外，新型能源体系的构建是传统化石能源与新型清洁能源此消彼长、互补融合的过程，是一项动态的复杂系统工程，而多能融合关键核心技术的突破是解决上述问题的必然路径。因此，在"双碳"目标愿景下，实现我国能源的融合发展意义重大。

中国科学院作为国家战略科技力量主力军，深入贯彻落实党中央、国务院关于碳达峰碳中和的重大决策部署，强化顶层设计，充分发挥多学科建制化优势，启动了"中国科学院科技支撑碳达峰碳中和战略行动计划"（以下简称行动计划）。行动计划以解决关键核心科技问题为抓手，在化石能源和可再生能源关键技术、先进核能系统、全球气候变化、污染防控与综合治理等方面取得了一批原创性重大成果。同时，中国科学院前瞻性地布局实施"变革性洁净能源关键技术与示范"战略性先导科技专项（以下简称专项），部署了合成气下游及耦合转化利用、甲醇下游及耦合转化利用、高效清洁燃烧、可再生能源多能互补示范、大规模高效储能、核能非电综合利用、可再生能源制氢/甲醇，以及我国能源战略研究等八个方面研究内容。专项提出的"化石能源清洁高效开发利用"、"可再生能源规模应用"、"低碳与零碳工业流程再造"、"低碳化、智能化多能融合"四主线"多能融合"科技路径，为实现"双碳"目标和推动能源革命提供科学、可行的技术路径。

"碳中和多能融合发展"丛书面向国家重大需求，响应中国科学院"双碳"战略行动计划号召，集中体现了国内，尤其是中国科学院在"双碳"背景下在能源领域取得的关键性技术和成果，主要涵盖化石能源、可再生能源、大规模储能、能源战略研究等方向。丛书不但充分展示了各领域的最新成果，而且整理和分析了各成果的国内国际发展情况、产业化情况、未来发展趋势等，具有很高的学习和参考价值。希望这套丛书可以为能源领域相关的学者、从业者提供指导和帮助，进一步推动我国"双碳"目标的实现。

中国科学院院士

2024 年 5 月

前言

党中央、国务院高度重视应对气候变化工作。习近平主席在 2020 年 9 月 22 日第七十五届联合国大会一般性辩论上宣布，"中国将提高国家自主贡献力度，采取更加有力的政策和措施，二氧化碳排放力争于 2030 年前达到峰值，努力争取 2060 年前实现碳中和"[①]。2021 年 3 月 15 日中央财经委员会第九次会议中，习近平总书记进一步强调"我国力争2030 年前实现碳达峰，2060 年前实现碳中和，是党中央经过深思熟虑作出的重大战略决策，事关中华民族永续发展和构建人类命运共同体""实现碳达峰、碳中和是一场广泛而深刻的经济社会系统性变革，要把碳达峰、碳中和纳入生态文明建设整体布局"[②]。碳达峰、碳中和工作已经成为我国全面建设社会主义现代化国家的重要抓手，必须发挥新型举国体制优势，全面推进。

碳排放与能源资源的种类、利用方式和利用总量直接相关。鉴于能源的基础地位和辐射作用，温室气体的排放与碳中和涉及面极其广泛，超越了能源、交通等具体领域，也与我国总体工业结构密切相关。我国成为全球碳排放量最大的国家的根本原因在于能源及其相关的工业体系主要依赖化石资源。必须重构我国能源及相关工业体系，使其从高碳向低碳化、绿色化突破，形成先进的"清洁低碳、安全高效"新体系，这样才能完成碳中和国家目标，同时支撑我国长远发展。但是，我国煤、油、气和风、光、水、核等各分系统相对独立，存在系统壁垒，难以"合并同类项"，导致能源系统结构性矛盾突出，整体效率不高，这已经成为制约我国能源高质量发展的核心问题。其中缺乏能联系不同能源种类、打破系统壁垒、促进能源各分系统互补融合的关键技术是造成上述问题的关键原因。挑战前所未有，任务异常艰巨，科技创新必须发挥支撑引领作用。

以中国科学院为代表的一批国内能源领域的科研机构经过多年研究，针对现有能源系统中系统割裂的问题，提出通过技术创新实现多种能源之间互补融合的"多能融合"理念，布局并积累了一批多能融合技术，并在典型区域开展综合示范，为碳中和目标下我国能源系统发展提供了框架和路径。本书结合中国科学院战略性先导科技专项（A 类）"变革性洁净能源关键技术与示范"的技术和能源战略研究进展，系统阐述了适合我国国情的能源领域科技创新的"多能融合"理念和技术框架，并重点介绍多能融合关键技

---

① 习近平在第七十五届联合国大会上一般性辩论上的讲话. (2020-09-22). http://www.gov.cn/xinwen/2020-09/22/content_5546169.htm。

② 习近平主持召开中央财经委员会第九次会议. (2021-03-15). http://www.gov.cn/xinwen/2021-03/15/content_5593154.htm。

术、典型场景和典型区域综合示范、多能融合技术专利导航与布局，突出了碳中和目标下微观技术研发和中观行业发展需求与区域发展目标的融合，将为国家、行业和区域的管理部门、能源领域科技研发人员提供发展思路。

本书共7章，分别介绍能源系统发展趋势、多能融合的理念与技术框架、多能融合关键技术清单与路线图、多能融合技术专利导航与布局分析、多能融合区域综合示范、碳中和目标下多能融合战略效果、碳中和目标下多能融合战略发展的结论与建议。

本书由刘中民、蔡睿、朱汉雄、李婉君任主撰写人。第1章由陈伟、岳芳、汤匀、李岚春、朱丹晨撰写，第2章由蔡睿、朱汉雄、黄冬玲、肖宇、李婉君、陈伟、岳芳撰写，第3章由李甜、张锦威、郭琛、袁小帅、吕正、杨丽平、张鑫撰写，第4章由杜伟、周游、张莹、贾宇宁、王春博、赵乐、屈海潮、张博仑撰写，第5章由朱汉雄、吕正、詹晶、王政威、王建强、袁晓凤、肖国萍、靳国忠、刘陆、刘正刚、杜伟、贾宇宁、王春博撰写，第6章由吕正、朱汉雄撰写，第7章由刘中民、蔡睿、朱汉雄、李婉君、黄冬玲撰写。在研究过程中，还得到中国科学院重大科技任务局陈海生研究员、何京东研究员，中国科学院电工研究所王志峰、杨铭、裴玮、杨军峰、赵聪、由弘扬、霍群海，中国科学院工程热物理研究所石可重、钟晓晖，中国科学院广州能源研究所甄峰等各位老师的指导。感谢参与撰写的全体同志！

考虑到研究问题的复杂性，限于作者理论水平和实际经验，书中难免存在不足和疏漏之处，恳请读者批评指正。

作　者

2023年11月

目录

第1章

能源系统发展趋势

当今世界面临百年未有之大变局,国际能源格局发生深刻调整、能源战略博弈明显加剧。全球能源系统形态加速变革,分散化、扁平化、去中心化的趋势特征日益明显,分布式能源快速发展,能源生产逐步向集中式与分散式并重转变,系统模式由大基地大网络为主逐步向与微电网、智能微电网并行转变,推动新能源利用效率提升和经济成本下降。新型储能和氢能有望规模化发展并带动能源系统形态根本性变革,构建新能源占比逐渐提高的新型电力系统蓄势待发,能源转型技术路线和发展模式趋于多元化[①]。

1.1 国际主要国家和组织能源系统发展趋势

能源是一国战略必争领域,国家需求导向和战略引领在能源科技发展中起到核心关键作用。主要发达国家在能源转型过程中以科技创新为先导,以体制改革为抓手,积极实施和调整中长期能源科技战略,成立新型创新平台优化改革能源科技创新体系,并出台长周期重大科研计划调动社会资源持续投入,通过上述举措来集中全国优势力量,致力于解决主体能源向绿色低碳过渡、多能互补耦合利用、终端用能深度电气化、智慧能源网络建设等重大问题,构建清洁低碳、安全高效的现代能源体系,抢占能源科技革命和产业变革的战略制高点。

1.1.1 美国

1.1.1.1 美国能源战略整体情况

美国能源革命具有非常规油气强势崛起、可再生能源规模不断扩大以及能源效率不断提高等典型特点,日益凸显的低能源成本优势为美国重振制造业和实体经济提供强劲动力,并对就业增长、贸易平衡和能源安全等产生了广泛积极的影响。在奥巴马执政时期,通过制定《全面能源战略:通往经济可持续增长之路》[②]及配套研发计划推动清洁能源技术革命和产业升级转型,设立先进能源研究计划署、能源前沿研究中心

---

① 国家发展改革委,国家能源局. 关于印发《"十四五"现代能源体系规划》的通知.(2022-01-29). https://www.ndrc.gov.cn/xwdt/tzgg/202203/t20220322_1320017.html?code=&state=123。

② Executive Office of the President of the United States. The all-of-the-above energy strategy as a path to sustainable economic growth. (2014-05-29). https:// obamawhitehouse.archives.gov/sites/default/files/docs/aota_energy_strategy_as_a_path_to_sustainable_economic_growth.pdf。

和能源创新中心等新型创新平台，有效融合产学研各方资源，美国在能源独立和清洁能源转型上已取得了明显进展。在特朗普执政时期，能源战略思路有较大转变，将"美国利益优先"作为核心原则，在"能源独立"的发展理念基础上向"能源主导"转变，在借助技术革命实现本国能源独立优势的过程中重塑全球能源供应格局，为扩大经济与地缘政治霸权创造"进可攻、退可守"的战略空间。根据美国能源信息署的统计数据，在2005年美国能源对外依存度还超过30%，到2019年美国已成为能源净出口国（图1.1）。

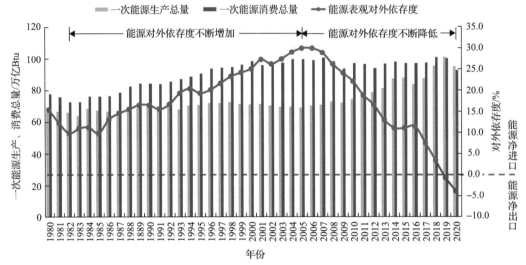

图1.1　1980～2020年美国一次能源生产、消费总量及能源表观对外依存度

资料来源：美国能源信息署（Energy Information Agency）. Annual Energy Review

1Btu=1055J

2021年拜登上台后在能源政策方面延续了民主党一贯的立场和主张，支持清洁能源革命，其基本立场与奥巴马执政时期无异，但有两方面的重要变化[1]：一是美国已实现能源独立，给拜登政府以及之后数届政府的内政外交政策选择带来更大的回旋空间，战略手段上更少受到能源因素的制约；二是拜登政府更注重清洁能源技术创新的核心作用，借助美国掌握的源头创新优势和科技领导地位，主导制定一套新的游戏规则改革新形势下的国际能源治理体系，牢牢把控国际话语权以获得最大利益，在利用科技优势打压主要竞争对手上力度进一步加强。

为应对新冠疫情带来的经济衰退以及气候变化危机，拜登政府制定了雄心勃勃的绿色新政——"清洁能源革命与环境正义计划"，重返《巴黎协定》，并承诺2035年实现零碳电力，2050年之前实现100%的清洁能源经济和净零排放，确保美国在世界应对气候紧急状况上发挥榜样作用。2021年11月发布的《美国长期战略2050年前实现温室气体净零排放的路径》[①]明确了短、中、长期目标，并相继启动氢能[②]、长时储

① The long-term strategy of the United States: Pathways to net-zero greenhouse gas emissions by 2050.（2021-11-18）. https://www. whitehouse.gov/wp-content/uploads/2021/10/US-Long-Term-Strategy.pdf。

② Secretary Granholm launches hydrogen energy earthshot to accelerate breakthroughs toward a net-zero economy.（2021-06-07）. https://www.energy.gov/articles/secretary-granholm-launches-hydrogen-energy-earthshot-accelerate-breakthroughs-toward-net。

能①、负碳技术②等能源科技攻关计划，以加快推进 2050 年净零排放目标的实现。

美国在完善国家能源科技创新体系进程中突出全链条集成化创新，加快先进技术成果转化为现实生产力。2018 年美国国会制定出台《美国能源部研究与创新法案》，从立法高度全面授权美国能源部开展基础研究、应用能源技术开发和市场转化全链条集成创新，并奠定奥巴马政府任期内成功建立的 3 类能源创新机构的法律地位，使其不因总统的更迭而遭到撤销。同时，推动美国能源部成立部层面的研究与技术投资委员会，以协调全部门战略性研究投入重点，集成关键要素支持基础科学和应用能源技术开发的交叉研发活动。美国还持续改革国家实验室管理体制，提高监管运营效率，加强能源技术成果转化能力，最大限度地发挥科技创新效能；并组建国家实验室联盟牵头开展重大科研计划，带动产学研围绕国家目标联合攻关，充分发挥国家战略科技力量建制化优势[2]。

1.1.1.2　美国能源系统布局实践

美国能源部(DOE)近年来重视综合能源系统的开发，在 2015 年发布的《四年度能源技术评估报告》中提出了核能-可再生能源综合能源系统(NR HES)概念，主要包括三类系统(图 1.2)：①核能-可再生能源一体化耦合能源系统，核电、可再生能源和工业过程直接集成在一起，进行发电过程协同控制再上网；②核能-可再生能源热耦合能源系统，核能热电联产为工业过程提供热量，核电与可再生能源电力分别上网；③核能-可再生能

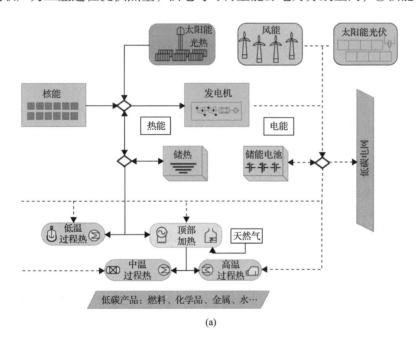

(a)

① Secretary Granholm announces new goal to cut costs of long duration energy storage by 90 percent.(2021-07-14). https://www.energy.gov/articles/secretary-granholm-announces-new-goal-cut-costs-long-duration-energy-storage-90- percent.

② Secretary Granholm launches carbon negative earthshots to remove gigatons of carbon pollution from the air by 2050.(2021-11-05). https://www.energy.gov/articles/secretary-granholm-launches-carbon-negative-earthshots-remove-gigatons-carbon-pollution.

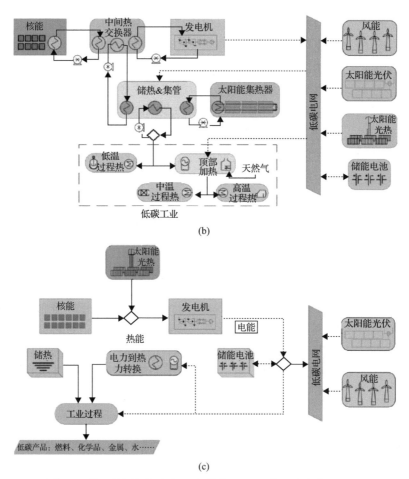

图 1.2 美国能源部提出的三类核能-可再生能源综合能源系统

(a)核能-可再生能源一体化耦合能源系统；(b)核能-可再生能源热耦合能源系统；(c)核能-可再生能源电力耦合能源系统

资料来源：DOE. Quadrennial Technology Review 2015

源电力耦合能源系统，将核电和可再生能源发电与工业用户用电耦合，允许核电和可再生能源电力在接入电网前自行管理。2016 年，在 DOE 核能办公室的支持下，爱达荷国家实验室与橡树岭国家实验室共同出台《核能-可再生能源综合能源系统——2016 年技术开发计划方案》[①]，制定了 NR HES 的初期研发规划，目标是到 2030 年实现试点示范，主要研究工作集中在集成技术、通信、系统控制与新兴子系统技术开发方面。

在 NR HES 技术开发计划基础上，DOE 核能办公室启动了"综合能源系统计划"(IES)[②]，由爱达荷国家实验室主导，进一步推进基于核能的综合能源系统技术开发，重点围绕系统模拟、系统运行和实验测试三方面开展工作。2020 年 9 月，爱达荷国家实验室、橡树岭国家实验室和阿贡国家实验室共同为该计划制定了《综合能源系统——2020

---

① Nuclear-renewable hybrid energy systems: 2016 technology development program plan.(2016-03-01). https://www.osti.gov/biblio/ 1333006。

② Integrated energy systems.[2022-03-05]. https://ies.inl.gov/SitePages/Home.aspx。

路线图》^①，指出了发展综合能源系统的关键反应堆技术，并提出了相应研发及示范路线图，其中轻水堆综合能源系统将在 2025 年以后实现吉瓦级商业化部署，小型模块化反应堆综合能源系统将在 2028 年以后扩大规模以迈向完全商业化，先进反应堆(钠冷快堆、高温气冷堆、熔盐堆)综合能源系统将在 2032 年以后实现示范。在该计划中，氢能被列为优先发展的技术之一，并与 DOE 的氢能重大研发计划"H2@Scale"协同支持开发核能-氢能复合能源系统。

为实现拜登政府提出的 100%清洁能源目标，DOE 梳理总结了前期的研究探索经验，综合考虑下属 9 个国家实验室综合能源系统的研发基础和能力，于 2021 年 4 月发布了《综合能源系统：协同研究机遇》报告^②，系统探讨了综合能源系统(HES)技术研究开发面临的机遇和挑战，提出在控件开发和测试、工厂级设计优化、HES 组件的开发和测试、项目示范以及优化的集成耦合策略几个领域开展研究工作。DOE 在该报告中将 HES 划分为：①电力综合能源系统(electricity-only HES)，将多种发电技术与储能技术融合，其输出仅为电能；②多能流综合能源系统(multi-vector HES)，融合了多种发电、储能和转换技术，但其输出包括电力和至少一种其他形式能源或非能源产品，如热能、氢、氨、甲醇、海水淡化、材料、液体燃料等。

2019 年，美国爱克斯龙(Exelon)公司获得 DOE 资助，在现有核电站进行核能-氢能综合能源系统的示范(图 1.3)^③。该项目执行期为 2020 年 4 月至 2023 年 4 月，将示范在沸水反应堆电站集成电解水制氢系统，包含质子交换膜电解槽、储氢系统以及配套基础设施和控制系统。其中电解槽由 Nel Hydrogen 公司提供，容量为 1MW。该项目的关键之一是示范电解槽的动态运行，在电力负荷高峰进行补充发电，并通过远程控制提高核

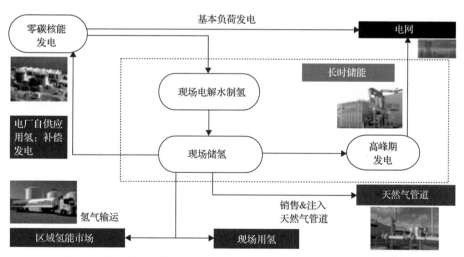

图 1.3　美国爱克斯龙公司核能-氢能综合能源系统示范项目示意图

---

① Integrated energy systems: 2020 roadmap. (2020-09-01). https://inldigitallibrary.inl.gov/sites/sti/sti/Sort_26755.pdf.

② Energy department unlocks innovative opportunities for coordinated research on hybrid energy systems. (2021-04-29). https://www.energy.gov/index.php/eere/articles/energy-department-unlocks-innovative-opportunities-coordinated-research-hybrid-energy.

③ Exelon is exploring nuclear power plant hydrogen production. (2019-08-29). https://www.powermag.com/exelon-is-exploring-nuclear-power-plant-hydrogen-production/?itm_source=parsely-api.

电站的灵活性。另外，该项目还将实现核电站内氢气的自给自足，即将制取的氢用作核电站发电机冷却剂，以及调节反应堆(压水堆或沸水堆)冷却剂的化学成分。项目第一年主要进行核电站选址，完成30%的工程设计，以及使用原型电解槽进行模拟；第二年将完成100%工程设计，做出安装决策，并完成电解槽的制造和测试；第三年将开始电解槽稳态运行，模拟扩大规模的电解槽运行，示范电解槽动态运行[①]。

1.1.2 欧盟

1.1.2.1 欧盟能源战略整体情况

欧盟在能源低碳转型方面一直走在世界前列，将能源政策与气候政策整合，从2010年开始陆续发布了《能源2020战略》[②]、《能源2050路线图》[③]和《能源与气候2030战略》[④]等能源气候战略规划，构建起短期、中期、长期可持续、具有前瞻性的能源气候战略框架。2014年，欧盟委员会全面实施能源联盟战略[⑤]，通过保障能源供应安全、加强内部能源市场互联互通、提高能源效率、发展低碳经济、加强能源领域科技的研究与创新等五方面举措，全面提升欧洲能源体系抵御能源、气候及经济安全风险的能力，建立安全、可持续和有竞争力的低碳能源体系。2019年12月，欧盟委员会在雄心勃勃的"欧洲绿色协议"[⑥]中首次宣布，欧洲将在2050年实现碳中和，并推行以技术革命为核心的绿色经济变革，促使绿色经济成为新的增长引擎，要求欧盟各成员国加快实施协调一致的气候行动，以走出经济增长持续低迷的困境，克服气候变化和环境恶化危机。

为推动欧洲能源技术的研究与创新，欧盟委员会于2015年9月公布了升级版"战略能源技术规划"(SET-Plan)[⑦]，将研究与创新置于低碳能源系统转型的中心地位。升级版SET-Plan改变了以往单纯依靠技术路线图从技术维度来规划发展的做法，将能源系统视为一个整体来聚焦转型面临的若干关键挑战与目标，以应用为导向打造能源科技创新全价值链，围绕可再生能源、智能能源系统、能效和可持续交通四个核心优先领域以及碳捕集、利用与封存(CCUS)和核能两个适用于部分成员国的特定领域，开展十大研究与创新优先行动：①开发高性能可再生能源技术及系统集成；②降低可再生能源关键技术成

---

① A special national hydrogen and fuel cell day H2IQ hour -highlighting H2@Scale demonstration projects.(2020-10-08). https://www. energy.gov/sites/prod/files/2020/10/f79/h2iq_10082020_h2scale.pdf。

② Energy 2020: A strategy for competitive, sustainable, and secure energy.(2010-11-10). https://eur-lex.europa.eu/legal-content/ EN/TXT/? qid=1409650806265&uri=CELEX:52010DC0639。

③ Energy roadmap 2050.(2011-12-15). https://eur-lex.europa.eu/legal-content/EN/ALL/;ELX_SESSIONID= pXNYJKSFbL-wdq5JBWQ9Cv-YWyJxD9RF4mnS3ctywT2xXmFYhlnlW1!-868768807?uri=CELEX:52011DC0885。

④ A policy framework for climate and energy in the period from 2020 to 2030.(2014-07-10). https://eur-lex.europa.eu/legal-content/ EN/TXT/?qid=1576151570629&uri=CELEX:52014DC0015。

⑤ Energy union. The energy union will help to provide secure, affordable and clean energy for EU citizens and businesses. [2022-03-05]. https://energy.ec.europa.eu/topics/energy-strategy/energy-union_en。

⑥ The European Green Deal sets out how to make Europe the first climate-neutral continent by 2050, boosting the economy, improving people's health and quality of life, caring for nature, and leaving no one behind.(2019-12-11). https://ec.europa.eu/ commission/ presscorner/detail/en/IP_19_6691。

⑦ Towards an integrated strategic energy technology (SET) plan: Accelerating the European energy system transformation. (2015-09-15). https://setis.ec.europa.eu/system/files/2021-03/communication_set-plan_15_sept_2015.pdf。

本；③开发智能房屋技术与服务；④提高能源系统灵活性、安全性和智能化；⑤开发和应用低能耗建筑新材料与技术；⑥降低工业能耗强度；⑦推动交通电气化；⑧促进替代燃料的应用；⑨加强碳捕集、利用与封存技术应用；⑩提高核能系统的安全性和利用效率。

　　围绕上述十大研究与创新优先行动，升级版 SET-Plan 提出了 14 个技术领域的发展目标和具体实施计划(表 1.1)[①]，主要包括光伏发电，光热发电，海上风电，海洋能，深部地热，能源消费者，智慧城市，能源系统，建筑物能效解决方案，工业能效，电池，可再生燃料和生物能源，碳捕集、利用与封存，核安全。

表 1.1　欧盟升级版 SET-Plan 不同技术领域实施计划研发优先事项

优先行动	技术领域	研发活动
行动 1、2	光伏发电	集成至建筑物的光伏技术；高性能硅基太阳电池组件和模块技术；新型多结光伏技术；光伏电站的运行和诊断；晶体硅和薄膜光伏制造技术；低成熟度技术的跨行业研究
	光热发电	先进线性菲涅耳式光热发电技术；熔盐抛物槽技术；以硅油为传热介质的抛物槽式光热发电技术；扩大太阳能塔式发电站规模并优化开放式容积太阳能接收器核心组件；改进熔盐中央吸热器；下一代中央接收器光热发电技术；高效光热发电厂的加压空气循环；多塔中心接收器二次反射系统；储热技术；开发用于光热发电的超临界蒸汽轮机；开发改进光热发电灵活性的先进概念；光热发电混合空气布雷顿涡轮联合循环系统的开发与现场测试
	海上风电	系统集成；海上风电辅助系统；浮动式海上风电；风电系统运行及维护；风能产业化；风力涡轮机技术；风能基础科学；生态系统和社会影响；人力资本
	海洋能	潮流能设备开发和知识积累(技术成熟度达到 6 级)；运行环境的潮流能系统示范(技术成熟度 7~9 级)；波浪能技术开发与示范(技术成熟度达到 6 级)；波浪能示范与部署(技术成熟度 7~9 级)；安装、物流和基础设施；波浪能技术评估标准和准则
	深部地热	城市地热供热；改进运行可用性(高温、腐蚀、结垢)的材料、方法和设备；增强常规地热，开发非常规地热；增强地热发电和直接利用系统的性能；勘探技术(包括资源预测和钻探)；先进钻井/完井技术；地热联产一体化及电网灵活性；零排放地热发电；提高当地社区的意识，并使利益相关者参与可持续的地热解决方案；降低风险(财务/项目)
行动 3	能源消费者	能源服务的开放标准和参考架构；消费者利益和参与度；进一步部署能源相关传感器和控制器
	智慧城市	欧洲正能城市；开发基于正能城市的正能地区(PED)实验室；开发准则和工具以规划、设计、实施和运行 PED；PED 的复制和主流化；PED 监测与评估；创新行动
行动 4	能源系统	(1)开发优化的欧洲电网，包括开发和实施解决方案以提高能源系统的可观察性和可控性；开发和实施解决方案和工具，通过需求响应和控制来管理负荷，以优化电网的使用并推迟投资电网；开发和实施解决方案以增加所有类型发电的灵活性；开发和实施解决方案，以提高可再生能源并网比例；开发和实施解决方案，以提高新电厂和改造电厂的灵活性；降低所有储能技术成本，以降低整体系统成本。 (2)开发本地和区域综合能源系统，包括降低温度以有效整合不同供热来源；本地和区域的可再生能源集成；多维本地能源系统；开发有吸引力的服务，为能源系统的参与者创造价值，并参与本地和区域价值链的开发

---

① Implementation plans.[2022-03-05]. https://setis.ec.europa.eu/implementing-actions/set-plan-documents_en#implementation-plans。

优先行动	技术领域	研发活动
行动5	建筑物能效解决方案	(1)建筑节能解决方案的新材料和新技术,包括新型建筑材料;用于外墙和屋顶的预制活动模块或活动建筑表皮的关键技术;数字规划和运营优化;应用创新实验室 (2)建筑供热和制冷技术,包括经济、高效、智能、灵活的热泵和高温热泵;多源区域供热系统;降低成本并提高微型热电联产/冷热电联产的效率;紧凑型储热材料、组件和系统
行动6	工业能效	(1)钢铁:HIsarna冶炼还原工艺以降低能耗和碳排放;高炉炉顶煤气循环 (2)化工和制药:通过强化和模块化方法进行工艺和工厂(重新)设计与优化;分离技术;电力转换为能源载体以及非常规能源资源利用 (3)冷/热回收:工业系统高温废热利用新技术;热泵和制冷循环将低等级热/冷转变成高等级热/冷;热量转换为电力的回收技术;多联产(热、冷、电)和混合电厂 (4)系统集成:产业共生以平衡能源损失;非常规能源整合;利用数字化整合过程和工厂管理;增进技术、经济、行为和社会知识的交流;培训、能力建设和传播
行动7	电池	(1)材料/化学/设计和回收:车用先进锂离子电池;锂离子电池快充/直充对材料和电池性能的影响;固定式储能电池开发;超越锂离子/锂基电池的先进车用电池;发展循环经济并消除关键原材料瓶颈;地热盐水提取锂以及硬岩锂的可持续选矿工艺 (2)制造:促进与目前大规模生产线兼容的材料加工技术和组件开发,以实现快速工业化;促进电池制造设备的开发 (3)应用与集成:混合固定式储能的电池系统;二次使用和智能电网集成
行动8	可再生燃料和生物能源	从可持续生物质和/或自养微生物和一次可再生能源中开发先进液体和气体生物燃料,并进行示范和扩大规模;其他可再生液体和气体燃料(氢气除外)的开发、示范和规模扩大;高效大规模生物质热电联产的开发、示范和规模扩大;固体、液体和气体中间生物能源载体的开发、示范和规模扩大
行动9	碳捕集、利用与封存	交付在电力部门运营的全链条碳捕集与封存(CCS)项目;交付区域CCS和碳捕集与利用(CCU)集群,包括欧洲氢基础设施的可行性;欧盟二氧化碳运输基础设施共同利益项目;建立欧洲碳封存地图集;提升欧洲碳封存能力;开发下一代碳捕集技术;CCU行动;探索并交流碳捕集和碳封存在实现欧洲和国家能源与气候变化目标方面的作用
行动10	核安全	(1)核电厂的安全和高效运行:电厂安全、风险评估,严重事故预防、系统、结构和组件完整性评估;第三代轻水堆的创新设计,改进反应堆运行和燃料开发;低剂量电离辐射的影响 (2)放射性废物/乏燃料管理,地质处置和退役 (3)通过可持续和更好地利用燃料资源以及热电联产提升效率和竞争力:分离和嬗变、核燃料后处理以及示范堆新燃料的资质;提高核电厂安全性和效率的创新材料以及第四代反应堆的运行资格;第四代示范堆的开发、许可、建设和调试,以及替代反应堆技术;热电联产 (4)核聚变:实施欧洲聚变路线图,为国际热核聚变实验堆(ITER)的建设和后续运营提供支持,并准备示范以向聚变电站发展

1.1.2.2 欧盟能源系统布局实践

欧盟较早提出多能融合系统的类似概念并付诸实践,在第五研发框架计划(FP5)中就将能源协同优化列为研发重点,在FP6和FP7中进一步深化了能源协同优化和综合能源系统相关研究。欧盟委员会在SET-Plan框架下成立了欧洲能源研究联盟(EERA)[①],汇聚了30个国家超过250家学术机构,共同推进技术成熟度为2~5级能源技术的研究。

---

① European Energy Research Alliance.[2022-03-05]. https://www.eera-set.eu。

EERA 设立了能源系统集成联合研究计划,专注于优化能源系统,利用多种规模的供热、制冷、电力、可再生能源和燃料,发挥协同作用,并通过数据和控制网络实现优化。

在 SET-Plan 计划框架下,欧盟还成立了行业主导的"欧洲能源转型智能网络技术与创新平台"(ETIP SNET),由产业界牵头制定研发创新议程并促进各方合作,指导综合能源系统相关创新活动。2018 年 6 月,ETIP SNET 发布了《综合能源系统 2050 愿景》[1](图 1.4),确定了 2050 年的长期目标,即建立一个以多能互补为基础,低碳、安全、可靠、灵活、经济高效的综合能源系统,到 2050 年实现完全碳中和循环经济,同时在能源转型期间增强欧盟在全球能源系统领域的领导地位。

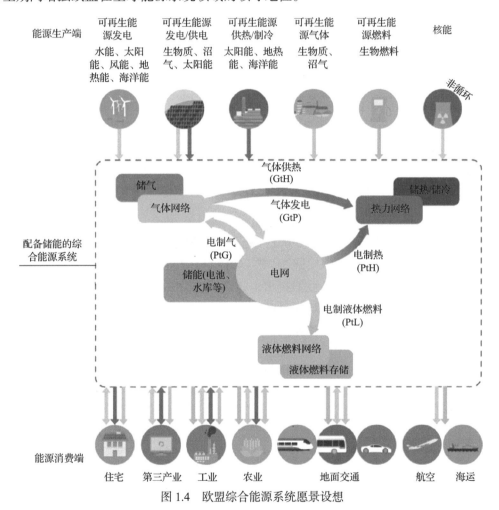

图 1.4　欧盟综合能源系统愿景设想

基于《综合能源系统 2050 愿景》,欧盟于 2020 年 7 月发布了《综合能源系统 2020—2030 年研发路线图》[2],明确了到 2030 年综合能源系统研究创新的重点领域和优先活动,

① ETIP SNET Vision 2050.(2018-06-27). https://smart-networks-energy-transition.ec.europa.eu/etip-snet-vision-2050。

② ETIP SNET R&I roadmap 2020-2030.(2020-07-10). https://www.etip-snet.eu/wp-content/uploads/2020/02/Roadmap-2020-2030_June-UPDT.pdf。

总预算为 40 亿欧元，将围绕 6 大研究领域(消费者、产消合一者和能源社区；系统经济性；数字化；系统设计和规划；灵活性技术和系统灵活性；系统运行)完成共计 256 项研究和示范任务。欧盟计划分 4 个阶段实施《综合能源系统 2020—2030 年研发路线图》(图 1.5)，第一阶段(2021～2024 年)研发实施计划于 2020 年 5 月发布，预算共约 9.55 亿欧元[①]。

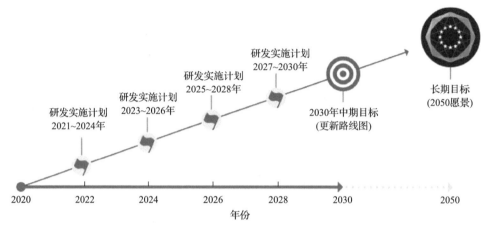

图 1.5　欧盟四阶段多年期实施计划落实综合能源系统具体行动
资料来源：ETIP SNET R&I Implementation Plan 2021-2024

为加速能源系统转型并刺激欧洲经济复苏，欧盟于 2020 年 7 月发布《能源系统集成战略》，作为"欧盟复苏计划"的一部分，提出了促进欧洲能源系统集成以到 2050 年欧洲实现气候中性的战略规划，将实施 38 项行动计划，从立法、财政、技术研发、监管等方面全方位促进能源系统集成。欧盟指出，能源系统集成将为欧洲向绿色能源转型提供框架，能源系统应作为一个整体进行规划和运行，将不同能源载体、基础设施和消费部门联系起来，其中包含三个相辅相成的概念：①以能效为核心的"循环"能源系统；②扩大终端用能部门的直接电气化；③在直接加热或电气化不可行、效率不高或成本较高的终端应用中使用可再生和低碳燃料(包括氢)。

1.1.3　德国

1.1.3.1　德国能源战略整体情况

德国一贯坚持以可再生能源为主导的能源结构转型，经过多年的政策激励和研发支持，在可再生能源技术和装备制造方面的实力位居世界前列。2011 年日本福岛核事故后，德国政府率先提出了全面弃核的能源转型战略[②]，计划到 2022 年全面废

---

① ETIP SNET R&I implementation plan 2021-2024.(2020-05-04). https://www.etip-snet.eu/wp-content/uploads/2020/05/Implementation-Plan-2021-2024_WEB_Single-Page2.pdf.

② Federal Ministry for the Environment, Nature Conservation and Nuclear Safety. Transforming our energy system - The foundations of a new energy age.[2022-03-05]. https://secure.bmu.de/fileadmin/bmu-import/files/pdfs/allgemein/application/pdf/broschuere_energiewende_en_bf.pdf.

除核电，把可再生能源和能效作为战略的两大支柱，确定了可再生能源发展和减排中长期目标，将借此增强经济活力和创造新的就业机会。2012 年德国修订的《可再生能源法》[①]，以法律形式明确了可再生能源发展的中长期目标。德国政府对能源转型实行定期审查，从 2012 年起每年发布《能源转型监测报告》评估能源转型进度，并从 2014 年起每 3 年发布《能源转型进展报告》，全面审查国家能源政策目标，进行适当的补充或修正。

由于交通、工业领域的碳排放水平自 2005 年以来一直停滞不前甚至时有上升，德国政府分别在 2016 年和 2019 年推出"2050 年气候行动计划"和"气候保护计划 2030"[②]，细化并修订了部分能源和气候目标，并提出扩大可再生能源发电和热电联产、建立并扩大现代化电网、减少燃煤发电、提升公用事业规模能效、碳排放定价、鼓励建筑节能改造、推动新能源汽车发展、资助相关科研等措施。为弥合减排目标差距，以及保持弃核、弃煤后的气候雄心和工业竞争力，德国于 2019 年 12 月 17 日颁布《气候变化法》[③]，首次以法律形式确定德国中长期温室气体减排目标，即到 2030 年实现温室气体排放总量较 1990 年至少减少 55%，到 2050 年实现温室气体净零排放。2021 年 5 月，德国总理默克尔在第十二届彼得斯堡气候对话中宣布将净零排放目标期限提前至 2045 年[④]，到 2030 年减排幅度从 55% 提升至 65%，并写入最新修订的《气候变化法》。2021 年 11 月，德国政府达成联合执政协议，将 2030 年可再生能源电力占比目标提升至 80%，并设定 2030 年提前退煤目标。

在能源科技研究方面，德国政府实施多年期能源研究计划作为能源技术创新的指导原则和配套政策，2011 年起实施的"第六期能源研究计划"将可再生能源、能效、储能、电网技术、可再生能源在能源供应中的整合以及这些技术在整体能源系统中的相互作用作为战略优先领域，以支持德国的能源转型[⑤]。其中，为了开发集成高比例可再生能源的系统解决方案，德国联邦教研部 2016 年 4 月宣布未来 10 年投资 4 亿欧元实施"哥白尼项目"，集合 230 多家学术界和产业界机构组建产学研联盟，开展四大重点方向攻关：构建新的智慧电网架构；转化储存可再生能源过剩电力；开发高效工业过程和技术以适应波动性电力供给；加强能源系统集成创新[⑥]。

---

① Gesetz für den Vorrang Erneuerbarer Energien (Erneuerbare-Energien-Gesetz - EEG). (2014-07-21). https://www.gesetze-im-internet.de/ eeg_2014/BJNR106610014.html。

② Klimaschutzprogramm 2030 beschlossen. (2019-10-09). https://www.bundesregierung.de/breg-de/schwerpunkte/klimaschutz/massnahmen- programm-klima-1679498。

③ Federal Climate Change Act (Bundes-Klimaschutzgesetz). (2019-12-17). https://www.bmu.de/fileadmin/Daten_BMU/Download_PDF/Gesetze/ksg_final_en_bf.pdf。

④ Germany to pull forward target date for climate neutrality to 2045. (2021-05-05). https://www.cleanenergywire.org/news/germany-pull-forward-target-date-climate-neutrality-2045。

⑤ Sixth Energy Research Programme. (2021-08-24). https://www.iea.org/policies/5118-sixth-energy-research-programme。

⑥ Kopernikus-Projekte für die Energiewende. (2022-03-05). https://www.kopernikus-projekte.de。

2018 年,德国公布了"第七期能源研究计划"[①],2018~2022 年总预算达 64 亿欧元,较"第六期能源研究计划"增长 45%。该计划重点支持能源消费端节能增效、可再生能源电力供应、系统集成、跨系统研究和核安全等领域(表 1.2),资助重点从单项技术转向解决能源转型面临的跨部门和跨系统问题,同时利用应用创新实验室(living lab)机制建立用户驱动创新生态系统,加快成果转移转化。

表 1.2　德国"第七期能源研究计划"研究重点

研究领域	研究内容
能源消费端节能增效	建筑部门集成可再生能源,工业部门高能效低碳制造工艺和碳循环,交通部门新型能源动力技术
可再生能源电力供应	低成本高效新型光伏,大尺寸轻量化风力涡轮机叶片,生物质发电,地热勘查和开发,传统电厂灵活改造
系统集成	信息技术与电网的集成,新型电网规划和结构设计,电力储能材料、制造与标准化,多能耦合
跨系统研究	能源系统分析,能源转型数字化,资源效率与循环利用,CO_2 分离、转化和利用技术,社会问题,材料研究
核安全	反应堆安全运行,安全经济的核设施退役和环境保护,高放射性和长寿命核废料处理

1.1.3.2　德国能源系统布局实践

德国于 2010 年发布《能源战略 2050》[②],提出建立以可再生能源为核心的智能电网,并于次年启动 E-Energy 研究项目[③],从能源全供应链、产业链角度实施综合能源系统优化研究。德国积极构建基于氢能的下一代多能融合智慧互联综合能源系统,初期探索为应用创新实验室模式下资助的智慧街区(SmartQuart)项目(图 1.6)。智能网络解决方案将冷、热、清洁电力、氢能和交通融合,实施液体有机氢载体储氢技术示范,以及乡村地区产氢、城市地区用氢模式,以开发基于氢能的未来综合能源网络模式。

德国政府通过弗劳恩霍夫综合能源系统卓越集群(Fraunhofer CINES)[④]整合弗劳恩霍夫协会的研究力量,推动综合能源系统相关研发工作,以建成消纳高比例波动性可再生能源的未来能源系统。弗劳恩霍夫综合能源系统卓越集群重点关注的研究领域有:①能源系统分析,该领域充分利用弗劳恩霍夫协会的广泛技术背景,建立了集成电力、天然气和热力基础设施的建模平台 EFEU(energy future of Europe),能够解决欧洲能源系统的整体问题;②系统集成,该领域融合了系统优化和自动化系统管理等方面的重要进展,开发的数字解决方案将在未来能源实验室进行示范和评估;③电解技术,该领域致力于发展电解水制氢技术,目标是使电解槽的投资成本大幅降低(降低 2/3)。

---

① 7. Energieforschungsprogramm der Bundesregierung. (2018-09-19). https://www.bundesregierung.de/breg-de/service/publikationen/7-energi-eforschungsprogramm-der-bundesregierung-1522080。

② Energy concept for an environmentally sound, reliable and affordable energy supply. (2010-09-28). https://www.osce.org/files/f/documents/4/6/101047.pdf。

③ The German roadmap E-Energy/smart grid. (2010-11-30). https://www.smartgrid.gov/document/german_roadmap_e_cnergy_smart_grid。

④ Fraunhofer CINES. [2022-03-05]. https://www.cines.fraunhofer.de。

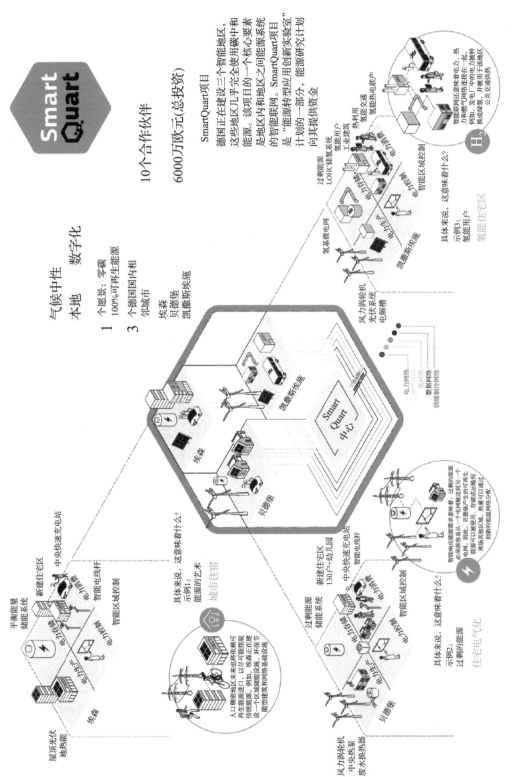

图 1.6 德国智慧街区（SmartQuart）能源系统示意图

1.1.4　日本

1.1.4.1　日本能源战略整体情况

日本国内能源资源较为匮乏，能源短缺问题成为制约日本经济发展的重要因素，为此，日本政府实施了以"3E+S"〔能源安全(energy security)、经济增长(economic growth)、环境可持续性(environmental sustainability)和安全性(safety)〕为目标的能源结构多元化战略。日本能源科技创新战略秉承了"技术强国"的整体思路，将重点放在产业链上游的高端技术，依靠对产业链的掌控和影响，使日本的能源技术产品和能源企业在世界市场上占据最大份额，以此促进经济发展。

在经历福岛核事故之后，日本在能源科技发展重点上有较大调整。2014 年制定的"第四次能源基本计划"①，描绘了至 2030 年的能源发展路线，指出未来发展方向是压缩核电发展，举政府之力加快发展可再生能源，推进"氢能社会"构筑，以期创造新的产业。2016 年 4 月，日本相继公布了能源中期和长期战略方案：一份是经济产业省发布面向 2030 年产业改革的《能源革新战略》②，从政策改革和技术开发两方面推行新举措，确定了节能挖潜、扩大可再生能源和构建新型能源供给系统这三大改革主题，并分别策划了节能标准义务化、新能源固定上网电价(FIT)改革以及利用物联网技术远程调控电力供需等战略措施，以实现能源结构优化升级，构建可再生能源与节能融合型新能源产业。另一份是日本政府综合科技创新会议发布面向 2050 年技术前沿的《能源环境技术创新战略》③，主旨是强化政府引导下的研发体制，通过创新引领世界，保证日本开发的颠覆性能源技术的广泛普及，实现到 2050 年全球温室气体排放减半和构建新型能源系统的目标。《能源环境技术创新战略》确定了日本将要重点推进的五大技术创新领域，包括利用大数据分析、人工智能、先进传感和物联网技术构建智能能源集成管理系统，创新制造工艺和先进材料开发实现深度节能，新一代蓄电池和氢能制备、储存与应用，新一代光伏发电和地热发电技术，以及二氧化碳固定与有效利用。

随着全球碳中和行动的兴起，2020 年日本首相菅义伟在第一份施政报告中，明确表示日本将致力于到 2050 年实现净零排放，该目标最终写入修订后的《全球变暖对策推进法》，以立法的形式明确减排目标④。2020 年 12 月，日本经济产业省发布了《绿色增长战略》，确定了日本到 2050 年构建"零碳社会"的发展路线，以此来促进日本经

---

① Strategic Energy Plan. (2014-04-11). https://www.enecho.meti.go.jp/en/category/others/basic_plan/pdf/4th_strategic_energy_plan.pdf.

② エネルギー革新戦略. (2016-04-19). https://warp.da.ndl.go.jp/info:ndljp/pid/11473025/www.meti.go.jp/press/2016/04/20160419002/20160419002-2.pdf.

③ 「エネルギー・環境イノベーション戦略（案）」の概要. (2016-04-19). http://www8.cao.go.jp/cstp/siryo/haihui018/siryo1-1.pdf.

④ 地球温暖化対策の推進に関する法律の一部を改正する法律案の閣議決定について. (2024-03-05). https://www.env.go.jp/press/press_02855.html.

济的持续复苏,预计到 2050 年该战略每年将为日本创造近 2 万亿美元的经济增长。2021 年 6 月,日本经济产业省对《绿色增长战略》进行修订完善,更新为《2050 碳中和绿色增长战略》①,提出通过调整预算、税收优惠、金融体系、监管改革、制定标准以及国际合作等措施,推动企业研发创新,实现产业结构和经济社会转型。《2050 碳中和绿色增长战略》针对包括下一代可再生能源、氢能和氨燃料、新一代热能等在内的14 个产业提出了具体的发展目标和重点发展任务(图 1.7)。日本 2021 年 10 月公布的《第六期能源基本计划》②,强调最大限度地发展可再生能源,推动氢/氨和 CCUS 等技术的广泛示范,在碳中和绿色增长战略框架下设立总额达 2 万亿日元的"绿色创新基金"③,资助了低成本海上风电、下一代太阳电池、氢供应链等 17 个为期十年的大型研发项目。

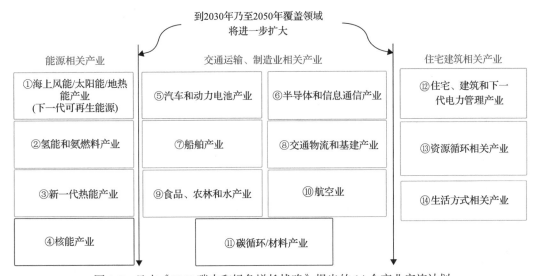

图 1.7　日本《2050 碳中和绿色增长战略》提出的 14 个产业实施计划

1.1.4.2　日本能源系统布局实践

经历福岛核事故后,日本政府在《第四期能源基本计划》中将安全性确定为能源战略的基本方针之一,提倡发展灵活的能源供需系统,实现多种能源之间的"无缝"衔接与互补。同时,日本政府高度重视将氢能纳入到未来的综合能源体系中,在 2013 年的《日本再复兴战略》中将发展氢能上升为国策,并在 2014 年公布了《氢能和燃料电池战略路线图》。2017 年底,日本发布《氢能基本战略》,确定了到 2030 年左右实现氢能发电商业化的目标。2018 年 7 月,日本发布《第五期能源基本计划》,提出建立以氢能为基础的二次能源结构,充分利用人工智能和物联网(IoT)等技术构建多维、多元、柔性的能源

---

① 2050 年カーボンニュートラルに伴うグリーン成長戦略を策定しました.(2021-06-18). https://www.meti.go.jp/ press/2021/06/ 20210618005/20210618005.html。

② エネルギー基本計画.(2021-10-22). https://www.enecho.meti.go.jp/category/others/basic_plan/pdf/20211022_01.pdf。

③ グリーンイノベーション基金.[2023-04-08]. https://green-innovation.nedo.go.jp。

供需体系。2019 年 3 月，日本政府更新了《氢能和燃料电池战略路线图》①，提出了到 2030 年氢气供应链以及在交通、发电等应用领域新的技术和经济指标。2023 年 6 月，日本修订《氢能基本战略》②，新设定到 2040 年的氢能供应目标，并提出未来 15 年将对氢能供应链公私投入超过 15 万亿日元。

2016 年 9 月，日本经济产业省提出了"福岛新能源社会"计划③，通过在福岛推广可再生能源、构建氢能社会模式、建立智慧社区三大举措，建立新型能源系统(图 1.8)，以实现到 2040 年左右一次能源完全由可再生能源提供的目标。该计划于 2017 年正式启动，分三阶段进行，时间节点分别为 2020 年、2030 年和 2040 年，其中 2017~2021 年的总预算为 3356 亿日元。第一阶段为规模扩大阶段，包括：①推广可再生能源，重点进行输变电设备改造和变电站加固、浮动式海上风电示范、福岛可再生能源研究所(FREA)技术开发；②构建氢能社会，重点进行大规模可再生能源制氢以及储运氢技术示范；③建立智慧社区，推进建立本地生产、本地消费的综合能源小镇。经过第一阶段的努力，福岛可再生能源发电装机容量是该计划启动前的两倍以上。另外，为了探索制氢/储氢与电源需求平衡调整的最佳组合，2018 年在福岛县浪江町开建了当时世界上最大规模(10MW)的可再生能源电力制氢示范厂，2020 年 3 月顺利竣工④，包括 20MW 光伏电站和 10MW 电解水制氢系统。2021 年，考虑到政府新提出的 2050 年碳中和气候目标，日本经济产业省宣布对计划进行修订⑤，2021~2030 年的第二阶段将进一步扩大可再生能源部署并推进形成氢能示范区，主要包括：①推广可再生能源，构建基于分布式可再生能源的未来社区，打造开创未来的可再生能源创新基地；②构建氢能社会，将继续推进建设全球最大的制氢基地，并进一步引入和扩展氢能交通，形成氢能社会示范区。

1.1.5 结语

碳中和已成为后疫情时代全球最为紧迫的议题，推动全球新一轮能源革命不断深化，能源结构向清洁、低碳、安全、高效、智能、多元化转型，能源利用方式从追求单一能源品种的利用向开发多种能源协同互补的多能融合能源系统转变，成为各国新的战略竞争焦点。国内外对于多能融合能源系统尚无统一定义，目前已经历了从概念开发到示范推广的过程。各国针对自身能源结构特点，探索发展不同形式的多能融合能源系统：①美国提出核能-可再生能源复合能源系统概念并推出相应研发计划，寻求将氢能引入复合能源系统，经过近几年的探索提出发展多能流综合能源系统，并建立了国家可再生能源实

① 水素・燃料電池戦略ロードマップ.(2019-03-12). https://warp.da.ndl.go.jp/info:ndljp/pid/12109574/www.meti.go.jp/press/2018/03/20190312001/20190312001-1.pdf。

② 水素基本戦略.(2023-06-06). https://www.meti.go.jp/shingikai/enecho/shoene_shinene/suiso_seisaku/pdf/20230606_2.pdf。

③ The Fukushima Plan for a New Energy Society.(2016-09-07). https://www.enecho.meti.go.jp/category/saving_and_new/fukushima_vision/pdf/fukushima_vision_en.pdf。

④ The world's largest-class hydrogen production, Fukushima Hydrogen Energy Research Field (FH2R) now is completed at Namie town in Fukushima.(2020-03-07). https://www.nedo.go.jp/english/news/AA5en_100422.html。

⑤ 福島新エネ社会構想の改定について.(2021-02-08). https://www.enecho.meti.go.jp/category/saving_and_new/fukushima_vision/pdf/fukushima_vision_rev_summary_ja.pdf。

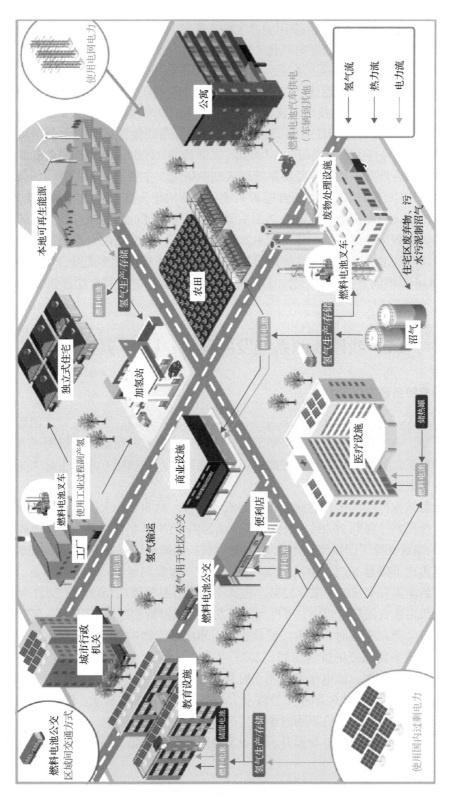

图 1.8 日本福岛新能源社会示意图

验室(NREL)能源系统集成设施、应用能源实验室联盟等作为主要研发平台；②欧盟推动发展高度融合可再生能源、深度电气化、广泛数字化、完全碳中和的综合能源系统，在SET-Plan框架下通过EERA推进能源系统集成基础研究，创建ETIP SNET推进产业化发展；③日本从智能电网、智慧社区以及发展氢能社会等多方面发展多能融合能源系统，在面向2050年的《能源环境技术创新战略》中提出利用大数据分析、人工智能、先进传感和IoT技术构建多种智能能源集成管理系统，"福岛新能源社会"示范项目探索到2040年构建100%可再生能源供应、基于氢能、发展智慧社区的未来多能融合能源系统。

综合分析国内外对多能融合能源系统的规划和研究，主要存在如下应用场景：①基于能源输入输出综合集成的多能融合能源系统，典型构想为欧盟综合能源系统2050愿景；②基于传统化石能源的多能融合能源系统；③基于氢能的多能融合能源系统，典型场景为日本福岛新型能源系统、德国以氢能为核心的下一代多能融合系统等；④基于波动性可再生能源的多能融合能源系统；⑤基于核能-可再生能源的多能融合能源系统，典型场景为DOE提出的三类系统概念，以及正在探索的核能-氢能复合能源系统。

1.2 我国能源系统发展现状、目标与趋势

1.2.1 我国能源系统发展现状

党的十八大以来，以习近平同志为核心的党中央高瞻远瞩、审时度势，创造性地提出"四个革命、一个合作"能源安全新战略，为新时代能源高质量发展指明了方向。在这一战略指引下，我国坚定不移推进能源革命，能源生产和利用方式发生重大变革，能源发展取得历史性成就。

我国能源结构持续优化，清洁低碳转型成效显著。党的十八大以来，单位国内生产总值(GDP)能耗累计降低26.2%，相当于减少能源消费约14亿吨标准煤，以能源消费年均约3.0%的增长支撑了国民经济年均6.5%的增长，能源利用效率不断提升。2021年我国煤炭消费占比下降至56%，清洁能源消费占比进一步提高至25.5%。以风电、光伏发电为代表的新能源发展成效显著，已基本进入平价无补贴发展的新阶段，2021年非化石能源电力装机占比首次超过煤电，可再生能源发电装机容量超过10亿千瓦，新能源年发电量首次突破1万亿千瓦时，风电、光伏发电、水电、生物质发电装机规模连续多年稳居世界第一。清洁能源消纳持续向好，2021年水电、风电、光伏发电平均利用率分别约达98%、97%和98%，核电年均利用小时数超过7700小时。油气增储上产稳步推进，煤炭产能结构持续优化，120万吨/年及以上大型煤矿产量占80%以上。煤、油、气、电、核、新能源和可再生能源多轮驱动的能源生产体系基本形成[1]。

我国能源科技创新能力显著提升，产业发展能力持续增强，新能源和电力装备制造

---

① 国家能源局.章建华：全面构建现代能源体系 推动新时代能源高质量发展.（2022-05-18）. http://www.nea.gov.cn/2022-05/18/c_1310597330.htm。

能力全球领先。我国初步建立了重大技术研发、重大装备研制、重大示范工程、科技创新平台"四位一体"的能源科技创新体系，按照集中攻关一批、示范试验一批、应用推广一批"三个一批"的路径，推动能源技术革命取得重要阶段性进展，支撑我国能源各分系统持续发展。我国化石能源清洁高效开发利用技术处于领跑地位，煤炭高效低排放发电技术水平世界领先，煤炭转化技术多元化、产业规模化发展显著。我国建立了完备的水电、核电、风电、太阳能发电等清洁能源装备制造产业链，总体处于世界先进水平，建立了世界上规模最大的产业基础，世界领先的超大规模电网运行控制实践技术支撑我国大规模可再生能源系统发展。先进核电技术自主可控，储能、氢能等先进技术快速发展，碳捕集、利用与封存技术应用持续深入，有力提升了我国能源安全保障水平、能源利用效率、能源产业链的自主能力。

但与世界能源科技强国相比，与引领支撑能源强国建设的要求相比，我国能源科技创新还存在明显差距，突出表现如下。一是核心技术以引进吸收为主，基础性、原创性、突破性、引领性创新不足，我国能源公共研究与开发（R&D）投入总量仅略低于美国，但超过一半集中于化石能源领域，对可再生能源、电力与储能、氢能及燃料电池、交叉领域等新兴能源领域的 R&D 投入不足；同时，基础研究投入占比较低，难以支撑原创性、引领性技术研发。绿色低碳技术创新水平与领先国家存在差距，近十年能源领域国际专利申请量、能源环境专利占全部专利比例不及美国和日本，碳捕集、利用与封存等前沿领域的专利基础尤为薄弱，需及时抢占新能源技术战略制高点，提升"领跑"能力。二是部分能源技术装备尚存短板，能源产业链自主可控能力偏弱，部分工控系统、关键零部件、专用软件、核心材料等大量依赖国外。三是跨系统、跨领域的技术集成能力较弱。面向能源系统问题，单项技术的突破难以打破现有能源供需格局，需要针对特定场景（典型区域、重点行业）开展技术集成，而目前我国跨系统、跨领域的技术集成能力较弱。四是推动能源科技创新的政策机制有待完善。重大能源科技创新活动分散于不同能源领域或不同类型的研究机构，创新协同性弱，创新效率不高，颠覆性技术创新机制有待建立，能源新技术产业化仍存在中试环节薄弱、行业壁垒、地方保护主义等羁绊，创新容错机制以及标准、检测、认证、金融等公共服务机制尚需完善。

1.2.2　我国能源系统发展目标

我国已步入构建新型能源体系的新阶段，能源结构正处于从高碳到低碳、无碳的过渡期，能源科技创新总体正在从"跟跑、并跑"向"领跑"加速转变。围绕碳达峰碳中和目标决策，我国将形成从基础研究到应用研究再到工程放大和系统集成的全链条贯通式研发体系，以目标为导向的绩效管理体系，以理论创新、技术创新及其实际应用为标志，为"双碳"目标的实现及相关产业健康有序发展提供关键科技支撑。未来，我国将在化石能源清洁高效开发利用的同时，加快可再生能源与核能规模互补利用、工业低碳零碳流程再造、智能电网与能源系统智慧化升级、二氧化碳资源化利用、氢/低碳醇的多能载体应用等，通过技术创新实现多种能源耦合利用，促进能源系统低碳化转型。

国家发展改革委、国家能源局在 2022 年 1 月联合印发的《"十四五"现代能源体系规划》中提出了我国"十四五"时期现代能源体系建设的主要目标：①在能源安全保障方面，包括到 2025 年国内能源年综合生产能力达到 46 亿吨标准煤以上，原油年产量回升并稳定在 2 亿吨水平，天然气年产量达到 2300 亿立方米以上，发电装机总容量达到约 30 亿千瓦等目标；②在能源低碳转型方面，包括单位 GDP 二氧化碳排放五年累计下降 18%，到 2025 年非化石能源消费比重提高到 20% 左右，非化石能源发电量比重达到 39% 左右，电能占终端用能比重达到 30% 左右等目标；③在能源系统效率方面，包括单位 GDP 能耗五年累计下降 13.5%，到 2025 年灵活调节电源占比达到 24% 左右，电力需求侧响应能力达到最大用电负荷的 3%～5% 等目标；④在创新发展能力方面，包括新能源技术水平持续提升，新型电力系统建设取得阶段性进展，安全高效储能、氢能技术创新能力显著提高，减污降碳技术加快推广应用，能源产业数字化初具成效，智慧能源系统建设取得重要进展等目标；⑤在普遍服务水平方面，包括人民生产生活用能便利度和保障能力进一步增强，电、气、冷、热等多样化清洁能源可获得率显著提升，人均年生活用电量达到 1000 千瓦时左右等目标。

《"十四五"现代能源体系规划》还展望了到 2035 年的远景目标：能源高质量发展取得决定性进展，基本建成现代能源体系，能源安全保障能力大幅提升，绿色生产和消费模式广泛形成，非化石能源消费比重在 2030 年达到 25% 的基础上进一步大幅提高，可再生能源发电成为主体电源，新型电力系统建设取得实质性成效，碳排放总量达峰后稳中有降。

1.2.3 我国能源系统发展趋势

多能融合能源系统能够应对多种能源在空间和时间上的不均匀分布，因地制宜，综合利用，实现各种能源之间的良性互动，促进可再生能源的消纳，提升供能可靠性，降低环境污染，优化能源结构，获得良好的社会效益和经济效益，对能源转型有着重要意义。目前，多能融合能源系统已经受到许多国家的重视，不同国家根据自身需求和发展特点制定不同的发展战略，也取得了一定的成果。我国在多能互补系统的研究开发及工程应用方面均面临许多挑战，对于能源的综合梯级利用已探索出一些适合我国以煤炭为主导供能方式的高效清洁多能融合分布式能源系统，但在多能融合能源系统的规划设计、多能流建模、综合能量管理及协调优化方面与发达国家仍有一定差距，能源系统的智慧化发展处于起步阶段，对多类型多能融合系统的示范应用也仍在探索。

纵观世界能源革命发展趋势，综合比较各国多能融合能源系统的发展方向，结合我国能源资源禀赋及能源消费结构，未来我国多能融合能源系统将深度融合数字技术，以氢、醇、氨等新型能源载体为交联转化平台，在一次能源侧充分运用能的综合梯级利用原理实现多能优势互补，在二次能源侧实现多能高效转化和供需互动，通过生产、输配、消费、存储等各环节的时空耦合和互补替代，实现能源的高效清洁利用。具体而言，我国多能融合能源系统的发展将呈现如下趋势。

1）化石能源与清洁能源的互补融合仍是短中期内的重要选择

实现碳达峰碳中和目标对我国能源转型提出了迫切要求，构建常规和非常规、化石和非化石、能源和化工以及多种能源形式相互转化的多能融合能源系统，是我国加快能源转型和确保实现"3060"目标的关键途径。短中期内，以煤炭为主导的化石燃料与可再生能源、核能等清洁能源的互补融合将成为重要发展方向，可再生能源辅助燃煤发电系统、煤基/天然气基化工动力多联产系统等高效低排放技术将成为主要技术路线，化石燃料转化过程将充分考虑发挥其原料属性，依据"品位对口、梯级利用"原则实现燃料化学能与物理能的优化整合，并发展能量转化过程的污染物控制一体化技术，寻求低能耗的 CO_2 排放控制。

2）太阳能等可再生能源将在未来多能融合能源系统发挥重要作用

太阳能与化石能源的互补包含聚光热能与热力循环的热互补以及驱动化石燃料进行分级转化的热化学互补，能够结合不同燃料的能势特性，实现多能互补以及品位和能势的耦合。对聚光太阳能的能势与最大做功能力等基本理论的进一步探索，以及针对不同品质太阳能的新型动力循环的突破，将促进太阳能与化石燃料互补方式的优化发展，太阳能等可再生能源将在未来多能融合能源系统中占据重要地位。

3）氢能将成为未来多能融合能源系统连接供能端和用能端的重要媒介

未来多能融合能源系统中，氢能将发挥独特的作用。氢可以由多种能源生产，在供应和使用方面也有多种途径，因此可以作为能源转换的媒介将供能端和用能端联系起来。将可再生能源转化为氢气或者氢基产品等能源载体，能够实现可再生能源电力的长期稳定存储，平抑可再生能源的长周期波动性和间歇性，还可通过远距离运输氢气有效解决可再生能源供需存在的严重区域错配问题。可再生能源制氢还可从技术上将大量可再生能源电力转移到难以实现脱碳的部门，如工业、交通、建筑等，使终端用能部门的深度脱碳成为可能。PtX 等新兴变革性技术也大多以可再生能源制氢为核心，美国、日本、德国等国家都高度重视将绿氢作为多能融合能源系统的能源载体。科技部于 2021 年启动"氢能技术"重点专项推动氢能技术研发和示范，国家发展改革委、国家能源局在 2022 年 3 月联合发布了《氢能产业发展中长期规划(2021—2035 年)》，明确了氢的能源属性，是未来国家能源体系的组成部分。新一轮全球氢能发展热潮将促进氢能的广泛部署，其独特的灵活能源载体作用也将推动多能融合能源系统向更加多样化的方向发展。

4）以用户为核心、灵活自主的区域能源社区模式将大量普及

能源社区能够充分发挥本地能源资源特色，增强用户参与度，提升用能端的效率。日本、欧盟等国家和地区都较为重视能源社区发展，将其视为多能融合能源系统的主要部署路径之一。我国领土面积广阔，不同地区的能源资源有着极大差别，典型能源地区的转型需求将促使适应不同区域特点的能源系统得到发展。我国从 2017 年开始部署多能互补示范项目，未来将探索更多应用场景，并发展以用户为核心、灵活自主的区域能源社区模式。在供能侧，海岛地区将基于风能、波浪能和分布式光伏等可再生能源，结合大容量储能以及可再生能源电解制氢系统，实现多种能源载体之间的灵活转换；煤炭资源丰富地区将通过发展化工动力多联产的多能融合能源系统，满足当地电、热、冷、燃料需求，同时带动化工产业的联动发展和转型。而在用户侧，将通过部署电制热/冷、智能电表、智能家电、车辆到电网(V2G)和燃料电池汽车及加氢站网络，促进终端用能的电气化和智慧化；区域能源市场也将结合能源互联网技术开发多种服务模式，促进本

地能源社区的充分参与，与能源供应、存储、分配、消费、转换的各环节进行交互，实现能源自主和低成本获取，并确保用户能够获得最佳的消费体验。

5）多能融合能源系统将深度融入数字化技术发展智慧能源系统

数字化技术的快速发展和日益普及正颠覆许多传统行业，并催生了新的商业模式。对于能源行业而言，数字化技术的不断融合应用也将催生能源转型的新动能，助力构建下一代智慧综合能源系统。未来多能融合能源系统将深度集成数字化技术，为系统提供新的服务，以促进能源供应和需求更好地相互作用，实现能源系统的规划、运行、保护、控制和自动化，增强能源弹性，进而保障能源系统安全。我国正处于"新基建"蓬勃发展时期，通过信息与通信技术(ICT)、大数据、人工智能、区块链、物联网等技术的发展和相应基础设施建设，可在能源生产和消费侧全面推进系统转型，同时为传统能源行业提供产业升级的新产品、新服务和新模式。在生产端，数字化技术能够提升能源供应的预测和决策水平，促进多种能源资源的稳定接入以及电、热、气等多种能源形式的互补利用，实现能源供应多元化、智慧化。在消费端，数字化技术能够进行精准的用户行为预测，结合电动汽车智能充电、储能电池、PtX 等技术调节用户消费行为，灵活配置需求侧资源，通过点对点交易、聚合商等提高用户参与度并降低用能成本，实现更高效、灵活、可靠的能源资源调度和使用。因此，未来多能融合能源系统将注重数字化技术的深度融合，在能源生产、消费、管理、运营等场景中开发并示范数字化技术应用模式，构建包含传统能源生产、输配和消费的物理基础设施和新型数字基础设施的新一代多能融合智慧能源系统。

第2章

多能融合的理念与技术框架

2.1 多能融合的理念

2.1.1 多能融合的定义

多能融合是指综合考虑能源资源在加工利用过程中的能源属性和物质(原料/材料)属性,通过新技术、新模式破除各能源种类之间条块分割、互相独立的技术和体制壁垒,促进化石能源与非化石能源、各能源子系统之间、各能源资源加工利用不同过程之间的能量流、物质流和信息流的集成融合,实现能源资源利用的能量效率、物质效率、环境效益、生态效益、经济效益和社会效益等多目标的优化。

多能融合技术是实现多能融合理念的根本。多能融合技术是指在能源资源加工利用过程中涉及的原料产品、反应过程、工程过程、系统集成等多层次、多尺度范畴中充分利用各种能源自身的相对优势,对冲消除各类能源劣势,实现能源与物质的跨系统、能源系统内跨类型的融合,满足提升能源资源综合利用效率,缓解能源和原料(材料)供需矛盾,降低能源利用的环境影响等多目标优化要求的先进技术[3]。

2.1.2 多能融合的层级

目前,国际上已经提出了一些多能综合能源系统的概念,如复合能源系统(hybrid energy system)、集成化能源系统(integrated energy system)、多能系统(multi-energy system)、多能量载体系统(multi-vector energy system)等,均包含一定的多能协同互补的含义。但上述概念均侧重能源系统的某一方面或某些方面,如复合能源系统侧重于发电端传统能源与可再生能源、储能的结合,以提升可再生能源并网率和供电稳定性;集成化能源系统通常针对特定用能场景构建从能源生产到利用的一体化系统;多能系统和多能量载体系统更为注重电、气、热网等多种能源载体的优化集成和互补。

本书提出完整的多能融合系统是由小到大、由微到巨的多层级融合,具体表现如下。

(1)在化学反应层面,将煤化工的低碳分子重构放热反应过程与石油化工的大分子裂解吸热反应过程相融合,可降低能耗。煤化工平台产品,如甲醇和合成气等均为低碳分子,其与石油化工产品,如石脑油等高碳分子耦合生产燃料和大宗化学品,可大幅提高原子利用效率和能量利用效率,同时弥补石油化工生产路线的结构性缺陷。

(2)在工程过程层面,将原本孤立的煤、气、油、盐等化工工程模块相互耦合,不同过程间互为原料,优化化工过程,充分发挥资源利用的协同效应,可提升能源利用效率并降低排放，还可派生出许多高端精细、高附加值的下游产品，进而形成高端化工产业链，如煤化工中氢原料生产过程与清洁能源制氢过程相耦合。

（3）在产品层面，通过煤气化、原盐电解、天然气重整和石油炼制四大平台，高效组合利用多种原料和产品，如合成气、一氧化碳、氢气、氯气、甲醇、石油焦、重油、碳四、煤焦油等，合理选择中间产物、副产物以及废弃物的再利用和再资源化路径，生产高端油品、化工原料、高价值化学品等产品，形成产品与原料、废弃物与资源的闭合循环产品链。

（4）在能源系统层面，针对现有能源体系的结构性矛盾，利用氢、醇、氨等新型能源载体，通过生产、输配、消费、存储等各环节的时空耦合和互补替代，解决各分系统相对孤立和发展不协调的问题，消除能源品种劣势，实现各能源的优势互补，解决太阳能、风能等波动性能源发电并网率低、化石能源利用效率不高、污染排放严重等问题，形成能源系统的整体协调发展。

（5）在区域层面，将原本孤立的化工资源、能源资源耦合利用。通过开发新型化工产品或技术路径形成各化工产业间产品、原料、废副的综合利用，推动行业向清洁循环经济模式转型升级，形成产业的集约式发展，实现物流的上下互供、基础设施的共享，促进区域产业发展的协同效应。通过各能源资源的互补和梯级利用，优化区域能源供应体系与消费模式，促进区域能源向清洁低碳、安全高效发展。

2.1.3 多能融合的政策意义

我国是世界最大的能源消费国与供应国。"富煤、贫油、少气"的能源资源禀赋决定了我国长期以煤为主的能源结构特点。随着经济的持续快速发展，我国面临日益严峻的能源安全问题，一方面，油气对外依存度居高不下；另一方面，化石能源导致的污染排放问题也使我国面临巨大的国际压力。此外，我国各能源分系统间存在互相孤立的体制壁垒，能源科技水平在全球局部领先、部分先进、总体落后。世界能源格局深刻调整、新一轮能源革命蓬勃兴起的新形势对我国能源利用方式、体系结构和技术发展提出了更高的要求。能源消费领域从高耗能体系向绿色节能体系转型，除了在技术方面不断实现突破，还需要社会各行业系统之间实施互补耦合、整体产业模式加快融合创新，提高社会生产消费系统的综合效率。面对多元化需求，多能融合是解决问题的可行路径。

1）多能融合有助于推进我国能源革命与"双碳"目标实现

多能融合能够充分利用我国的煤炭、石油、天然气、可再生能源和核能等能源资源，通过相对优势的互补融合大幅提升能源利用效率，形成能源、化工等产业的循环经济，实现工业、交通、建筑等终端部门的清洁高效用能。因此，多能融合有助于推进我国能源革命，具体表现在以下几方面。

（1）多能融合能够构建先进的用能体系，有助于推进能源消费革命。多能融合可实现从资源到回收全链条的融合互补，合理调整能源消费结构，对多能源品种进行互补梯级利用，降低能源强度，实现对能源资源的更高效合理利用，以控制我国能源消费总量。

（2）多能融合能够建立清洁高效的供能体系，有助于推进能源供给革命。多能融合通过将煤、油、气等能源资源的转化过程有机结合，促进以煤为主的化石能源的清洁高效利用，充分利用多种储能（包括氢、醇、氨等新型能源载体）形成灵活的能源存储和供需转换模式，促进对太阳能、风能等波动性可再生能源的消纳，形成煤、油、气、核、新能源、可再生能源多轮驱动的能源供应体系。

(3)多能融合将推动在能源利用全链条开发新型能源技术，探索先进产业转型模式，有助于推进能源技术革命。多能融合系统的开发和部署有助于实现能源基础前沿科技的突破，揭示能源清洁高效利用中的基础和共性问题。对多能融合系统中不同能源品种高效转化利用及系统融合的核心技术的研发和示范，有助于在传统化石能源清洁高效利用、新能源大规模开发利用、核能安全利用、能源互联网和大规模储能以及先进能源装备及关键材料等重点领域形成一批先进技术和装备，为推动我国能源技术革命做出贡献。

(4)多能融合将促进构建相关能源市场模式和健全监管体系，有助于推进能源体制革命。多能融合理念能在能源区域融合、终端用能融合过程中，促进区域及区域间的综合能源供应网络和智慧用能模式的构建。多能融合强调的多能流的协同优化管理和供需平衡调度将需要构建终端用户的能源消费数据库，促进完善能源市场交易体制和健全市场监管体制。

2)多能融合有助于促进未来能源系统的核心技术突破，推动可能产生重大影响的革命性能源技术创新

能源技术创新是我国构建"清洁低碳、安全高效的现代能源体系"的驱动力，多能融合的发展将探索适合未来能源系统的多种能源之间互补及耦合利用的核心技术，有助于实现能源基础前沿科技的突破。对各领域技术的研究开发将促进共性的能源基础前沿科学与技术的突破，在不同尺度、层次、学科获得新的进展，揭示能源清洁高效利用中的基础和共性问题。清洁高效的化石能源利用仍将是我国未来相当长一段时期内能源可持续发展的内在要求，发展多能融合将促进化石能源清洁燃烧和高效催化转化技术的发展，推进煤油气耦合利用，解决重大科学问题，突破高能耗、高水耗、高排放等关键技术瓶颈，实现高碳能源的绿色低碳转型发展。以可再生能源为主的清洁能源是实现我国能源系统转型的优先发展领域，发展多能融合将开发规模化的可再生能源生产、储运、转化、并网、利用全链条关键核心技术，掌握可再生能源的综合梯级利用技术，形成以储能为枢纽的多能融合体系。实现化石能源与清洁能源的深度融合是提升我国能源利用效率的内在要求，发展多能融合将从能源系统融合角度开发多种能源融合互补的关键核心技术，如围绕氢能经济发展可再生能源制氢、核能制氢及其应用技术，推动煤化工与碳捕集与利用技术耦合，以及加快研发燃料电池汽车、燃料电池分布式发电等新一代应用技术。

3)多能融合有助于开发化石能源高效清洁利用的转化路径，促进我国以化工为代表的传统产业转型升级

多能融合将基于我国国情发展以煤化工为主，结合天然气化工、石油化工和盐化工等形成转化利用综合平台，提升能量利用效率和原子利用率，探索多化工路线耦合利用制燃料和高值化学品的新路线，在降低能耗、排放、水耗的同时发展高附加值、精细化、差异化产品，开辟更清洁、高效的化工产业模式，优化工程流程、投资模式和产业链。

通过在化工产业基地进行多能融合示范，探索高度适合当地资源、产业特征的多能融合发展模式，通过开发新技术路线延伸产业链深度，加快推进关联产业的综合优化发展，构建循环经济，合理优化产业布局，形成产业集聚发展，逐步优化化工行业产能结构，推进化工产业的绿色发展，加快实现化工行业整体转型升级。

4）多能融合有助于促进区域优化以推进区域协调发展

多能融合能够基于区域的能源化工资源优势，推动对资源的有序开发利用以及区域能源的高效互补利用，促进新能源、新材料的开发，延伸、拓展区域产业链。因此，发展多能融合有助于突破区域固有的产业结构，推进区域产业升级和培育新兴产业，构建低碳高效的区域供能用能体系和空间优化协同互补的区域产业布局，促进区域的绿色协调发展。通过对区域的优化发展形成典型示范效应，构建区域转型的先进模式，对国家推进能源革命起到区域引领带头作用。

2.2 多能融合的战略需求

2.2.1 碳达峰碳中和目标需求

全球温室气体排放问题日益严峻，海平面上升、极端天气等恶劣气候环境问题给人类社会带来严重的负面影响。为应对全球气候变化问题，联合国组织召开了一系列全球气候变化会议，达成了《联合国气候变化框架公约》《京都议定书》《巴黎协定》等具有国际约束力的公约，以推动全球尽早实现深度减排。2020 年 9 月，习近平在第七十五届联合国大会一般性辩论上郑重宣告，"中国将提高国家自主贡献力度，采取更加有力的政策和措施，二氧化碳排放力争于 2030 年前达到峰值，努力争取 2060 年前实现碳中和"。国际气候谈判历程与中国应对气候行动见表 2.1。截止到 2021 年底，全球已有 136 个国家、115 个地区、235 个主要城市制定了碳中和目标，覆盖全球 88%的温室气体排放、90%的世界经济体和 85%的世界人口[①]。推进"双碳"工作，体现了我国构建人类命运共同体、参与全球气候治理的大国责任与担当，也是我国迈向第二个百年奋斗目标、实现高质量发展的必由之路。

表 2.1　国际气候谈判历程与中国应对气候行动

时间	会议/文件/事件	主要内容/意义（修订）
1992 年 6 月	签署《联合国气候变化框架公约》	是世界上第一个为全面控制二氧化碳等温室气体排放，以应对全球气候变暖给人类经济和社会带来不利影响的国际公约，也是国际社会在应对全球气候变化问题上进行国际合作的一个基本框架。明确发达国家和发展中国家之间负有"共同但有区别的责任"
1997 年 12 月	通过《京都议定书》	首次为 39 个发达国家规定了 2008~2012 年减排目标，并要求发达国家向发展中国家提供减排所需的资金及技术支持

---

① 博鳌亚洲论坛研究院. 博鳌亚洲论坛可持续发展的亚洲与世界 2022 年度报告. 2022 年 4 月。

续表

时间	会议/文件/事件	主要内容/意义（修订）
1998 年 5 月	中国签署《京都议定书》	中国将履行《联合国气候变化框架公约》和《京都议定书》承诺的义务
2002 年 8 月	中国核准《京都议定书》	
2005 年 2 月	《京都议定书》正式生效	是《联合国气候变化框架公约》下的第一份具有法律约束力的文件，也是人类历史上首次以法规的形式限制温室气体排放的文件，首次明确了 2008～2012 年《联合国气候变化框架公约》下各方承担的阶段性减排任务和目标
2007 年 6 月	《中国应对气候变化国家方案》	发展中国家颁布的第一部应对气候变化的国家方案。首次明确将应对气候变化纳入国民经济和社会发展的总体规划
2007 年 12 月	《巴厘岛路线图》	建立了双轨谈判机制，已签署的发达国家承诺 2012 年以后的减排指标。发展中国家和未签署《京都议定书》的发达国家则要采取进一步应对气候变化的措施
2008 年 10 月	《中国应对气候变化的政策与行动》	明确中国应对气候变化的战略和目标及体制机制建设
2009 年 12 月	《哥本哈根协议》	成为全球气候合作的坚实基础和新的起点。中国提出减缓行动目标
2011 年 3 月	《中华人民共和国国民经济和社会发展第十二个五年规划纲要》	确立了 2011～2015 年绿色、低碳发展的政策导向，明确了应对气候变化的约束性目标
2011 年 11 月	《中国应对气候变化的政策与行动(2011)》白皮书	提出应对气候变化重点推进 11 个方面的工作，明确中国参与气候变化国际谈判的基本立场
2012 年 11 月	党的十八大报告	提出"单位国内生产总值能源消耗和二氧化碳排放大幅下降，主要污染物排放总量显著减少。森林覆盖率提高，生态系统稳定性增强"的目标
2014 年 9 月	联合国气候峰会	中国政府首次在联合国气候峰会上提出"努力争取二氧化碳排放总量尽早达到峰值"
2014 年 9 月	《国家应对气候变化规划(2014—2020 年)》	我国首个应对气候变化领域的国家专项规划，明确了 2014～2020 年中国低碳发展的路线图和时间表
2014 年 11 月	《中美气候变化联合声明》	中国计划 2030 年左右二氧化碳排放达到峰值且将努力早日达峰，并计划到 2030 年非化石能源占一次能源消费比重提高到 20%左右
2015 年 6 月	《强化应对气候变化行动——中国国家自主贡献》	确定到 2030 年自主行动目标：二氧化碳排放 2030 年左右达到峰值并争取尽早达峰，单位国内生产总值二氧化碳排放比 2005 年下降 60%～65%，非化石能源占一次能源消费比重达到 20%左右，森林蓄积量比 2005 年增加 45 亿立方米左右；确定 15 个方面的政策措施
2015 年 11 月	气候变化巴黎大会	通过《巴黎协定》。习近平主席申明中国"国家自主贡献"：将于 2030 年左右使二氧化碳排放达到峰值并争取尽早实现
2016 年 3 月	《中华人民共和国国民经济和社会发展第十三个五年规划纲要》	设立专章部署"积极应对全球气候变化"行动，将资源环境类的指标规划提高到 10 项，主动控制碳排放，落实减排承诺
2016 年 9 月	中国批准《巴黎协定》	推动《巴黎协定》快速生效，展示了中国应对气候变化的雄心和决心
2016 年 11 月	《巴黎协定》正式生效	是人类历史上应对气候变化的第三个里程碑式的国际法律文本，形成 2020 年后的全球气候治理格局

时间	会议/文件/事件	主要内容/意义（修订）
2016 年 10 月	《〈关于消耗臭氧层物质的蒙特利尔议定书〉基加利修正案》	中国承诺加强非二氧化碳温室气体管控，进一步提升应对气候变化的行动力度
2017 年 10 月	党的十九大报告	提出引导应对气候变化国际合作，成为全球生态文明建设的重要参与者、贡献者、引领者
2020 年 9 月	习近平在第七十五届联合国大会一般性辩论上的讲话	国家主席习近平提出：二氧化碳排放力争于 2030 年前达到峰值，努力争取 2060 年前实现碳中和
2020 年 9 月	联合国生物多样性峰会	中国将秉持人类命运共同体理念，继续作出艰苦卓绝努力，提高国家自主贡献力度，采取更加有力的政策和措施，二氧化碳排放力争于 2030 年前达到峰值，努力争取 2060 年前实现碳中和，为实现应对气候变化《巴黎协定》确定的目标作出更大努力和贡献
2020 年 11 月	第三届巴黎和平论坛	中国将提高国家自主贡献力度，力争 2030 年前二氧化碳排放达到峰值，2060 年实现碳中和，中方将为此制定实施规划
2020 年 11 月	金砖国家领导人第十二次会晤	中国将提高国家自主贡献力度，已宣布采取更有力的政策和举措，二氧化碳排放力争于 2030 年前达到峰值，努力争取 2060 年前实现碳中和
2020 年 11 月	二十国集团领导人利雅得峰会	中国将提高国家自主贡献力度，力争二氧化碳排放 2030 年前达到峰值，2060 年前实现碳中和
2020 年 12 月	气候雄心峰会	宣布中国将提高国家自主贡献力度，采取更加有力的政策和措施，力争 2030 年前二氧化碳排放达到峰值，努力争取 2060 年前实现碳中和。到 2030 年，中国单位国内生产总值二氧化碳排放将比 2005 年下降 65% 以上，非化石能源占一次能源消费比重将达到 25% 左右，森林蓄积量将比 2005 年增加 60 亿立方米，风电、太阳能发电总装机容量将达到 12 亿千瓦以上
2021 年 1 月	世界经济论坛"达沃斯议程"对话会	实现碳达峰碳中和，中国需要付出极其艰巨的努力。我们认为，只要是对全人类有益的事情，中国就应该义不容辞地做，并且做好。中国正在制定行动方案并已开始采取具体措施，确保实现既定目标
2021 年 4 月	习近平同法国德国领导人举行视频峰会	中国作为世界上最大的发展中国家，将完成全球最高排放强度降幅，用全球历史上最短的时间实现从碳达峰到碳中和。这无疑将是一场硬仗。中方言必行、行必果，我们将碳达峰、碳中和纳入生态文明建设整体布局，全面推行绿色低碳循环经济发展
2021 年 4 月	领导人气候峰会	中国将力争 2030 年前实现碳达峰、2060 年前实现碳中和。这是中国基于推动构建人类命运共同体的责任担当和实现可持续发展的内在要求作出的重大战略决策。中国正在制定碳达峰行动计划，广泛深入开展碳达峰行动，支持有条件的地方和重点行业、重点企业率先达峰。中国将严控煤电项目，"十四五"时期严控煤炭消费增长、"十五五"时期逐步减少
2021 年 7 月	亚太经合组织领导人非正式会议	我们要坚持以人为本，让良好生态环境成为全球经济社会可持续发展的重要支撑，实现绿色增长。中方高度重视应对气候变化，将力争 2030 年前实现碳达峰、2060 年前实现碳中和
2021 年 7 月	中国共产党与世界政党领导人峰会上的主旨讲话	中国将为履行碳达峰、碳中和目标承诺付出极其艰巨的努力，为全球应对气候变化作出更大贡献

续表

时间	会议/文件/事件	主要内容/意义（修订）
2021 年 9 月	第七十六届联合国大会一般性辩论	中国将力争 2030 年前实现碳达峰、2060 年前实现碳中和。中国将大力支持发展中国家能源绿色低碳发展，不再新建境外煤电项目
2021 年 10 月	《生物多样性公约》第十五次缔约方大会领导人峰会	为推动实现碳达峰、碳中和目标，中国将陆续发布重点领域和行业碳达峰实施方案和一系列支撑保障措施，构建起碳达峰、碳中和 "1+N" 政策体系。中国将持续推进产业结构和能源结构调整，大力发展可再生能源，在沙漠、戈壁、荒漠地区加快规划建设大型风电光伏基地项目
2021 年 10 月	《中共中央　国务院关于完整准确全面贯彻新发展理念做好碳达峰碳中和工作的意见》	碳达峰碳中和 "1+N" 政策体系中的 "1"，为碳达峰碳中和这项重大工作进行系统谋划、总体部署，提出了 2025 年、2030 年、2060 年五个方面主要目标；提出 10 方面 31 项重点任务，明确了碳达峰碳中和工作的路线图、施工图
2021 年 10 月	《2030 年前碳达峰行动方案》	碳达峰碳中和 "1+N" 政策体系中的 "1"，明确各地区、各领域、各行业目标任务，加快实现生产生活方式绿色变革，推动经济社会发展建立在资源高效利用和绿色低碳发展的基础之上，确保如期实现 2030 年前碳达峰目标
2021 年 10 月	《中国应对气候变化的政策与行动》白皮书	中国实施积极应对气候变化国家战略。不断提高应对气候变化力度，强化自主贡献目标，加快构建碳达峰碳中和 "1+N" 政策体系。推进和实施适应气候变化重大战略，持续提升应对气候变化支撑水平
2021 年 10 月	《中国落实国家自主贡献成效和新目标新举措》	是中国履行《巴黎协定》的具体举措，体现了中国推动绿色低碳发展、积极应对全球气候变化的决心和努力。提出了新的国家自主贡献目标以及落实新目标的重要政策和举措，阐述了中国对全球气候治理的基本立场、所做贡献和进一步推动应对气候变化国际合作的考虑
2021 年 10 月	《中国本世纪中叶长期温室气体低排放发展战略》	提出了中国长期低排放发展的基本方针和战略愿景、战略重点及政策导向、推动全球气候治理的理念与主张
2021 年 10 月	二十国集团领导人第十六次峰会	中国一直主动承担与国情相符合的国际责任，积极推进经济绿色转型，不断自主提高应对气候变化行动力度。中国将力争 2030 年前实现碳达峰、2060 年前实现碳中和。我们将践信守诺，携手各国走绿色、低碳、可持续发展之路
2021 年 11 月	习近平向《联合国气候变化框架公约》第二十六次缔约方大会世界领导人峰会发表书面致辞	中国发布了《关于完整准确全面贯彻新发展理念做好碳达峰碳中和工作的意见》和《2030 年前碳达峰行动方案》，还将陆续发布能源、工业、建筑、交通等重点领域和煤炭、电力、钢铁、水泥等重点行业的实施方案，出台科技、碳汇、财税、金融等保障措施，形成碳达峰、碳中和 "1+N" 政策体系，明确时间表、路线图、施工图

　　中国作为最大的发展中国家和最大的碳排放国家，实现"双碳"目标面临着时间紧、任务重、科技创新不足、国际竞争加剧的挑战[3]。

　　1）时间紧

　　中国承诺实现从碳达峰到碳中和的时间远远短于发达国家所用时间。世界主要发达国家和地区都已经实现了碳达峰，欧盟早在 1979 年实现，美国在 2007 年前后实现，日本则是在 2013 年实现。这些国家和地区要实现 2050 年碳中和的目标，有 50～70 年的时间。而我国要在短短 30 年左右的时间内从碳达峰实现碳中和，完成全球最高碳排放降幅，需要付出十分艰苦的努力[①]。

2）任务重

首先，应对地球温升是人类社会共同面临的新问题，对应着能源由化石资源向可再生资源的大转变，国际国内都没有成熟经验可以借鉴，是人类社会走向可持续发展面临的共同难题，要在短时间内实现经济社会系统的巨大甚至颠覆性转变，需要克服一系列技术、经济、社会的巨大挑战。

其次，要实现民族伟大复兴，"能源的饭碗必须端在自己手里"。我国仍处于工业化发展进程的中后期，伴随着经济快速发展，城镇化水平提高，人民群众生活水平不断改善，能源消费还将继续增长。据中国科学院碳中和研究项目组估算，为满足经济社会发展需要，我国能源消费总量峰值将在2030～2040年达到，为60亿～64亿吨标准煤。即使实现非化石能源大规模发展，对于以化石能源特别是煤炭为主导能源、处于高速发展阶段的中国，如何在保障产业链供应链安全稳定的前提下，科学有序地推进"双碳"目标，仍面临巨大的挑战。

3）科技创新不足

科技创新是支撑"双碳"目标实现的根本动力。经过多年发展，我国能源科技创新取得重要阶段性进展，有力保障了能源安全，促进了产业转型升级，为"双碳"目标的实现奠定了良好基础。但是，碳中和目标下的能源结构、生产生活方式都将发生颠覆性变革，现有技术体系还难以支撑碳中和目标的实现。要实现碳中和目标，不仅需要突破各领域众多关键技术，更需要破除各能源种类及各能源相关行业之间的壁垒，跨领域突破多能融合互补及相关重点行业工业流程再造的关键瓶颈及核心技术，加强能源技术体系创新，重构能源及相关工业体系。虽然跨领域系统化布局有巨大的创新空间，可以带来巨大的总体节能减排效果，但同时这也是我国新能源体系构建和相关产业转型升级的重点方向和难点。

4）国际竞争加剧

2020年以来的新冠疫情对全世界安全与经济发展造成了新的冲击，也引起了对全球危机问题的深刻思考。某种程度上，气候变化问题是另外一种更为严重的全球危机。比尔·盖茨预言："到2060年，气候变化可能和新冠（COVID-19）疫情一样致命；到2100年，它的致命性可能是新冠（COVID-19）疫情的5倍。而气候变化造成的经济损失将相当于每十年就有一次新冠疫情"[②]。全球深刻体会到人类命运共同体的内涵。气候变化作为对人类命运影响最大的问题，对其的态度与治理成为国际政治的重要角力点。中国作为全球最大的碳排放国家，必须积极参与并引领全球气候治理，塑造和维护负责任大国形象。

此外，如何应对气候变化问题已经逐渐从政治领域竞争的议题转向经济贸易的全方

[①] 由2019年美国国家温室气体清单数据计算。

[②] Gates B. COVID-19 is awful. Climate change could be worse. https://www.gatesnotes.com/Climate-and-COVID-19。

位竞争议题。2021 年 7 月，欧盟委员会向欧洲议会和欧盟理事会提交了设立碳边境调节机制(俗称"碳关税")的立法议案，2022 年 12 月，欧盟理事会和欧洲议会就碳关税法规的最终文本达成临时协议，预计从 2026 年正式征收，并于 2034 年全面运行[4]。欧盟碳关税政策将对温室气体排放量高的企业带来巨大挑战。波士顿咨询公司提出碳关税对行业利润的侵蚀影响可高达 40%，而且整个产业链上的企业都将受到成本增加带来的影响，产品竞争力格局也将被重塑[1]。中国作为世界上最大的产品出口国，将面临巨大的挑战。

实现碳达峰碳中和既是应对气候变化、加强气候治理的需要，也是我国新时代实现高质量发展的需要，将带来一场广泛而深刻的经济社会系统性变革，是重塑我国能源结构与产业结构，持续推进生态文明建设、加速绿色转型发展的需要，必然会对我国经济社会发展方式、国家治理理念产生重大而深远的影响。

2021 年，中共中央、国务院出台《关于完整准确全面贯彻新发展理念做好碳达峰碳中和工作的意见》，国务院印发《2030 年前碳达峰行动方案》，作为碳达峰碳中和工作顶层文件，引领各部门制定分领域分行业的碳达峰实施方案和支撑保障政策。各省(自治区、直辖市)制定本地区碳达峰实施方案，我国逐渐建立起碳达峰碳中和"1+N"政策体系，将碳达峰碳中和要求全面融入我国经济社会发展的方方面面，推动我国实现全面绿色低碳转型和高质量发展。碳达峰碳中和"1+N"政策体系构成详见表 2.2。

表 2.2 "1+N"政策体系构成

领域	序号	发文时间	发文机构	文件名称
一、"1+N"顶层文件				
"1"	1	2021 年 10 月	中共中央 国务院	《关于完整准确全面贯彻新发展理念做好碳达峰碳中和工作的意见》
	2	2021 年 10 月	国务院	《2030 年前碳达峰行动方案》
二、"N"领域文件				
(一)能源	1	2021 年 2 月	国家发展改革委 国家能源局	《关于推进电力源网荷储一体化和多能互补发展的指导意见》
	2	2022 年 1 月	国家发展改革委 国家能源局	《关于完善能源绿色低碳转型体制机制和政策措施的意见》
	3	2022 年 3 月	国家发展改革委 国家能源局	《"十四五"现代能源体系规划》
	4	2022 年 3 月	国家发展改革委 国家能源局	《氢能产业发展中长期规划(2021—2035 年)》
	5	2022 年 3 月	国家发展改革委 国家能源局	《"十四五"新型储能发展实施方案》

---

① Ben A, Marc G. 欧盟碳关税倒计时，中国制造出口将面临巨大压力. 波士顿咨询公司, 2021。

续表

领域	序号	发文时间	发文机构	文件名称
二、"N"领域文件				
（一）能源	6	2022 年 5 月	国家发展改革委 国家能源局	《关于促进新时代新能源高质量发展的实施方案》
	7	2022 年 6 月	国家发展改革委等九部门	《"十四五"可再生能源发展规划》
	8	2022 年 9 月	国家能源局	《能源碳达峰碳中和标准化提升行动计划》
（二）节能降碳增效	1	2021 年 10 月	国家发展改革委等十部门	《"十四五"全国清洁生产推行方案》
	2	2022 年 1 月	工业和信息化部 科技部 生态环境部	《环保装备制造业高质量发展行动计划（2022—2025 年）》
	3	2021 年 10 月	国家发展改革委等五部门	《关于严格能效约束推动重点领域节能降碳的若干意见》
	4	2022 年 1 月	国务院	《"十四五"节能减排综合工作方案》
	5	2022 年 5 月	国家发展改革委等六部门	《煤炭清洁高效利用重点领域标杆水平和基准水平（2022 年版）》
	6	2022 年 6 月	生态环境部等七部门	《减污降碳协同增效实施方案》
	7	2022 年 2 月	国家发展改革委等四部门	《高耗能行业重点领域节能降碳改造升级实施指南（2022 年版）》
（三）工业	1	2021 年 12 月	国家发展改革委 工业和信息化部	《关于振作工业经济运行 推动工业高质量发展的实施方案》
	2	2021 年 12 月	工业和信息化部	《"十四五"工业绿色发展规划》
	3	2021 年 12 月	工业和信息化部 科技部 自然资源部	《"十四五"原材料工业发展规划》
	4	2022 年 1 月	工业和信息化部 国家发展改革委 生态环境部	《关于促进钢铁工业高质量发展的指导意见》
	5	2022 年 3 月	工业和信息化部等六部门	《关于"十四五"推动石化化工行业高质量发展的指导意见》
	6	2022 年 4 月	工业和信息化部 国家发展改革委	《关于化纤工业高质量发展的指导意见》
	7	2022 年 4 月	工业和信息化部 国家发展改革委	《关于产业用纺织品行业高质量发展的指导意见》
	8	2022 年 6 月	工业和信息化部等五部门	《关于推动轻工业高质量发展的指导意见》
	9	2022 年 6 月	工业和信息化部等六部门	《工业水效提升行动计划》
	10	2022 年 6 月	工业和信息化部等六部门	《工业能效提升行动计划》
	11	2022 年 8 月	工业和信息化部 国家发展改革委 生态环境部	《工业领域碳达峰实施方案》
	12	2022 年 11 月	工业和信息化部等四部门	《建材行业碳达峰实施方案》

续表

领域	序号	发文时间	发文机构	文件名称
二、"N"领域文件				
(四)城乡建设	1	2021 年 10 月	中共中央办公厅 国务院办公厅	《关于推动城乡建设绿色发展的意见》
	2	2022 年 1 月	住房和城乡建设部	《"十四五"建筑业发展规划》
	3	2022 年 2 月	国务院	《"十四五"推进农业农村现代化规划》
	4	2022 年 3 月	住房和城乡建设部	《"十四五"住房和城乡建设科技发展规划》
	5	2022 年 3 月	住房和城乡建设部	《"十四五"建筑节能与绿色建筑发展规划》
	6	2022 年 6 月	农业农村部 国家发展改革委	《农业农村减排固碳实施方案》
	7	2022 年 7 月	住房和城乡建设部 国家发展改革委	《城乡建设领域碳达峰实施方案》
(五)交通运输	1	2022 年 1 月	国务院	《"十四五"现代综合交通运输体系发展规划》
	2	2021 年 10 月	交通运输部	《绿色交通"十四五"发展规划》
	3	2022 年 6 月	交通运输部 国家铁路局 中国民用航空局 国家邮政局	贯彻落实《中共中央 国务院关于完整准确全面贯彻新发展理念做好碳达峰碳中和工作的意见》
(六)循环经济	1	2021 年 2 月	国务院	《关于加快建立健全绿色低碳循环发展经济体系的指导意见》
	2	2021 年 7 月	国家发展改革委	《"十四五"循环经济发展规划》
	3	2022 年 2 月	工业和信息化部等八部门	《加快推动工业资源综合利用实施方案》
(七)科技创新	1	2021 年 11 月	国家能源局 科技部	《"十四五"能源领域科技创新规划》
	2	2022 年 6 月	科技部等九部门	《科技支撑碳达峰碳中和实施方案 (2022—2030 年)》
	3	2022 年 9 月	科技部等五部门	《"十四五"生态环境领域科技创新专项规划》
(八)碳汇	1	2021 年 12 月	国家市场监督管理总局 国家标准化管理委员会	《林业碳汇项目审定和核证指南》 (GB/T 41198—2021)
	2	2022 年 2 月	自然资源部	《海洋碳汇核算方法》(HY/T 0349—2022)
三、支撑保障方案				
支撑保障政策	1	2020 年 12 月	生态环境部	《碳排放权交易管理办法(试行)》
	2	2021 年 11 月	国家机关事务管理局等四部委	《深入开展公共机构绿色低碳引领行动促进碳达峰实施方案》
	3	2021 年 11 月	国务院国有资产监督管理委员会	《关于推进中央企业高质量发展做好碳达峰碳中和工作的指导意见》
	4	2022 年 4 月	教育部	《加强碳达峰碳中和高等教育人才培养体系建设工作方案》

领域	序号	发文时间	发文机构	文件名称
支撑保障政策			三、支撑保障方案	
	5	2022 年 10 月	教育部	《绿色低碳发展国民教育体系建设实施方案》
	6	2022 年 1 月	国家发展改革委等四部门	《贯彻落实碳达峰碳中和目标要求推动数据中心和 5G 等新型基础设施绿色高质量发展实施方案》
	7	2022 年 1 月	国家发展改革委等七部委	《促进绿色消费实施方案》
	8	2022 年 4 月	国家发展改革委 国家统计局 生态环境部	《关于加快建立统一规范的碳排放统计核算体系实施方案》
	9	2022 年 5 月	国家税务总局	《支持绿色发展税费优惠政策指引》
	10	2022 年 5 月	财政部	《财政支持做好碳达峰碳中和工作的意见》
	11	2022 年 3 月	生态环境部	《关于做好 2022 年企业温室气体排放报告管理相关重点工作的通知》
	12	2022 年 6 月	中国银保监会	《银行业保险业绿色金融指引》
	13	2022 年 9 月	国家能源局	《能源碳达峰碳中和标准化提升行动计划》
	14	2022 年 10 月	市场监管总局等九部门	《建立健全碳达峰碳中和标准计量体系实施方案》
	15	2023 年 2 月	最高人民法院	《最高人民法院关于完整准确全面贯彻新发展理念 为积极稳妥推进碳达峰碳中和提供司法服务的意见》
	16	2023 年 4 月	国家标准委等十一部门	《碳达峰碳中和标准体系建设指南》
	17	各地区落实碳达峰碳中和政策	截至 2023 年 5 月,有 22 个省份颁布了《中共中央 国务院关于完整准确全面贯彻新发展理念做好碳达峰碳中和工作的实施意见》的顶层文件,有 26 个省份制定了省级碳达峰实施方案	

《关于完整准确全面贯彻新发展理念做好碳达峰碳中和工作的意见》是党中央对碳达峰碳中和工作的系统谋划和总体部署,覆盖碳达峰碳中和两个阶段,是管总管长远的顶层设计,提出了构建绿色低碳循环发展经济体系、提升能源利用效率、提高非化石能源消费比重、降低二氧化碳排放水平、提升生态系统碳汇能力等五个主要目标,部署了推进经济社会发展全面绿色转型、深度调整产业结构、加快构建清洁低碳安全高效能源体系、加快推进低碳交通运输体系建设、提升城乡建设绿色低碳发展质量、加强绿色低碳重大科技攻关和推广应用、持续巩固提升碳汇能力、提高对外开放绿色低碳发展水平、健全法律法规标准和统计监测体系、完善政策机制 10 个方面 31 项重点任务,是聚焦实现碳达峰碳中和宏伟目标的长期路线图。

国务院印发的《2030 年前碳达峰行动方案》是碳达峰阶段的总体部署,聚焦"十四五"和"十五五"两个碳达峰关键期,将碳达峰工作贯穿于经济社会发展全过程和各方面,重点实施"碳达峰十大行动",包括能源绿色低碳转型行动、节能降碳增效行动、工业领域碳达峰行动、城乡建设碳达峰行动、交通运输绿色低碳行动、循环经济助力降碳行动、绿色低碳科技创新行动、碳汇能力巩固提升行动、绿色低碳全民行动、各地区梯次有序碳达峰行动，提出了提高非化石能源消费比重、提升能源利用效率、降低二氧化碳排放水平等主要目标。碳达峰工作的目标、原则、方向与《中共中央 国务院关于完整准确全面贯彻新发展理念做好碳达峰碳中和工作的意见》有机衔接，细化了碳达峰阶段的任务规划。

在碳达峰碳中和"1+N"政策体系总体部署下，国家各部委坚持系统思维，聚焦碳达峰碳中和目标，在能源、节能降碳、工业、城乡建设、交通运输、循环经济、科技创新及碳汇等领域及重点行业加速政策规划落实；并强化碳交易碳市场、统计核算、标准计量等支撑措施和金融财税、人才培养及全民行动等保障政策，为我国如期实现碳达峰碳中和目标建立了良好的政策环境。

各地区积极贯彻落实各地区梯次有序实现碳达峰的任务要求，31个省(自治区、直辖市)结合本地区经济社会发展实际和资源环境禀赋，坚持全国一盘棋，避免"一刀切"限电限产或运动式"减碳"，科学制定本地区碳达峰行动方案。截至2023年5月，有22个省份制定了《关于完整准确全面贯彻新发展理念做好碳达峰碳中和工作的实施意见》，有26个省份制定了省级碳达峰实施方案，各地区准确把握自身发展定位，确定有序达峰目标，提出切实可行的碳达峰时间表、路线图、施工图。总体上我国已构建起目标明确、分工合理、措施有力、衔接有序的碳达峰碳中和政策体系，形成了各方面共同推进的良好格局。

在碳达峰碳中和"1+N"政策体系的战略部署中，提高非化石能源在能源结构中的比重、提高能源利用效率与清洁能源替代、构建以新能源为主的新型电力供应系统、发挥氢能在能源与工业领域中的重要联动效应、促进工业领域节能降碳增效等重点任务，是我国实现碳达峰碳中和目标重要的产业布局和实施路径。因此，以"多能融合"系统观念、科学谋划多种能源体系高效融合与规模化应用、在有条件地区加快实施多能融合示范与推广应用，是推进能源结构绿色转型和提高能源系统效率的重要抓手；发挥氢能、储能在能源与工业领域中的耦合效应、促进工业结构低碳零碳耦合再造、实施终端用能智能化电气化，是工业领域优化升级、绿色低碳转型的重要路径，对于建设清洁低碳、安全高效的现代能源体系和绿色低碳/零碳的工业体系具有重要的发展意义，是我国如期实现碳达峰碳中和的重要战略保障。

2.2.2　能源安全新战略的需求

我国已成为世界上最大的能源生产国和消费国，能源问题是事关国家安全与可持续发展的重大战略问题。然而"富煤、贫油、少气"的资源禀赋和不相适应的能源结构及不够先进的能源技术，导致我国面临着能源需求总量继续增加、能源供给制约多、生态环境破坏严重等前所未有的严峻挑战。在此背景下，党中央站在全球视野和历史高度提出了"推动能源生产和消费革命"，以保障国家能源安全和社会经济可持续发展。2014年6月13日，习近平总书记主持召开中央财经领导小组第六次会议，就推动能源生产和消费革命提出5点要求：第一，推动能源消费革命，抑制不合理能源消费；第二，推动能源供给革命，建立多元供应体系；第三，推动能源技术革命，带动产业升级；第四，推动能源体制革命，打通能源发展快车道；第五，全方位加强国际合作，实现开放条件下能源安全。明确了能源革命的发展方向，深化了能源革命的内涵。党的十九大报告明确提出构建市场导向的绿色技术创新体系，推进能源生产和消费革命，构建清洁低碳、安全高效的能源体系。在向第二个百年迈进的新时期，党的二十大报告明确提出深入推进能源革命，加快规划建设新型能源体系，加强能源产供储销体系建设，确保能源安全。

然而我国现有能源体系中各系统相对独立，煤炭、石油、天然气等化石资源及其利用分别掌握在不同部门和企业手中，水、风、光、地热、生物质等可再生能源大部分处于发展上升期，包括核能、地热能、水能等在内的各种非化石能源虽然与化石能源的产品有某种类似性，但各能源系统之间很少联系，难以"合并同类项"，且各自存在竞争关系。因此，我国能源整体效率不高，结构不合理，阻滞了我国构建清洁低碳、安全高效能源体系的进程。其根本原因在于缺乏各能源系统之间互相联系的新技术及各种能源载体之间统筹融合发展的顶层设计。为此，我国能源革命应坚持以国家战略需求为导向，以化石资源清洁高效利用与耦合替代、清洁能源多能互补与规模应用、低碳化多能战略融合为主线，促进化石能源/可再生能源/核能的多能融合发展，构建国家清洁低碳、安全高效的能源新体系，保障国家社会经济的可持续发展。

习近平总书记在党的二十大报告中多次提到我国能源发展和能源安全问题，提出"当前，世界百年未有之大变局加速演进，新一轮科技革命和产业变革深入发展，国际力量对比深刻调整，我国发展面临新的战略机遇"，"我国发展进入战略机遇和风险挑战并存、不确定难预料因素增多的时期，各种'黑天鹅'、'灰犀牛'事件随时可能发生。我们必须增强忧患意识，坚持底线思维，做到居安思危、未雨绸缪"。在"积极稳妥推进碳达峰碳中和"部分明确要求"推动能源清洁低碳高效利用，推进工业、建筑、交通等领域清洁低碳转型。深入推进能源革命，加强煤炭清洁高效利用，加大油气资源勘探开发和增储上产力度，加快规划建设新型能源体系，统筹水电开发和生态保护，积极安全有序发展核电，加强能源产供储销体系建设，确保能源安全"。

我们认为，"积极稳妥推进碳达峰碳中和"工作是"推动绿色发展，促进人与自然和谐共生"，谋划国家长远发展和永续发展的重要方向；而"能源革命"是与"双碳"工作密切相关的必不可少的重要内容；新型能源体系的构建是"能源革命"的重要标志；"立足我国能源资源禀赋，坚持先立后破"，"确保能源安全"是构建新型能源体系应坚持的基本原则。"清洁低碳、安全高效"是新型能源体系的建设目标，其构建也是传统化石能源与新型清洁能源此消彼长、互补融合的过程，既包括化石能源的清洁高效利用，也包括新能源的大规模开发与利用，还涉及高能耗工业升级等，是一项动态的复杂系统工程，应加强顶层设计，"规划"先行。需要注意的是，虽然新型能源体系必然包含新型清洁能源，但决不能将新型能源体系变相理解为"新能源的体系"。

新型能源体系下，能源体系在"清洁低碳、安全高效"基础上，还应具备绿色低碳、灵活调变、自主可控、平战结合等新特征。多能融合将是实现上述特征的重要路径。

2.2.3 能源科技创新发展需求

经过多年发展，我国初步建立了能源科技创新体系，推动能源技术革命取得重要阶段性进展,支撑我国能源体系高质量发展。其中,化石能源清洁高效开发利用技术国际领先,煤炭高效低排放发电技术水平世界领先,煤炭转化技术多元化、产业规模化发展显著;风电、光伏发电技术总体处于世界先进水平,建立了世界最大规模的产业基础,电网技术走在世界前列,支撑我国大规模可再生能源系统技术处于世界前列;先进核电技术自主可控,储能、氢能等先进技术快速发展,CCUS 技术应用蓄势待发,有力提升了我国能源安全保障水平、能源利用效率、能源产业链自主能力。

但与世界能源科技强国相比,与引领支撑能源强国的要求相比,我国能源科技创新还存在明显差距。其中,针对特定场景(典型区域、重点行业)的跨系统、跨领域的技术集成能力较弱,难以满足当前能源系统融合发展的要求。

综合国际国内发展,本书认为我国已步入构建现代能源体系的新阶段,能源结构正处于从高碳到低碳、无碳的过渡期,能源生产和利用技术总体处于追赶态势。这是一项涉及面广、持续时间长、动态的复杂系统工程,挑战前所未有,任务异常艰巨。面向“双碳”目标,急需围绕能源“生产端”、“消费端”和“固碳端”顶层设计三端发力联动体系和技术优先顺序,开展从基础研究到规模应用全链条的科技创新与应用,推进跨领域综合交叉,突破能破除能源体系内各能源分系统、能源与工业、工业各行业之间壁垒的关键瓶颈及核心技术,在节点技术突破的同时,解决依靠单个领域科技发展难以突破的跨系统问题,为“能源革命”、“工业革命”和绿色发展提供系统性技术方案支撑。

2.2.4　产业转型发展需求

当前,我国仍处于工业化、城镇化深入发展的历史阶段,制造业仍是我国经济发展的重要支柱。制造业中化工、冶金、建材等行业是我国能源消费重点领域,也是碳排放的重要来源。党的二十大报告提出“坚持把发展经济的着力点放在实体经济上,推进新型工业化,加快建设制造强国”“推动制造业高端化、智能化、绿色化发展”。

面向“双碳”目标,《中共中央 国务院关于完整准确全面贯彻新发展理念做好碳达峰碳中和工作的意见》中部署了“推动产业结构优化升级、坚决遏制高耗能高排放项目盲目发展、大力发展绿色低碳产业”三方面重点任务,推动产业结构深度调整。国务院在《2030 年前碳达峰行动方案》中进一步规划了节能降碳增效行动和工业领域碳达峰行动,以推动重点产业领域实现绿色低碳转型和高质量发展。党的二十大报告提出,“推动能源清洁低碳高效利用,推进工业、建筑、交通等领域清洁低碳转型”。

重点行业转型路径上,国务院、国家发展改革委等相继印发《“十四五”全国清洁生产推行方案》、《“十四五”节能减排综合工作方案》、《关于严格能效约束推动重点领域节能降碳的若干意见》、《工业能效提升行动计划》、《“十四五”工业绿色发展规划》、《减污降碳协同增效实施方案》和《工业领域碳达峰实施方案》等引领性意见方案,整体上以实施能源消费强度和总量双控为抓手,以推进产业结构高端化转型为方向,加快源头减排、过程控制、末端治理的综合利用全流程绿色协同增效。具体路径上,各重点行业需结合行业用能特点,形成节能减排的协同互补实施路径:在源头减碳方面,把节约能源资源放在首位,优化用能和原料结构,用好化石能源、可再生能源等不同能源品种,构建电、热、冷、气等多能高效互补的工业用能结构，持续降低单位产出能源资源消耗。在工艺过程方面，对钢铁行业，工业和信息化部、国家发展改革委、生态环境部发布的《关于促进钢铁工业高质量发展的指导意见》提出要产学研用协同创新，强化产业链工艺、装备、技术集成创新；对石化化工行业，工业和信息化部等六部门发布的《关于"十四五"推动石化化工行业高质量发展的指导意见》要求石化行业推动用能设施电气化改造，合理实施燃料"以气代煤"，适度增加富氢原料比重，有序开发利用"绿氢"，推进炼化、煤化工与"绿电""绿氢"等产业耦合示范，开展炼化、煤化工装置排出的二氧化碳规模化捕集、封存、驱油和制化学品等工艺技术耦合创新示范；对建材行业，《建材行业碳达峰实施方案》提出要推动原料替代，逐步减少碳酸盐用量，加快提升固废利用水平，转换用能结构，加大替代燃料利用，加快清洁绿色能源应用，提高能源利用效率水平。

除行业内通过科技创新实现绿色低碳发展外，各专项发展规划也提出要推进工业各行业之间的低碳协同示范，构建产业间耦合发展的资源循环利用体系，推进跨行业的融合提效、协同升级，如钢铁要与建材、电力、化工、有色等产业耦合发展，推动产业循环链接，强化钢铁工业与新技术、新业态融合创新；石化化工要与建材、冶金、节能环保等行业耦合发展，加快信息技术与石化化工行业融合；建材行业要探索建材窑炉与二氧化碳化学利用、地质利用和生物利用产业链的协同合作；加快信息技术与石化化工建材、钢铁等行业的深度融合，促进全链条生产工序清洁化和低碳化。同时，鼓励龙头企业联合上下游企业、行业间企业开展协同降碳行动，构建企业首尾相连、互为供需、互联互通的产业结构。

2.2.5　煤炭清洁高效利用战略

现代煤化工是立足我国"富煤、贫油、少气"的资源禀赋发展起来的战略性产业，是煤炭清洁高效利用的重要途径。2021年9月，习近平总书记在国家能源集团榆林化工有限公司考察时强调[①]，"煤炭作为我国主体能源，要按照绿色低碳的发展方向，对标实现碳达峰、碳中和目标任务，立足国情、控制总量、兜住底线，有序减量替代，推进煤炭消费转型升级。煤化工产业潜力巨大、大有前途，要提高煤炭作为化工原料的综合利用效能，促进煤化工产业高端化、多元化、低碳化发展，把加强科技创新作为最紧迫任务，加快关键核心技术攻关，积极发展煤基特种燃料、煤基生物可降解材料等"。党的二十大报告也明确提出要"深入推进能源革命，加强煤炭清洁高效利用"。本书认为，煤化工的发展不仅要起到保障我国能源安全和产业链、供应链稳定的作用，也要注重弥补我国石油不足所造成的结构性缺陷，形成与石油化工协调发展的格局，以技术创新促进自身清洁化低碳化的同时，促进相关高能耗工业转型升级。

（1）当前我国煤化工产业已经走在世界前列，行业处于快速发展期。经过多年的发

---

① 习近平在陕西榆林考察时强调：解放思想改革创新再接再厉 谱写陕西高质量发展新篇章. （2021-09-15）. https://www.gov.cn/xinwen/2021/09/15/content_5637426.htm.

展，我国现代煤化工行业整体技术位于世界领先水平，一批标志性的新技术在我国实现首次工业化，煤化工行业的发展对保障国家能源安全、推动产业结构调整和地方经济发展具有重要的作用。

截至 2020 年，煤制油、气、烯烃、乙二醇等四大类投产项目累计完成投资约 6060 亿元，生产主要产品 2647 万吨，开工率分别达到 63.4%、91.7%、96.4%、55.8%，年转化煤炭约 9380 万吨标准煤。煤经甲醇制乙烯、丙烯产能分别占全国乙烯、丙烯产能比重达到 20.1% 和 21.5%，煤制乙二醇产能占全国乙二醇总产能的 38.1%。行业整体规模保持增长；产能利用率逐渐提高，多数项目已具备安稳长满优运行能力，成本得到有效控制；煤制油、煤制天然气、煤制烯烃项目的原料煤耗、综合能耗、工业水耗持续下降，能效持续提升，满足相关指标要求；污染物治理技术水平提高，部分项目已率先执行了超低排放。

(2) 我国现已形成较为完备的关键工艺和工程技术体系，技术装备水平总体达到国际领先。我国现已形成较为完备的煤直接液化、煤间接液化、煤制甲醇、甲醇制烯烃、合成气制乙二醇等关键工艺和工程体系，大型气化炉等关键装备能够全部实现国产化，技术装备水平总体达到国际领先。大型煤气化技术已实现规模化发展。气流床气化技术单炉投煤量规模已达 3000～4000 吨/天，固定床气化技术单炉投煤量规模已达 1000 吨/天。加氢液化技术实现长周期、稳定、商业化运行；新型费-托合成催化剂已完成实验室定型，稳定运行时间、时空产率有较大提升，催化剂产油能力提升 30%～50%；自主甲烷化技术研究完成中试或工业侧线试验，各项技术指标均优于同工况进口催化剂水平；自主化甲醇制烯烃技术已经成熟且实现了商业化，正在向三代技术迈进。合成气制乙二醇自主化技术得到更多应用，能耗降低；煤电化热一体化初见成效，能源效率提升；智能工厂示范建设逐步推进。

(3) 煤化工技术与产业向清洁化、低碳化方向发展，多能融合是关键路径。煤化工总体发展趋势是"优化提升传统煤化工，重点发展现代煤化工"。对于化肥和焦炭等传统煤化工，主要着眼于技术优化、布局优化和循环经济；而对于现代煤化工，一方面实现煤炭资源高效清洁利用，另一方面向精细化和深加工的方向发展，不断完善煤化工生产的纵横向部署，提高煤炭资源的利用效率，促进煤化工产业的整体发展。

在我国"双碳"目标及能源结构转型的背景下，煤化工产业将进一步向清洁化、低碳化发展，重点发展与新能源制氢耦合技术、煤炭/合成气直接转化制燃料与化学品技术等，将绿色理念贯穿于整个生产过程，最大限度地减少对生态环境的污染和碳排放，降低生产成本。

截至 2022 年，我国陆续出台的《现代煤化工"十三五"发展指南》《石化和化学工业发展规划(2016—2020 年)》和《现代煤化工产业创新发展布局方案》等一系列相关的政策，提出了逐步优化产能结构、合理化产业布局和全面推进绿色发展的石化行业转型升级的三大目标，部署了 7 项重点任务，涵盖化解过剩产能、统筹优化产业布局、改造提升传统产业、促进安全绿色发展、健全完善创新体系、推动企业兼并重组和加强国际产能合作；强调我国能源化工行业将以量水而行、环保优先、科学布局、创新引领、产业融合为发展原则；明确了重点开展煤制油、煤制天然气、低阶煤分质利用、煤制化学品、煤炭和石油综合利用等 5 类模式以及通用技术装备的升级示范；规划布局内蒙古鄂尔多斯、陕西榆林、宁夏宁东、新疆准东 4 个现代煤化工产业示范区,推动产业集聚发展。着重加快推进关联产业融合发展,即按照循环经济理念,采取煤化电热一体化、多联产方式,大力推动现代煤化工与煤炭开采、电力、石油化工、化纤、盐化工、冶金建材等产业融合发展,延伸产业链,壮大产业集群,提高资源转化效率和产业竞争力,如表 2.3 所示。

表 2.3 《现代煤化工产业创新发展布局方案》产业融合发展重点

领域	发展重点
现代煤化工-煤炭开采	利用高硫煤气化技术开展现代煤化工产业升级示范,延长现役高硫煤矿井服务年限。重点转化利用山西和贵州高硫煤等劣质煤炭资源
现代煤化工-电力	结合新疆、陕西、宁夏、内蒙古等电源点建设,发展煤化电热一体化,推动整体煤气化联合循环发电系统(IGCC)建设,实现现代煤化工与电力(热力)联产和负荷的双向调节,提高资源能源利用效率
现代煤化工-石油化工	利用煤化电热一体化集成技术,建设集原油加工、发电、供热、制氢于一体的联合装置。发挥现代煤化工与原油加工中间产品互为供需的优势,开展煤炭和原油联合加工示范
现代煤化工-化纤	发展煤制芳烃和煤制乙二醇,推动化纤原料多元化,实施煤基化纤原料示范工程
现代煤化工-盐化工	重点做好青海等地盐湖资源综合开发利用,建设青海矿业海西州煤制烯烃项目。结合汞污染防治国际公约要求,在有条件的地区适时实施聚氯乙烯原料路线改造、乙炔加氢制乙烯
现代煤化工-冶金建材	发展粉煤灰制建材产品,开发高铝粉煤灰制氧化铝、一氧化碳或氢气直接还原铁等技术,重点在蒙西等地开展现代煤化工和冶金建材一体化示范,提高冶金副产气体综合利用水平

2.2.6 区域协调发展需求

实施区域协调发展战略是新时代国家重大战略之一。党的十八大以来,我国深入实施区域协调发展战略,区域空间结构不断优化,区域发展的协同性、联动性、整体性进一步增强。党的二十大报告明确指出,深入实施区域协调发展战略,优化重大生产力布局,构建优势互补、高质量发展的区域经济布局。促进区域协调发展是实现经济发展和环境保护双赢的有力抓手,是能源生产和消费革命的重要突破口。世界主要国家以推进典型能源资源地区转型发展为契机促进区域的协调发展。

从国际典型能源资源地区转型发展情况来看,当前,国内外典型能源资源地区/城市的能源发展面临"路径依赖"和"资源诅咒"问题,因此转变发展思路,推动资源有序开发、产业链深度延伸和区域融合成为能源资源地区/城市转型发展的大趋势。纵观国内外典型能源资源地区/城市,其能源转型具有与其资源禀赋、历史沿革、国家整体制度和政策环境、城市政策相关的特定性,同时又具有类似的发展趋势。从世界范围看,美国、欧洲、日本等都是世界能源化工发达国家和地区,在发展模式、技术创新、区域融合、全球化发展、安全环保等方面都具有很高的水平,值得借鉴和学习。纵览国际代表性的能源资源地区/城市转型发展历程和战略思维,可以总结出几个主要的经验。

(1)逐步减少对资源的依赖。德国鲁尔河地区成功转型的首要战略思维就是减少对资源的过度依赖,降低资源供应及价格波动给产业发展带来的巨大风险。日本政府对九州煤炭等资源产业采用"渐进式"调整战略,在资源尚未枯竭期,控制资源产业的发展,逐步摆脱对自然资源的过分依赖。

（2）调整产业结构，延长产业链条。改变靠能源产量增长和价格上涨的旧有模式，更多依靠能源产业链的延长发展支撑未来可持续发展。休斯敦凭借其独特的区位优势，仍然保持其石化中心的地位。针对这一优势，休斯敦逐渐开始向海外出口资金和技术，将较为初级的石油产业转移到海外，在获得廉价原材料的同时，生产高科技高附加值的石油化工产品，实现了产业转型升级。

（3）大力培育新产业，实现多元化发展。休斯敦抓住科技发展机遇，发展航天工业，由此带动了诸如电子仪表、精密器械和军工产品等与航天中心密切相关的周边行业迅速发展，给休斯敦的经济发展带来了新动能。德国鲁尔河地区大力发展环保、新材料、信息技术、生物医药技术等新兴产业，成功转变为行业协调发展的新型经济区。日本对九州地区的区位优势进行了重构，在突破固有的产业结构的基础上，培育新兴替代产业，从而实现产业结构的高度化和多元化。沙特顺应全球能源转型大趋势，利用好自身的太阳能和风能资源优势，发展新能源产业，通过能源结构多元化战略减少对石油资源的依赖。

从我国区域融合、协调发展的政策需求来看，针对区域发展不均衡问题，2018 年，中共中央、国务院发布《关于建立更加有效的区域协调发展新机制的意见》，为促进区域协调发展向更高水平和更高质量迈进勾勒了蓝图，提出一系列区域战略统筹机制，包括引导资源枯竭地区、产业衰退地区、生态严重退化地区积极探索特色转型发展之路，推动形成绿色发展方式和生活方式；以承接产业转移示范区、跨省合作园区等为平台，支持发达地区与欠发达地区共建产业合作基地和资源深加工基地；围绕煤炭、石油、天然气、水能、风能、太阳能以及其他矿产等重要资源，坚持市场导向和政府调控相结合，加快完善有利于资源集约节约利用和可持续发展的资源价格形成机制，确保资源价格能够涵盖开采成本以及生态修复和环境治理等成本；鼓励资源输入地通过共建园区、产业合作、飞地经济等形式支持输出地发展接续产业和替代产业，加快建立支持资源型地区经济转型长效机制等。近年来我国区域发展战略不断升级，出台《京津冀协同发展规划纲要》、《长江三角洲区域一体化发展规划纲要》、《粤港澳大湾区发展规划纲要》、《成渝地区双城经济圈建设规划纲要》和《黄河流域生态保护和高质量发展规划纲要》等国家级区域规划，统筹不同层面的区域发展战略模式，依据不同区域的特点，采取区别化的政策措施，建立区域协调发展的动力机制，形成了以"一带一路"建设、京津冀协同发展、长江经济带发展、粤港澳大湾区建设等为引领，以西部、东北、中部、东部四大板块为基础的区域融合发展格局。

就能源问题而言，目前我国不同区域主要存在能源资源区域不平衡、能源技术区域不平衡等问题，急需统筹考虑和解决。围绕能源资源区域不平衡问题，需要打破壁垒促使能源要素在更大范围优化配置。一方面是要在系统分析区域内电力、热力、动力需求变化趋势的基础上，遵循低碳发展原则，促进电、热、冷、气等不同供能系统集成互补、梯级利用、互联互通。另一方面是要加快省际重大能源基础设施建设，如跨区域的大电网、天然气输送网络等，统筹谋划配电、配气、热力等能源网络布局。

能源科技创新方面，一是充分发挥科研实力雄厚地区的创新制造研发方面的优势，集中攻关能源融合发展所需重能源互补及耦合利用的核心技术；二是依托示范区，示范应用推广多能融合区域关键技术体系，形成经济可行、技术先进的系统解决方案，探索区域能源整体转型的发展路径与模式，进而引领和带动全国能源的系统性转型和变革发展。

2.3 多能融合的技术路径

2.3.1 多能融合技术框架

基于多能融合理念，根据能源系统特征，本书提出适合我国国情的多能融合技术"四主线、四平台"体系(具体见图 2.1)。四主线是化石能源清洁高效利用与耦合替代(能源安全)、非化石能源多能互补与规模应用(能源结构)、高耗能工业低碳零碳流程再造(工业变革)、数字化智能化集成优化(系统优化)；四平台是合成气/甲醇平台、储能平台、氢能平台、二氧化碳平台。"四主线、四平台"构成多能融合技术体系的四梁八柱，有望为"双碳"目标下我国能源技术的系统研发提供引导。

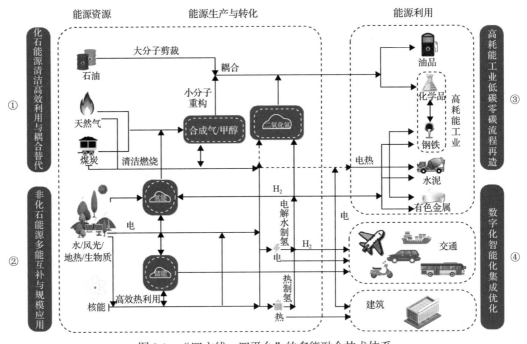

图 2.1 "四主线、四平台"的多能融合技术体系

2.3.2 主线一：化石能源清洁高效利用与耦合替代

"双碳"转型应以保障国家能源安全为底线，以高质量发展为目标，必须首先用好化石资源特别是煤炭资源，坚持清洁高效利用道路，发挥好煤炭的压舱石作用。

煤炭清洁高效利用应主要从煤炭清洁高效燃烧和煤炭清洁高效转化两方面开展。煤炭清洁高效燃烧方面，我国燃煤发电的能效指标、污染物排放指标均已达到世界先进水平，但工业领域煤炭清洁高效燃烧利用的科技支撑不足。持续推进煤炭清洁高效发电和灵活高效发电，提高电力系统对清洁电力的接纳能力和工业锅炉（窑炉）高效燃烧与多污染物协同治理是煤炭燃烧技术发展的方向。煤炭清洁高效转化方面，我国以现代煤化工为代表的转化技术与产业化均走在了世界前列，攻克了煤气化、煤制油、煤制烯烃等一大批技术和工程难题，但仍面临如何通过发展前瞻性和变革性技术，提高煤、水资源利用效率，实现二氧化碳的高效率转化利用，解决煤化工长期以来面临的高能耗、高水耗、高碳排放的难题。

现代煤化工的快速发展，使得煤经合成气/甲醇生产多种清洁燃料和基础化工原料成为可能，这也给石油化工和煤化工耦合替代、协调发展带来了新的机遇。采用创新技术大力发展现代煤化工产业，既可以保障石化产业安全，促进石化原料多元化，还可以形成煤化工与石油化工产业互补、协调发展的新格局。以石脑油和甲醇反应生产烯烃为例，石脑油是原油加工的重要产品，甲醇是煤化工产业的重要产品，二者都是烯烃生产的重要原料。在现有生产技术下，石脑油制烯烃和甲醇制烯烃是完全不同的生产路线。但从生产过程来看，石脑油制烯烃是强吸热反应，甲醇制烯烃是强放热反应，且反应条件和催化剂类似，存在反应过程耦合的可能。基于此原理，中国科学院大连化学物理研究所（以下简称大连化物所）创造性地将石脑油原料和甲醇原料耦合起来制取烯烃，利用反应过程中的吸热-放热平衡，提高了整个系统的能效和碳原子利用率。相比传统技术路线，每吨烯烃产品能耗降低 1/3～1/2，石脑油利用率提高 10%。

2.3.3　主线二：非化石能源多能互补与规模应用

实现"双碳"目标必须逐渐稳步改变我国以煤为主的能源结构，大力发展可再生能源和安全先进核能，实现非化石能源的多能互补和规模应用。

可再生能源的高比例、大规模利用将会对现有能源体系产生巨大冲击。风能、太阳能等可再生能源存在与生俱来的能量密度低、波动性强等问题，具有随机性、间歇性和波动性等特点，近年来风光并网消纳问题日益突出，仅靠单项技术的进步难以完全解决，需从能源系统整体角度加以考虑。因此，可再生能源的大规模应用必须考虑多种能源的系统融合，以风、光资源作为发电和供能的主力资源，以核电、水电和其他综合互补的非化石能源为"稳定电源"，以少量的火电作为应急电源或者调节电源，通过可再生能源功率预测技术、电力系统稳定控制技术、电力系统灵活互动技术等构建新型电力系统管理和运行体系。

同时，储能技术可有效平抑大规模可再生能源发电接入电网带来的波动性，促进电力系统运行的电源和负荷的平衡，提高电网运行的安全性、经济性和灵活性。根据 2021年国家发展改革委和能源局发布的《关于加快推动新型储能发展的指导意见》，2025 年新型储能技术的装机规模达到 3000 万千瓦以上，2030 年实现全面市场化发展。除电化学储能、机械储能、电磁储能以外，氢能也是一种广义上的储能方式，利用可再生能源、高温核能等制取的绿氢，可以实现电力的长时期存储，并推进可再生能源向物质的无碳转化。氢作为能源的载体，可为能源的储运用等问题提出一系列新的解决方案。

2.3.4 主线三：高耗能工业低碳零碳流程再造

工业部门是二氧化碳的排放大户，2020 年二氧化碳排放占全国总排放量的 39%，主要包括钢铁、建材、化工、有色等领域。要实现这些领域的"双碳"目标，就必须对现有的工业流程进行低碳零碳再造。首先，通过深度电气化，利用非化石能源发电实现深度脱碳；其次，对于难以电气化的工业流程，需借助氢能、合成气/甲醇、二氧化碳等平台，通过技术突破和行业间的协调、融合实现低碳零碳流程再造，促进化石能源和二氧化碳的资源化利用，实现行业低碳零碳工艺革新。

以绿氢与煤化工融合为例，如果在煤气化过程中补入绿氢，可实现煤制烯烃过程的碳减排(近 70%)；如果补入过量的绿氢，则可引入二氧化碳作为部分碳源，实现全过程的负碳排放。以钢铁与煤化工融合为例，如果利用钢铁尾气中含有的合成气生产乙醇，初步估算，全国钢厂 25% 的剩余尾气约可制 1000 万吨乙醇，减少二氧化碳排放近 2000 万吨。以绿氢与钢铁融合为例，以氢气代替煤炭来还原铁矿石(氢冶金)，二氧化碳排放可降至传统工艺的 20%。以水泥和化工融合为例，水泥行业的排放主要是由于原料中碳酸钙分解产生的过程排放(约 60%)，这部分"不得不排放"的二氧化碳无法通过燃料替代实现减排。但如果以氢为介质与化工过程耦合，可将二氧化碳转化为甲醇等，实现二氧化碳的资源化利用。此外，从"多能融合"的理念出发，在甲烷等气氛下进行熟料焙烧，可使碳酸钙与甲烷反应生成一氧化碳和氢气，再作为原料制备化学品，从而实现水泥的低碳、经济发展。

2.3.5 主线四：数字化智能化集成优化

数字化智能化能源系统的构建，是将云计算、人工智能、物联网、区块链、智能传感、数字孪生、智能量测等新一代数字化、智能化技术与传统能源体系相融合，通过建立智能煤矿、智慧油气田、智慧电厂、智能电网、智能油气管网、智慧能源平台、智能家居、智能催化等系统，加速推进"能量流与信息流的融合"，实现系统优化，推动以绿色、数字化、高质量为核心的能源领域创新发展。

能源系统数字化智能化是实现"双碳"目标的关键因素和助推器，我国已将数字化转型上升为国家战略，国家发展改革委和国家能源局在《"十四五"现代能源体系规划》中提出要加快能源产业数字化智能化升级，数字化智能化技术与能源系统正在加速融合。以数字化智能化与电网融合为例，相较于传统电网，智能电网具有强大的自愈能力，可以更好地抵御外界干扰和日益频发的极端天气，在保持电网稳定性的情况下，对于风电、光伏等清洁能源的接入具备更好的兼容性，可适应可再生能源、分布式电源和微电网的大规模接入。结合大数据、人工智能和数字孪生技术，实现新型电力系统模拟运行仿真，高精度预测短期内新能源发电量、负荷侧用电量。数字化智能化与催化融合，有望颠覆传统催化科学与技术的发展模式，提高催化剂和反应过程的开发速度，显著降低开发成本。大连化物所、榆林中科洁净能源创新研究院(以下简称榆林创新院)等科研单位正协同构建数智催化技术创新中心，中心建成后将加速高效催化剂研发、高效催化反应过程设计及放大，突破催化化学和化学工程领域的关键核心技术，实现催化技术开发的聚变式发展，推动能源化工产业升级。

第 3 章
多能融合关键技术清单与路线图

3.1 以合成气/甲醇为平台的化石能源耦合替代关键技术与路线图

3.1.1 技术平台内涵

碳、氢、氧是组成化学品的基础元素。合成气是化工的基础原料气,其主要成分为 CO 和 H_2。合成气的原料范围很广,可由煤或焦炭等固体燃料气化产生,也可由天然气和石脑油等轻质烃类制取,还可由重油经部分氧化法生产。经由合成气,通过不同催化剂可制成多种化学品。其中,甲醇是重要且技术成熟的路线。甲醇是分子量最小的醇类,与其他醇相比,甲醇没有碳-碳键,很容易在铜基催化剂上由合成气合成。甲醇在自然环境条件下是稳定的液体,它既是一种化工产品,也是多种化学品和燃料的中间体,因此合成气/甲醇技术平台是煤炭实现生产多种清洁燃料和基础化工原料的技术平台。甲醇很容易分解成合成气或转化成氢气,除了作为大宗化工产品广泛使用外,甲醇还是一种优秀的能量载体。通过甲醇平台进行煤转化更灵活,能够适应不同地区的燃料和化学品需求。这也给石油化工和煤化工耦合替代、协调发展带来了新的机遇。

以合成气/甲醇为平台的化石能源耦合替代主要包括两个层次:第一个层次是采用的煤化工工艺,大规模生产油品、烯烃、芳烃等传统由石油炼化生产的产品,实现煤化工对石油化工的补充、替代,具体技术包括煤制油、煤制烯烃、煤制芳烃、煤制乙二醇、煤制乙醇等;第二个层次是在具体工艺中,充分耦合煤化工低碳分子重构的放热过程和石油化工大分子裂解的吸热过程,进行烯烃和芳烃等化学品的耦合生产,不仅可以大幅提高能效,也可以弥补各自的不足,这一层次包括开发甲醇石脑油耦合制烯烃、甲醇甲苯耦合制对二甲苯等技术并进行工业示范[5]。现代煤化工与石油化工耦合与替代的路线如图 3.1 所示。

3.1.2 煤化工与石油化工多能融合关键领域与技术清单

根据上述现代煤化工与石油化工耦合与替代路线图,为推动融合技术研究和应用落地,合成气/甲醇平台拟发展如下典型融合技术:合成气一步法制芳烃、甲醇制烯烃、甲醇制芳烃、先进煤间接液化及产品加工成套技术、甲醇制乙醇、合成气制乙二醇、合成气制高碳醇、合成气一步法制烯烃、甲醇甲苯制对二甲苯联产低碳烯烃、甲醇石脑油耦合催化裂解制烯烃等技术,一方面促进石化原料多元化,另一方面促进形成煤化工与石油化工产业互补、协调发展的新格局。

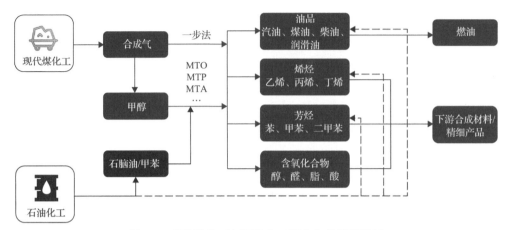

图 3.1　现代煤化工与石油化工耦合与替代路线图

3.1.2.1　煤化工与石油化工互补的技术

1. 合成气一步法制芳烃

芳烃是一类含有苯环的碳氢化合物，是关系国计民生的重要有机化工原料，其中的"三苯"，即苯(B)、甲苯(T)、二甲苯(X)，在医药、合成材料、印染、纺织等众多行业有着广泛应用，其生产规模仅次于乙烯和丙烯。由合成气一步法制备芳烃，是指在合适的催化剂作用下，将合成气直接催化转化为芳烃类物质。此方法流程短、步骤少，对芳烃合成具有重要意义。清华大学魏飞团队开发的流化合成气一步法制芳烃(FSTA)技术采用开发的新型催化剂，在 250~400 摄氏度和 2~5 兆帕下，通过芳烃池的引入打破原有 ASF(Anderson-Schulz-Flory)分布的限制，使得 CO 转化率大幅提高，总芳烃的烃基选择性达 83.3%。厦门大学王野教授团队设计出 Zn 掺杂 ZrO₂/H-ZSM-5 双功能催化剂，实现了合成气一步法高选择性、高稳定性制备芳烃，可获得较高的 CO 转化率(>20%)和芳烃选择性(约为 80%)。国内合成气一步法制芳烃技术仍处于实验室研究阶段。

2. 甲醇制烯烃

甲醇制烯烃是将甲醇转化为二甲醚，再转化生产低碳烯烃。该法目前已有多种成熟工艺用于工业生产，典型的工艺有甲醇制低碳烯烃(MTO)和甲醇制丙烯(MTP)工艺。国外典型的 MTO 工艺技术主要有霍尼韦尔 UOP/HydroMTO 工艺、美孚 MobilMTO 工艺、埃克森美孚 ExxonMobilMTO 工艺、鲁奇(Lurgi)的 MTP 工艺，国内代表性工艺技术包括大连化物所 DMTO 工艺、中国石化 SMTO 技术、清华大学流化床甲醇制丙烯(FMTP)工艺和中国神华能源股份有限公司(以下简称神华集团)SHMTO 工艺[6]。2010 年 8 月，采用大连化物所开发的甲醇制烯烃技术，神华集团在包头建成了世界上首套煤制烯烃工业装置(制取烯烃规模为 60 万吨/年)并顺利投产。大连化物所的 DMTO 工艺已经升级到第三代甲醇制烯烃(DMTO-Ⅲ)技术，DMTO-Ⅲ技术中甲醇转化率为 99.06%，乙烯和丙烯的选择性为 85.90wt%[①]，吨烯烃(乙烯+丙烯)甲醇消耗为 2.66 吨。DMTO-Ⅲ技术采用新

---

① wt%为质量分数。

一代催化剂，通过对反应器和工艺过程的创新，不需要设单独的副产的碳四以上组分裂解单元，可实现单套工业装置甲醇处理量达 300 万吨/年以上[①]，同时生产每吨烯烃所需甲醇消耗也降低 10% 以上，大幅度提高了技术经济性，采用 DMTO-Ⅲ技术的宁夏宝丰甲醇制烯烃项目正在建设过程中，计划于 2024 年投产（图 3.2）。

图 3.2　宁夏宝丰甲醇制烯烃项目

3. 甲醇制芳烃

甲醇制芳烃（MTA）是指煤经合成气制备甲醇后，再通过催化剂将甲醇转化为芳烃的工艺。这是一条有效利用煤或天然气替代石油资源生产苯、甲苯、二甲苯等芳烃产物的工艺路线，对于缓解芳烃资源短缺、延长煤化工和天然气化工产业链具有重要意义。中国科学院山西煤炭化学研究所以改性 ZSM-5 分子筛为催化剂，在甲醇制芳烃工艺中，甲醇转化率为 100%，苯-甲苯-二甲苯（BTX）芳烃收率超过 35%。清华大学魏飞等提出了流化床甲醇制芳烃（FMTA）工艺，该工艺将甲醇制芳烃流化床反应器与流化床催化剂再生器相连，实现甲醇芳构化与催化剂再生的连续循环操作。2013 年 1 月完成了万吨级工业试验，试验结果显示，甲醇转化率达 99.99%，芳烃收率达到 74.47%，折合吨芳烃甲醇消耗为 3.07 吨。大连化物所提出了一种采用流化床进行甲醇制芳烃的方法，采用该方法生产芳烃时，甲醇转化率达 80% 以上，产品中 BTX 芳烃质量分数为 50%~60%[7]。

4. 先进煤间接液化及产品加工成套技术

煤的间接液化是以煤为原料，先经气化制合成气（CO 和 H_2），再在催化剂的作用下，经费-托合成反应生成烃类和化学品的过程。该过程主要由煤制合成气、费-托合成及油品的加工精制 3 部分组成，核心是费-托合成反应，通过这个过程，煤炭转化为液体油类产品。煤间接液化可以根据不同煤种选用不同的气化工艺，具有煤种适应广、合成条件较温和、转化率高、加工提质工艺简单的特点。煤间接液化制油产品具有"十六烷值高、

① 大连化物所"第三代甲醇制烯烃（DMTO-Ⅲ）技术"通过科技成果鉴定.(2020-11-10). https:// www.cas.cn/syky/ 202011/ 20201110_766079.shtml。

超高清洁性"的特点,可以作为国家清洁油品及油品升级调和组分,满足我国日益严格的油品环保要求。2016 年 12 月 5 日,神华宁夏煤业集团 400 万吨/年煤制油工程 I 系列油品合成装置费-托合成反应器开始投料,各项指标分析合格,煤制油全流程打通。在距离德国科学家发现费-托合成反应的近百年后,我国完全掌握了先进的百万吨级煤间接液化工程的工业核心技术,成为全世界少数掌握该技术的国家之一。

5. 甲醇制乙醇

乙醇是世界公认的优良汽油添加剂和重要的基础化学品,可以部分替代乙烯用作化工原料,也可以方便地转化为乙烯。目前研发的煤制乙醇技术路线主要有以下三条:合成气直接催化制乙醇;乙酸加氢制乙醇;二甲醚羰基化制乙醇[8]。合成气直接催化制乙醇主要是在催化剂的作用下,合成气转化为低碳醇的过程,可极大地简化现有的生产工艺,具有重要的研究价值。该技术的关键是研发出选择性较高并且耐受性较强的催化剂,提高催化剂在现有条件下的 CO 转化率以及乙醇的选择性。大连化物所通过使用 Mn、Fe 等作为铑基催化剂助剂,使得乙醇的选择性可达 60%以上。美国塞拉尼斯公司开发了乙酸加氢制乙醇技术(TCX),该技术可满足 40 万吨/年的产能目标。2016 年 4 月,在江苏索普集团建成了 3 万吨/年乙酸加氢制乙醇(99.6%)工业示范装置并一次开车成功[①],但过程反应速率慢,产品的选择性和转化率仍有待提高,催化剂性能仍需提高。国内的企业和科研机构,如西南化工研究设计院有限公司、上海浦景化工技术股份有限公司、大连化物所和中国科学院山西煤炭化学研究所,也在积极开发乙酸加氢制乙醇的技术,包括乙酸酯化加氢制乙醇技术和乙酸直接加氢制乙醇技术。乙酸酯化加氢制乙醇技术较乙酸直接加氢制乙醇技术具有腐蚀性小、分离能耗低的优点,也是目前煤制乙醇研究的新方向。二甲醚羰基化制乙醇技术相比乙酸源路线的优点在于不需要使用防腐性能高的反应釜,在工业化生产中具有较大的成本优势。同时乙酸甲酯和甲醇也可以作为副产品销售,方便企业在乙醇盈利不佳时转型生产其他产品。该工艺选择避开了贵金属催化剂及特殊材质工艺的乙酸路线,二甲醚合成为成熟技术。大连化物所刘中民团队对以煤基合成气为原料,经甲醇合成、甲醇脱水、二甲醚羰基化、加氢合成乙醇的工艺路线开展了大量的基础研究和工业性实验,采用非贵金属催化剂,可以直接生产无水乙醇,是一条独特的环境友好型新技术路线。2017 年,陕西延长石油(集团)有限责任公司(以下简称延长石油集团)下属陕西兴化集团有限责任公司采用大连化物所开发的合成气经甲醇脱水、二甲醚羰基化、乙酸甲酯加氢的技术路线,建造 10 万吨/年合成气制乙醇装置,成功打通全流程,产出合格无水乙醇,主要指标均达到或优于设计值,标志着全球首套煤基乙醇工业示范项目一次试车成功,合成气制乙醇进入规模化时代[②]。该技术还可以用于将现有大量过剩的甲醇厂改造成乙醇工厂,调整产业结构,释放产能。另外,乙醇便于运输和

① 3 万吨/醋酸加氢制乙醇工业示范装置开车成功.(2016-05-13). http:// www.gov.cn/xinwen/2016-05/13/ content_ 5073056.htm。

② 全球首套煤基乙醇工业示范项目投产成功.(2017-03-17). https:// www.cas.cn/zkyzs/2017/ 03/94/ zyxw/ 201703/ t20170320_4594009.shtml。

储存，可以方便灵活地生产乙烯，促进下游精细化工行业的发展。二甲醚羰基化制乙醇的工艺流程相对较短，且设备投资低，生产成本低，将逐渐成为极具市场竞争力的煤制乙醇技术路线。2023 年 3 月，6 辆载满煤基无水乙醇产品的罐车从陕西延长石油榆神能源化工有限责任公司鸣笛发车进入市场，标志着全球规模最大的煤基乙醇项目正式开启产品销售，迈入生产经营新阶段。

6. 合成气制乙二醇

乙二醇又称"甘醇""1,2-亚乙基二醇"，简称 EG，是最简单的二元醇。乙二醇是无色无臭、有甜味的液体，能与水以任意比例混合。乙二醇的用途非常广泛，主要用于制聚酯涤纶、聚酯树脂、吸湿剂、增塑剂、表面活性剂、合成纤维、化妆品和炸药，并可用作染料/油墨等的溶剂、发动机的抗冻剂、气体脱水剂，制造树脂，也可用于玻璃纸、纤维、皮革、黏合剂的湿润剂。乙二醇可生产合成树脂聚对苯二甲酸乙二醇酯(PET)，其中纤维级 PET 即为涤纶纤维，瓶片级 PET 用于制作矿泉水瓶等。乙二醇还可生产醇酸树脂、乙二醛等，也用作防冻剂，除用作汽车用防冻剂外，还用于工业冷量的输送，一般称为载冷剂。

煤制乙二醇技术是指以煤为原料经合成气制备乙二醇，包含直接合成法和间接合成法[9]。直接合成法利用煤经气化制取合成气(CO 和 H_2)，在催化剂的作用下由一步反应直接制得乙二醇。此工艺能耗高，催化剂昂贵，反应副产物多，且产品纯度低。间接合成法是由 CO 和 H_2 合成中间产品，再通过催化加氢制乙二醇，中间产品主要为甲醛和草酸酯。甲醛法基本上均处于试验阶段。草酸酯法是以煤为原料，通过气化、变换、净化及分离提纯后得到 CO 和 H_2，其中 CO 通过催化偶联合成及精制生产草酸酯，再经过加氢精制后得到聚酯级乙二醇。草酸酯法乙二醇生产工艺流程短、反应条件相对温和、生产成本低，是我国工业化生产的主要工艺。其中，日本高化学株式会社、华烁科技股份有限公司、上海浦景化工技术股份有限公司、宁波中科远东催化工程技术有限公司、中国科学院福建物质结构研究所、中国石化等公司和科研院所研发的草酸酯法乙二醇生产技术已在我国实现工业化。目前全球最大的煤制乙二醇项目为陕煤集团榆林化学有限责任公司煤炭分质利用制化工新材料示范项目 180 万吨/年乙二醇项目，于 2022 年 10 月开车。

7. 合成气制高碳醇

高碳醇指含有 6 个碳原子以上一元醇的混合物，煤经合成气直接制高碳醇是以煤为原料通过煤气化制得合成气，合成气分别通过高温费-托合成、低温费-托合成、甲醇制烯烃和改性费-托合成等路径间接或直接制备高碳醇[10]。在合成气直接制高碳醇技术方面，我国走在了世界前列且正在实现工业化。大连化物所对煤经合成气制高碳醇技术进行了深入研究，开辟了一条合成气经钴基催化剂直接制高碳混合醇联产油品的新路径，研发了用于费-托合成制取含有 C_6 以上高碳醇的 $C_2 \sim C_{18}$ 混合醇产物的催化剂，该催化剂体系为活性炭负载钴基催化剂，催化 CO 加氢直接合成混合高碳伯醇，利用催化剂孔道的空间限制作用和催化剂的亲水性控制链增长，利用助剂控制高碳醇

和 α-烯烃的选择性并提高活性，液体产物中 C_2-C_{18} 混合醇的选择性高达约 60%，其中甲醇在醇中的分布只占 2%～4%[11]。2019 年，大连化物所与延长石油集团合作开展了合成气制高碳醇万吨级工业试验，获得科技成果鉴定，创新性地首次采用大连化物所开发的碳材料负载的新型钴-碳化钴基催化剂，在大型浆态床反应器中完成了世界首例合成气一步制高碳醇联产液体燃料的万吨级工业试验。在装置负荷 30% 的条件下，合成气总转化率大于 84%，甲烷选择性低于 6%，醇/醛总选择性高于 42%[12]。调节催化剂可改变产物中高碳醇与液体燃料的比例，大幅提高企业煤制燃料的经济收益和增强装置的抗风险能力。同时，高碳醇是生产高碳 α-烯烃的原料，此技术可缓解我国发展高端聚乙烯材料原料紧缺的局面。与天然油脂路线和石化路线相比，煤经合成气制高碳醇的优势明显，一是原料的价格低廉稳定，二是生产的 α-烯烃、费-托石蜡等产品的品质较高。高碳醇作为合成增塑剂、表面活性剂等精细化工产品的基础原料，单位产值高，附加值大；国内高碳醇产业仍处于成长期，在传统原料面临一定局限的情况下，煤化工行业应用高碳醇技术、延长产业链、丰富下游产品，具有很好的发展前景。

8. 合成气一步法制低碳烯烃

合成气一步法制低碳烯烃有两种工艺路线，分别是经由费-托反应制低碳烯烃的 FTO (Fisher-Tropsch synthesis to olefin) 路线和由氧化物-分子筛 (OX-ZEO) 过程制低碳烯烃的双功能催化路线[13]，一步法与间接法相比由于缩短了流程，具有能耗少、成本低等优势，因而成为研发领域的热点。2021 年，大连化物所与延长石油集团在陕西榆林进行了煤经合成气直接制低碳烯烃技术的工业中试试验 (图 3.3)，基于"合成气高选择性转化制低碳烯烃"(OX-ZEO 路线) 原创性基础研究成果，实现 CO 单程转化率超过 50%，低碳烯烃 (乙烯、丙烯和丁烯) 选择性优于 75%，催化剂性能和反应过程的多项重要参数超过设计指标，总体性能优于实验室水平。

图 3.3 煤经合成气直接制低碳烯烃中试装置

3.1.2.2　煤化工与石油化工耦合的技术

1. 甲醇甲苯制对二甲苯联产低碳烯烃

对二甲苯(PX)是芳烃产品中最受关注的产品，其主要用于制对苯二甲酸(PTA)，进而生产 PET、生物可降解塑料等，2020 年我国 PX 的产量为 1890 万吨，由于 PX 产量不能满足下游 PTA 的需求，2020 年我国 PX 的进口量为 1386 万吨，对外依存度高达 42.3%[①]。在石油化学工业中，PX 通过石脑油催化重整得到，芳烃联合装置生产的二甲苯混合物中 PX 的浓度仅为 24%，还需经过甲苯歧化、烷基化、异构化等增加 PX 的产量。大连化物所开发的甲醇甲苯制对二甲苯联产烯烃流化床技术，可以实现煤化工与石油化工的有机结合，在实现甲醇甲苯选择性烷基化制 PX 反应的同时，利用甲苯及其烷基化产物(二甲苯、三甲苯等芳烃产物)等芳烃物种促进按照"烃池"机理进行的甲醇转化制烯烃(特别是乙烯)反应的发生，从而实现在一个反应过程中同时高选择性地生产 PX 和低碳烯烃(乙烯和丙烯)。甲醇甲苯制对二甲苯联产低碳烯烃技术路线的甲醇单程转化率＞95%，甲苯单程转化率＞35%，乙烯+丁烯+对二甲苯总体选择性为 79.2wt%。其应用领域包括对现在芳烃联合装置进行改造，增设甲醇甲苯选择性烷基化单元，可增产 PX 20% 以上。由于采用择形催化剂，二甲苯产品中 PX 选择性高，显著降低了 PX 分离的能耗，降低了装置的运行成本。也可以在我国中西部地区，利用煤基甲醇和甲苯资源，新建甲醇甲苯制对二甲苯联产烯烃装置，在生产 PX 的同时，联产乙烯，为聚酯的生产同时提供两种基本原料。甲醇甲苯制对二甲苯联产烯烃技术中甲醇和甲苯原料配比、产品(PX 和低碳烯烃)分布灵活，可应用于不同领域。

2. 甲醇石脑油耦合催化裂解制烯烃

大连化物所在 DMTO 技术基础上，创新性地开发了甲醇石脑油耦合催化裂解制烯烃的技术。将石脑油原料和甲醇原料耦合利用，通过相同的分子筛催化剂经过催化反应制取烯烃，具有明显的理论合理性和技术先进性：不仅能够在反应过程中直接实现吸热/放热平衡，提高整个体系的能量利用效率，增加产品收率，而且在同一反应器里可以耦合使用煤化工(甲醇)与石油化工(石脑油)的基本原料，推动行业的协同发展[5]。高性能耦合催化剂设计，突破了传质扩散限制和活性调控，同时将甲醇和石脑油高选择性地转化为烯烃产品；配合新型流化反应工艺，充分发挥强放热反应和强吸热反应原位耦合，大幅提高原料利用率。利用甲醇转化反应的特点，促进石脑油在较低温度(＜650 摄氏度)下催化裂解，降低甲烷产率，提高原料利用率，达到热量平衡，降低反应能耗(约比蒸汽裂解低 1/3)[②]。该技术正在进行中试，技术开发完成后，可以直接改造传统石油化学工业中能耗问题最为严重的烯烃工厂，大幅降低烯烃生产能耗；并且采用煤化工生产的甲醇替代部分石脑油原料，实现大型传统石油化学工业烯烃工厂原料灵活多样。

---

① 中国石油和化工大宗产品年度报告. 北京: 中国化工经济技术发展中心, 2021。
② 甲醇石脑油耦合裂解制低碳烯烃. (2018-04-20). http://kjhz.dicp.ac.cn/achievementDetail?session=8f97d44ab42ce151。

3.1.3 煤化工与石油化工多能融合关键技术发展路线图

我国原油产量不能满足下游石化企业的生产要求，需要大量进口，导致原油对外依存度高，随着国际原油价格的攀升，国内石化生产企业成本不断升高，国家能源安全受到严重威胁。同时，我国有丰富的煤炭资源，随着中国煤化工的发展，煤制烯烃、煤制乙二醇、煤制石油、煤制天然气等现代煤化工技术已日趋成熟。但煤化工与石油化工分属两个不同门类的产业，相互之间难以协调，缺少关联，以合成气/甲醇为平台可将煤化工和石油化工联系起来，一方面利用煤基合成气/甲醇制烯烃或含氧化合物替代对石油的消耗，另一方面利用甲醇与石油基产品进行耦合反应，提高原子利用率和能量效率，同时弥补了石油化工生产路线的结构性缺陷，其中关键技术发展路线图如图 3.4 所示。

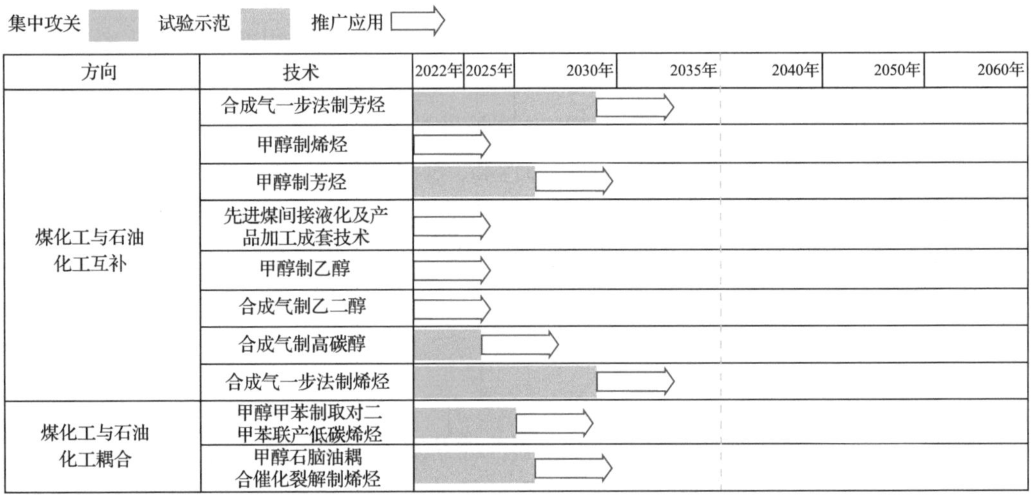

图 3.4 煤化工与石油化工耦合发展技术路线图

3.2 以储能为平台的可再生能源规模化利用关键技术与路线图

3.2.1 技术平台内涵

"双碳"目标推动了我国风电、光电等可再生能源电力快速发展。2021 年，我国非化石能源装机占比首次超过煤电，可再生能源装机突破 10 亿千瓦，发电量达到 2.48 万亿千瓦时，占全社会用电量的比重达到 29.8%。2021 年，中共中央 国务院《关于完整准确全面贯彻新发展理念做好碳达峰碳中和工作的意见》指出，到 2025 年，非化石能源消费比重达到 20% 左右；到 2030 年，非化石能源消费比重达到 25% 左右；到 2060 年，非化石能源消费比重达到 80% 以上。预计到 2060 年非化石能源发电量在电力系统中的占比将达到

90%，其中风、光等可再生能源发电量占比将超过 70%。然而，可再生能源在电力结构中所占份额的不断增长对现有电力系统的运行带来了新的挑战。

储能作为可再生能源规模化利用的平台，可以有效解决可再生能源低能量密度、高波动特性等问题。具体表现为平抑可再生能源电力并网后的波动性，提高弃风、弃光消纳能力，促进电力系统运行的电源与负荷平衡，提高电网运行的安全性、经济性和灵活性。因此发展储能是解决新型电力系统供需匹配和波动性问题的关键。

根据能量存储方式及存储介质的不同，储能可以分为机械储能、电磁储能、电化学储能、热储能和化学储能五大类，如图 3.5 所示。

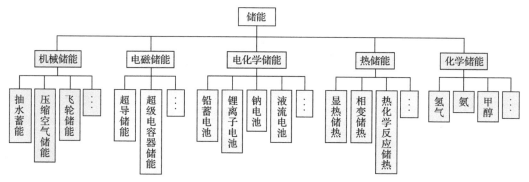

图 3.5　储能技术分类

目前，抽水蓄能是我国最主要的储能方式，据统计，截至 2021 年底，中国已投运电力储能项目累计规模为 46.1 吉瓦，其中抽水蓄能累计装机 39.8 吉瓦，占比为 86.3%，具体见图 3.6。2021 年 9 月，国家能源局发布《抽水蓄能中长期发展规划(2021—2035 年)》，明确指出了抽水蓄能在我国可再生能源发电增长要求背景下的地位和发展的迫切性。其中提到：到 2025 年，抽水蓄能投产总规模达到 6200 万千瓦以上；到 2030 年，抽水蓄能投产总规模达到 1.2 亿千瓦左右；到 2035 年，形成满足新能源高比例大规模发展需求的，技术先进、管理优质、国际竞争力强的抽水蓄能现代化产业，培育形成一批抽水蓄能大型骨干企业。

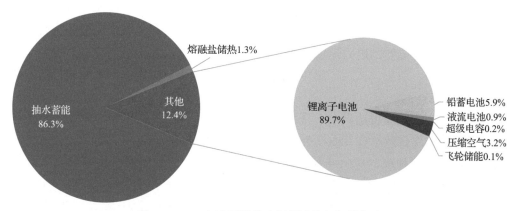

图 3.6　2021 年中国储能市场累计装机规模构成

在中国可再生能源发电规模高速增长的背景下，以锂离子电池、压缩空气储能、液流电池为代表的新型储能技术逐渐成熟，新型储能示范项目加速推广，截至 2021 年底，新型储能累计装机规模达到 5729.7 兆瓦，占比为 12.4%，装机规模同比增长 75%[①]，具体见图 3.6 和图 3.7。2022 年 3 月，国家发展改革委、国家能源局发布《"十四五"新型储能发展实施方案》，指出到 2025 年，新型储能由商业化初期步入规模化发展阶段，具备大规模商业化应用条件。到 2030 年，新型储能全面市场化发展。对电化学储能、压缩空气储能、飞轮储能、储热储冷等储能技术的发展都提出了要求，全面支撑能源领域碳达峰目标实现。目前我国新型储能仍处于商业化前期，未来随着可再生能源占比的不断增加以及分布式能源的大规模推广，新型储能在我国电力系统中将占据越来越重要的地位。

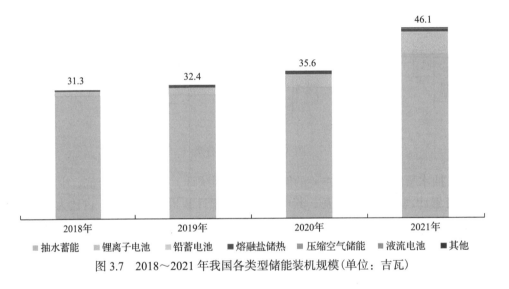

图 3.7　2018～2021 年我国各类型储能装机规模(单位：吉瓦)

3.2.2　储能与可再生能源系统融合关键领域与技术清单

1. 抽水蓄能

抽水蓄能电站由上水库、输水系统、安装有机组的厂房和下水库等建筑物组成。电网负荷低谷时段将水由下水库抽至上水库储存，负荷高峰时段由上水库放水进行发电。抽水蓄能是当前最成熟的电力储能技术，作为最重要的可再生能源存储调节设施，通常用于电网侧调峰、调频、调相、旋转备用、黑启动等，可以有效提升电网运行的安全性和稳定性。

抽水蓄能应用规模可达到上千兆瓦，其影响参数主要是水池的落差和蓄水量。目前抽水蓄能电站的综合效率在 65%～75%，使用寿命为 40～60 年。一般而言，抽水蓄能的负荷响应速度在分钟级，从全停到满载发电约 5 分钟，从全停到满载抽水约 1 分钟；

---

① 资料来源：中关村储能产业技术联盟(CNESA)。

具有日调节能力，可用于配合核电站、大规模风力发电、超大规模太阳能光伏发电等。不过由于抽水蓄能电站对站址要求较高，可能远离电力负荷中心，需要考虑长距离输电问题。

随着新技术和新设计理念在抽水蓄能电站机组设计与制造中的广泛应用，目前我国抽水蓄能机组发展的主要趋势为高水头化、大容量化和高转速化。未来抽水蓄能发展方向主要是变速抽水蓄能机组的研发及其国产化，变速机组可使抽水蓄能机组不局限于额定转速运行，从而使电网调控更灵活、快速、高效、可靠。此外，需开展海水抽水蓄能技术攻关与试点示范，利用海洋作为上水库或者下水库，可以节省建造费用并避免补水量的限制。亟须解决的科技问题包括海水腐蚀、微生物附着、渗透和泄漏以及环境影响等。

2. 压缩空气储能

传统压缩空气储能通过多余电能将空气进行压缩存储，需要用电时利用高压储气推动透平膨胀机做功。在储能时，系统中的电动机耗用电能，驱动压气机压缩空气并存于储气装置中；放气发电过程中，高压空气从储气装置释放，进入燃气轮机燃烧室同燃料一起燃烧后，驱动透平带动发电机输出电能。压缩空气储能的规模与储气装置和透平膨胀装置等密切相关，应用规模一般在数十到数百兆瓦，可连续放电数小时，响应时间为分钟级，充放电效率为 40%～75%。

不使用大型储气洞穴、不使用燃料的先进压缩储能技术是目前压缩空气储能系统的主要发展方向。国内压缩空气储能技术近年来处于蓬勃发展阶段，超临界压缩空气储能技术、绝热压缩空气储能技术及液态压缩空气储能技术均有研究覆盖。2021 年 12 月 31 日，由中国科学院工程热物理研究所研发的国际首套 100 兆瓦/400 兆瓦时先进压缩空气储能国家示范项目顺利并网，系统设计效率达到 70.4%。未来我国压缩空气储能技术需进一步提高充放电效率，降低系统成本，增大系统规模，加强示范和应用项目推广。

3. 飞轮储能

飞轮储能系统主要是由飞轮转子、轴承、电动机/发电机、电力电子控制装置、真空室等五个部分组成。充能时利用电动机加速转子(飞轮)将能量以旋转动能的形式储存于系统中，释放能量时再用飞轮带动发电机发电。飞轮系统的总能量取决于转子的尺寸和转动速度，额定功率取决于电动发电机。飞轮储能系统具有寿命长(15～30 年或 10 万～1000 万次深度充放能量过程)、效率高(85%～95%)、维护少且稳定性好、响应速度快(毫秒级)、负荷跟踪性能优良、对环境几乎没有不良的影响等优点，可用于在时间和容量方面介于短时储能应用和长时间储能应用之间的应用场合；不过，飞轮储能系统的能量密度不够高，且自放电现象严重，用作能量型应用时价格昂贵，不适宜在能量型应用领域发展。

我国飞轮储能技术研究起步较晚，20 世纪 80 年代国内机构开始关注飞轮储能技术，90 年代开始进行关键技术基础研究，目前国内也有公司开始运营从事飞轮储能系统的实际应用开发，并且有部分飞轮产品已经投入示范应用，包括在石油钻井、轨道交通、不间断供电系统(UPS)备用电源等领域。为了满足不用应用领域的需求，飞轮储能系统将向高功率密度、高能量密度、低损耗、低成本等方向发展。飞轮储能技术的主要研究方向包括低成本电机及变流器系统研制、高能量密度转子复合材料研究、磁悬浮及复合轴承研制、整机优化设计和控制、模块化阵列化系统产品研制等。

4. 超级电容器储能

超级电容器是介于传统物理电容器和电池之间的一种储能元件，通过电极与电解质之间形成的界面双电层来存储能量。超级电容器储能器件具有超高的功率密度，充放电效率在90%以上，具有毫秒级响应速度，充电时间短，循环次数可达1万次以上。可以任意并联使用，增加电容量；采取均压后，还可串联使用，提高电压等级。我国于20世纪80年代逐步开展超级电容器的研究，2006年首条超级电容器公交线路在上海投入商业化运营，到2017年科技部正式将"基于超级电容器的大容量储能体系及应用"列入国家重点基础研究发展计划。近年来超级电容器储能市场规模快速增长，在新能源汽车、轨道交通、电力系统等领域逐步开展应用。

超级电容器储能研究的重点在于寻找性能更优、成本更低的电极材料；寻求更优化超级电容器单体的匹配组合方法；解决慢放电控制的问题；解决内阻较高的问题，包括极片和电解液本身内阻以及接触内阻；提高电动机车和电力系统等的可靠性等。此外，将锂离子电池和双电层电容器结合的混合型超级电容器也是超级电容器储能未来的发展方向之一，需提高混合型超级电容器的功率密度、循环性能、安全性能等。

5. 超导储能

超导储能装置是利用超导线圈将电能直接以电磁能的形式储存起来，在需要时再将电能输出给负载的储能装置，主要包括超导储能线圈、功率变换系统、低温制冷系统、快速测量控制系统四大组成部分。超导储能系统规模一般在1焦～100兆焦，储能密度高(0.9～9兆焦/米^3)，响应速度快(毫秒级)，可长期无损耗地储存能量，使用寿命可达20年以上，储能效率超过90%。基于超导技术的电能存储装置具有优越的储能和能量变化性能，与其他储能技术相比较，在响应速度、动态功率补偿、反复动作寿命等方面具有独特的优势。目前我国超导储能仍处于技术攻关阶段，为实现超导储能技术在电力系统的规模化应用，在装置研制、系统运行两个层次均需要进一步开展深入研究与技术攻关。

6. 铅蓄电池

铅蓄电池是由正负极板、隔板、电池槽、电解液和接线端子等部分组成的蓄电池，其中正极板为PbO_2，负极板为Pb。放电时，电池正极中的PbO_2与负极中的海绵铅和电解液中30%～40%的稀硫酸反应生成硫酸铅和水。充电时，硫酸铅和水转化为PbO_2、海绵铅与稀硫酸。目前铅蓄电池尤其是铅炭电池已广泛应用于储能电站项目中。铅炭电池是一种新型电容型铅蓄电池，负极为具有双电层电容特性的铅炭双功能复合电极(碳材料与海绵铅)，正极与传统铅蓄电池相同(为 PbO_2)。目前铅炭电池示范项目容量规模可达几十兆瓦，应用寿命约 10 年，充放电效率为 75%～85%，循环次数相比传统铅蓄电池可由约 800 次大幅提高到 4000 次。

铅炭电池不仅仅是将负极配方中添加一些碳材料，或者在负极并联炭电极，由于碳材料的加入会打破原有阀控密封铅蓄电池的工艺平衡，还需要不断优化铅炭电池结构、配方，在生产工艺过程中，建立使铅炭电池性能最大化的铅炭电池技术体系。未来铅炭电池需进一步提高电池性能，需要解决以下几方面问题：提高铅和碳之间的均匀混合；解决铅炭电池负极活性物质与板栅之间的接触与界面问题；改善极板外化成后，负极板表面有碳材料析出导致的板栅膨胀变形现象；解决碳材料加入加剧负极的析氢问题，避免蓄电池失水严重，免维持性能降低，导致蓄电池失效模式发生改变。

7. 锂离子电池

锂离子电池储能是目前应用最广的新型储能技术，据统计，截至 2021 年底，我国新型储能累计装机 5729.7 兆瓦，其中锂离子电池储能占比为 89.7%[①]。锂离子电池是分别用两个能可逆地嵌入或脱嵌锂离子的化合物作为正负极构成的二次电池，主要包括正极、负极、电解质、隔膜及外壳等。锂离子电池充电时正极锂离子脱嵌，通过隔膜插入负极碳材料，放电时负极锂离子脱插，穿过隔膜嵌入正极材料中。目前锂离子电池常用的正极材料主要有磷酸铁锂、锰酸锂、钴酸锂、三元（镍钴锰酸锂和镍钴铝酸锂）、镍酸锂等。负极材料通常为石墨及钛酸锂。锂离子电池模块化特点以及集装箱的形式可以方便地实现从百瓦级到百兆瓦级的应用，可以满足多种工业和家庭储能在多种应用场景的需求。我国电力系统新型储能电站中应用最多的为磷酸铁锂电池技术，储能用磷酸铁锂电池功率规模目前可达百兆瓦，能量密度较高（80～170 瓦时/千克），系统能量转换效率最大可超过 90%，具有毫秒级响应速度，循环寿命达 2000～10000 次。近年来，受磷酸铁锂成本下降及综合性能提升的影响，该技术被广泛应用在电力系统发输配用各个环节。三种典型储能锂离子电池参数与特点对比见表 3.1 和图 3.8。

表 3.1　三种典型储能锂离子电池参数与特点对比

参数	磷酸铁锂电池	钛酸锂电池	三元锂电池
能量密度/(瓦时/千克)	120～140	90～100	135～165
循环次数/次	2000～10000	5000～12000	1000～5000
额定电压/伏	3.2	2.3	3.7
电芯热稳定性	热分解温度：800 摄氏度 挤压测试：冒烟	热稳定性好 挤压测试：不冒烟、不起火、不爆炸	热分解温度：200 摄氏度 挤压测试：爆炸
充放电倍率	1C～2C	5C	1C～4C
成本/(元/瓦时)	1.8～2.2	3～5	1.6～2
优点	安全性好，能量密度较大，循环寿命足够长	安全性好，倍率特性好，循环寿命超长	容量高，能量密度高，循环性好
缺点	充放电倍率不高	能量密度低，成本较高	安全性低

---

① 资料来源：中关村储能产业技术联盟（CNESA）。

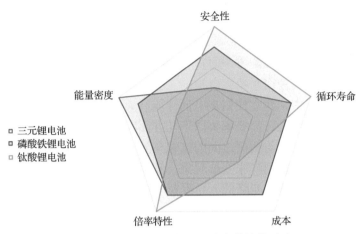

图 3.8　三种典型锂离子电池参数性能对比

未来锂离子电池的发展还需要继续提高锂离子电池循环寿命，开发循环寿命大于 1 万次的锂离子电池以应用于储能系统；进一步降低锂离子电池成本，提高锂离子电池在储能方面的市场与规模；开发安全性更高的锂离子电池以避免大规模储能中的安全风险。锂离子电池储能技术的进步主要取决于关键电池材料创新研究与应用进展。通过对正负极材料、电解质等活性物质以及隔膜、黏结剂、导电添加剂、集流体等非活性材料的优化设计，从而提升电池单体性能、降低成本、提高安全性。

此外，新型锂基电池的研发与应用也是未来重要的发展方向，包括锂硫电池、锂-空气电池、全固态锂金属电池等，未来需进一步加速新型锂基电池的科研攻关，实现在特定场景对于锂离子电池的优化替代。

8. 液流电池

液流电池是一种利用溶液中的电化学反应活性物质的价态变化，实现电能与化学能相互转换与能量储存的电化学储能装置。全钒液流电池是目前最为成熟、应用最广的液流电池技术。全钒液流电池主要由电极、隔膜和电解液储罐等构成，其中正极、负极电解液分别为含有 VO_2^+/VO^{2+} 和 V^{2+}/V^{3+} 混合价态钒离子的硫酸水溶液，两种电解质通过质子交换膜分离，充放电时电解液在储罐与电堆之间循环流动，通过钒离子价态的相互转换实现能量的存储和释放，充放电效率为 75%～85%。由于充放电时无物相变化，电池安全性高，使用寿命较长(15～20 年)，循环次数可达一万次以上。相反，由于全钒液流电池能量密度偏低(12～40 瓦时/千克)，储能装备需更大的占地面积，因此通常应用于电源侧与电网侧场景。2022 年 5 月 24 日，由大连化物所研发的 100 兆瓦/400 兆瓦时全钒液流电池项目在大连顺利完成并网，是目前全球最大的 100 兆瓦级全钒液流电池储能调峰电站。全钒液流电池未来的发展方向在于新一代高性能、低成本关键电池材料的开发，具体内容包括：高稳定性、高浓度电解质溶液；高离子选择性、高导电性、高化学稳定性离子传导(交换)膜；高导电性、高韧性双极板；高反应活性、高稳定性、高厚度均匀性电极。同时还有高功率电堆的优化设计与开发，包括：提高电解质溶液活性物质在电堆内部的时空分布均匀性，降低离子传导膜、电极、双极板之间的接触电阻，降低电堆内欧姆极化，从而提高电堆的电压效率和能量效率等。

此外，锌基液流电池、铁铬液流电池等体系近年来也受到越来越多的关注，目前我国已在多地开展了 1 兆瓦级规模的锌基液流电池和铁铬液流电池示范项目。目的是通过基于新型电解液的液流电池设计与开发来提高液流电池能量密度、降低投资成本。

9. 钠电池

目前在储能领域规模化应用的钠电池技术主要包括两种：高温钠硫电池和钠-金属氯化物电池(ZEBRA 电池)。

钠硫电池是一种基于固体电解质的高温二次电池，阳极为钠，阴极为单质硫，传导钠离子的 $\beta''-Al_2O_3$ 陶瓷在中间同时起隔膜和电解质的双重作用。钠硫电池具有高能量密度(150～300 兆瓦/千克)，无自放电现象，满充满放循环次数在 4500 次以上，寿命为 10～15 年。但由于钠硫电池的工作温度在 300～350 摄氏度，安全性问题一直没有完全解决，近年来在我国储能项目中所占比例逐年下降。ZEBRA 电池与钠硫电池结构类似，负极是液态的金属钠，$\beta''-Al_2O_3$ 陶瓷作为固态电解质，不同的是，正极部分由液态的四氯铝酸钠(NaAlCl_4)辅助电解液与固态的金属氯化物组成，其中氯化镍的应用研究最为广泛。未来储能钠电池的发展方向主要是低成本化、低温化、高功率化及高能量密度化。目前我国钠硫电池及 ZEBRA 电池技术应用较少且发展较为滞后，有如下诸多问题亟须解决：储能钠电池技术几乎被国外垄断；储能钠电池上下游产业链供给不足导致成本高；储能钠电池的评估检测标准和评估平台缺失等。

近年来，钠离子电池逐渐被视作未来储能电池的重要发展方向之一，钠离子电池工作原理与锂离子电池相似，主要依靠钠离子在正极和负极之间移动来实现电池的充放电。由于钠盐原材料储量丰富、价格低廉，钠离子电池相比于锂离子电池可大幅降低成本。目前钠离子电池在能量密度、循环次数等性能方面还明显低于主流的磷酸铁锂电池，仍处于商业化探索和改进中。2021 年 6 月 28 日，由中国科学院物理研究所研发的全球首套 1 兆瓦时钠离子电池储能系统在山西太原转型综合改革示范区正式投入运行，进一步推进了我国钠离子电池的商业化应用发展。

10. 热储能

热储能是以储热材料为媒介将太阳能光热、地热、工业余热、低品位废热等热能储存起来，在需要的时候释放的一种技术，目前主要有三种热储能方式，包括显热储热、相变储热(潜热储热)和热化学反应储热。

显热储热是利用材料所固有的热容进行的热量储存形式，储热运行方式简单、成本低廉、使用寿命长、热传导率高，是目前最成熟的热储能技术。常用的显热储热材料有水、土壤、砂石、耐火砖、导热油、熔融盐等。其中水、土壤、砂石等是常见的低温储热材料，主要用于跨季节储能、压缩空气储热储冷、太阳能低温热利用等。导热油、熔融盐等的沸点比较高，可用于太阳能中高温储热。显热储热技术未来的发展方向包括：开发宽液体温度范围、低凝固点、高比热容、腐蚀性小的高温液体显热储热材料，降低蓄热成本；研发高热导、高热容固体显热储热材料及显热/相变复合材料；加强储热单元和系统装置的研究，提高响应速度并降低热衰减；推进储热系统与电网集成技术，实现储热技术在能源电力系统中的集成与优化。

相变储热是利用相变材料在物态变化时，吸收或放出大量潜热而进行的。相比于显热储热技术，相变储热技术单位体积储热密度更大。相变储热技术主要用于清洁供暖、电力调峰、余热利用和太阳能低温光热利用等领域。目前相变储热材料的腐蚀性、与结构材料的兼容性、稳定性、循环使用寿命等问题都需要进一步的研究，其商业化道路需要探索。

热化学反应储热原理是利用可逆的热化学反应，来实现储热和放热的过程。其主要优点是储热量大，使用的温度范围比较宽，不需要绝缘的储热罐，而且如果反应过程能用催化剂或反应物控制,可长期储存热量,特别适用于太阳能热发电中的太阳热能储存。但由于应用技术和工艺太复杂，存在反应条件苛刻、不易实现、储能体系寿命短、储能材料对设备的腐蚀性大、一次性投资大及效率低等问题，目前仍处于小规模的研究和尝试阶段，在未来仍需要进一步研究。储热技术特性对比如表 3.2 所示。

表 3.2 储热技术特性对比表

参数	显热储热	相变储热	热化学反应储热
体积密度/(千瓦/米³)	50	100	500
热损失	长期储存时较大	长期储存时较大	低
储能周期	有限(有热损失)	有限(有热损失)	理论上无限
温度	充能阶段的温度	充能阶段的温度	环境温度
运输	短距离	短距离	理论上无限制
优点	成本低、成熟度高	储能密度中等、储热系统体积小	储能密度高、运输距离长、热损失小
缺点	热损失大, 所需储能装置庞大	热导率低、材料腐蚀性强、热损失大	技术复杂、一次性投资大
技术现状	商业化应用	部分技术已成熟	实验研究阶段

11. 化学储能

化学储能主要是指利用氢、氨气或甲醇等化学品作为二次能源载体进行能量存储的技术。

氢能是一种理想的二次能源，与其他能源相比，氢热值高，其能量密度(140 兆焦/千克)是固体燃料(50 兆焦/千克)的两倍多，且燃烧产物为水，是最环保的能源，被认为是最有希望取代传统化石燃料的能源载体之一。通过可再生能源电解水制氢，不仅能够实现零碳排放，获得真正洁净的绿氢，还能够将间歇、不稳定的可再生能源转化储存为化学能，促进新能源电力的消纳。

氨是肥料的重要成分，其主要是用作化肥及工业原料。但除此之外，由于氢含量高，能量密度高，易存储/运输能够实现零碳排放，氨可以作为储氢介质以及零碳燃料使用。甲醇同样是非常好的液体储氢、运氢载体，也可以作为零碳燃料使用，在航运上具有较好的应用前景。

3.2.3　储能与可再生能源系统融合关键技术发展路线图

从全球以及中国的能源体系变化趋势来看，储能技术已经成为输配电领域的发展重点。一是由于全球能源结构不断地向清洁化变化，光、风等可再生能源发电方式受自然因素影响较大，具有明显的间歇性发电的特点，随着可再生能源并网的容量增加，发电侧对电网的冲击性扩大。二是随着节能环保要求的不断增长，全社会终端能源消费需求持续向电能转移，化石能源占终端消费的比例降低，工业、交通、建筑等部门的全面电气化要求致使我国用电需求不断增加，电网负荷需求在未来的波动性将会持续变化。当前，除抽水蓄能外，我国储能技术在技术水平和经济性上，与大规模实用化还有一定的差距。未来，储能技术将重点向提升装置效率、安全性、寿命，以及降低成本的方向发展和演进。

短中期目标（2030 年前后），实现储能在电力系统中的规模化应用。抽水蓄能发挥技术成熟的优势，充分挖掘可以利用的站址资源，实现规模稳步增长。新型储能技术多元化发展，各种应用场景灵活配置：百兆瓦级锂离子电池储能、压缩空气储能和液流电池储能技术成本显著下降，实现规模化应用；钠电池、液态金属电池、金属空气电池、锂离子电池等新型电化学储能技术逐渐成熟，逐步开展试点示范；长时电网储能电池技术取得技术突破，核心材料及技术实现国产化；超级电容器储能、飞轮储能等功率型储能技术在特定场合实现商业应用，或与其他储能技术配合应用；热储能技术在终端用热需求较大的地区实现规模化应用，支撑光热发电实现吉瓦级工程应用；可再生能源制氢技术逐渐成熟，初步实现由示范应用向商业应用转化。

中长期目标（2050～2060 年），储能在可再生能源为主体的新型电力系统中发挥重要作用，广泛应用于电力系统各环节。海水抽水蓄能突破技术难题，开展多项示范工程；新型储能技术关键材料、器件研发、系统设计和结构优化等方面实现突破性进展，相关技术指标进一步提高，高安全性、长寿命、大容量、低成本的长时电化学储能成为电力系统中最主要的储能技术；钠电池、锂离子电池等新型电化学储能技术基本成熟并逐步商业化推广；高功率密度、低成本的超级电容器储能、飞轮储能等功率型储能技术与其他储能技术混合应用更加普遍；完全掌握显热储热及相变储热材料、装置、系统核心技术，热化学反应储热技术逐渐成熟并开展示范项目；氢储能在电力系统中发挥重要调节作用。

我国储能技术发展路线图如图 3.9 所示。

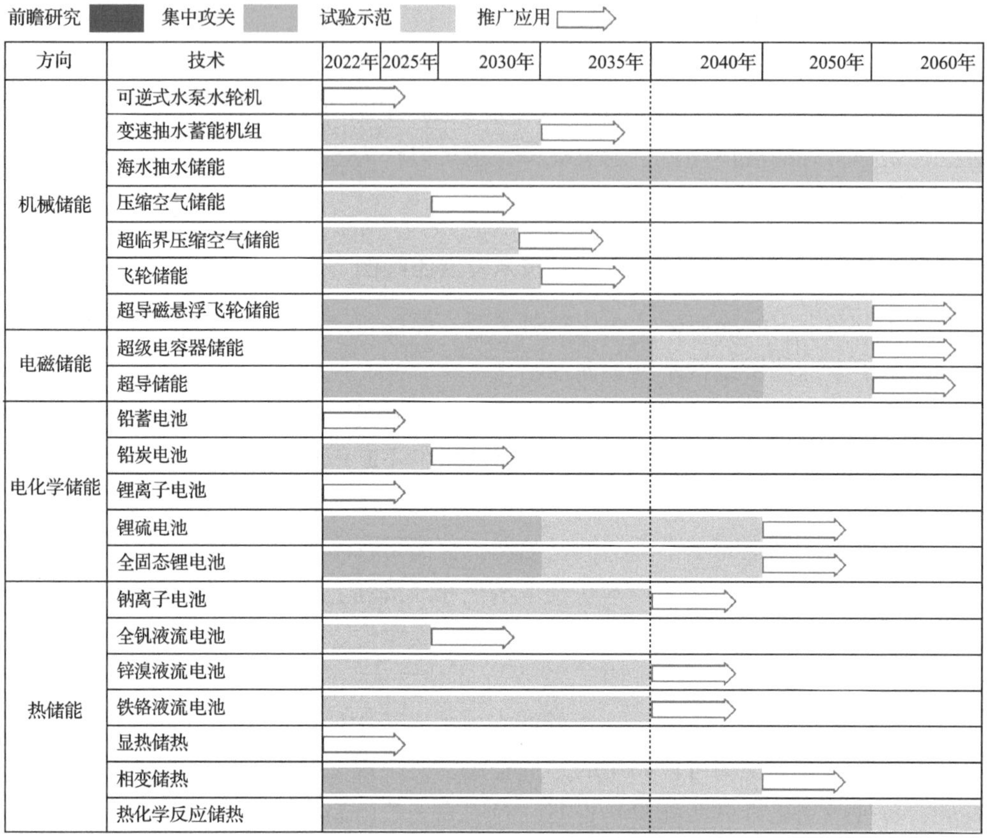

| 前瞻研究 ■ | 集中攻关 ▨ | 试验示范 ▨ | 推广应用 ⇨ | | | | |

方向	技术	2022年	2025年	2030年	2035年	2040年	2050年	2060年
机械储能	可逆式水泵水轮机							
	变速抽水蓄能机组							
	海水抽水储能							
	压缩空气储能							
	超临界压缩空气储能							
	飞轮储能							
	超导磁悬浮飞轮储能							
电磁储能	超级电容器储能							
	超导储能							
电化学储能	铅蓄电池							
	铅炭电池							
	锂离子电池							
	锂硫电池							
	全固态锂电池							
热储能	钠离子电池							
	全钒液流电池							
	锌溴液流电池							
	铁铬液流电池							
	显热储热							
	相变储热							
	热化学反应储热							

图 3.9 我国储能技术发展路线图

3.3 以氢能为平台的化石能源与可再生能源融合关键技术与路线图

3.3.1 技术平台内涵

　　氢能作为一种可再生的、清洁高效的二次能源，兼具燃料、储能载体、工业原料等多重属性，具有资源丰富、来源广泛、燃烧热值高、清洁无污染、利用形式多样等诸多优点，是推动传统化石能源清洁高效利用和支撑可再生能源大规模发展的理想互联媒介，是实现交通运输、工业、建筑和能源领域绿色低碳转型的重要载体。氢能平台以氢为媒介，通过氢或含氢化合物的生产、储存、运输和转化等过程，满足终端用能需求，是联系化石能源、非化石能源和高能耗工业的物质基础。基于氢能平台(图 3.10)，将可再生能源发电与氢能源结合，推动可再生能源制氢、大规模储氢、大规模及长距离管道输氢、氢能交通、热电联产等氢能生产和利用技术的工程化示范，推进氢能在交通、发电、供能等多领域全场景的示范推广，是构建我国现代新型能源体系的重要举措。

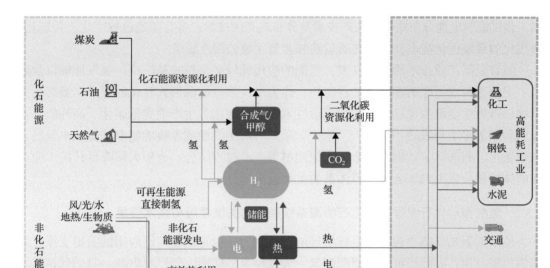

图 3.10 氢能平台示意图

可再生能源和核能到氢能的转化，可以通过氢气的大规模储存，构建氢储能系统，平抑风电和光伏发电等可变发电系统的间歇性和随机性等特性，提高电网的安全性和稳定性，推动非化石能源多能互补与规模应用。通过可再生能源或者核能制取的氢气，能够用于煤炭或天然气的转化过程，与合成气/甲醇平台结合，提高煤炭或天然气中碳资源的利用效率，实现化石能源清洁高效利用与耦合替代，降低碳排放。以煤化工过程为例，通过非煤氢源的引入，可以取消传统的合成气变换环节，使原料煤中的碳资源得以充分利用，减少能耗和碳排放。如果补入过量的绿氢，则可引入 CO_2 作为部分碳源，实现全过程的负碳排放[3]。低成本的绿氢与 CO_2 平台结合，将 CO_2 转化为油品和高价值化学品，从而实现 CO_2 的储存与利用。以"液态阳光"技术为例，利用太阳能等可再生能源，将 CO_2 和水电解制得的绿氢反应生成绿色液体燃料，如低碳醇，从而将间歇分散的可再生能源进行收集存储，并将 CO_2 固定在化学品中，提升能量利用效率，减少碳排放[14]。氢能可以应用于化工、钢铁、水泥等高耗能工业低碳/零碳流程再造，实现难减排部门的深度脱碳。在这些工业过程中，通常采用化石能源作为原料、还原剂或高品位热源等，产生大量的碳排放，且这些用途很难用可再生能源电力进行替代，而氢能是其脱碳的重要途径，甚至是目前唯一可行的脱碳方案。在交通领域，电力替代是可行的减碳路径。然而，对于重卡、航运等对续航能力和能量密度要求较高的领域，现有的电池技术尚无法满足其需求，也属于难减排的领域。氢燃料电池具有能量密度较高、加注时间较短、耐低温等特点，能够对上述领域的化石能源进行有效替代，进而实现交通领域清洁低碳发展。氢能作为清洁能源，可以通过发电解决建筑用能问题，同时产生的余热用于供暖、洗浴。氢气还能与天然气混合，通过基于燃气轮机或燃料电池的热电联产技术，利用现有建筑和能源网络基础设施提供灵活性和连续性的热能、电力供应，从而取代化石燃料。借助燃料电池分布式热电联产技术及分布式光伏技术，将有望通过数字化、智能化、集成化的系统优化技术，实现交通运输和建筑领域的深度脱碳。

随着氢能产业技术的快速发展，氢能的应用领域必将越来越广泛。氢气能够以氢燃料、工业原料或还原剂等形式进行应用，作为电、热等能源形式转化的媒介，最终作为衔接以可再生能源为主的电力系统灵活性调节、能源化工生产消费低碳化、高耗能工业绿色利用等多个领域的"桥梁"。未来，采用可再生能源或者核能制取的低成本氢气，与煤化工、石油化工、钢铁冶金、水泥建材等工业过程结合，有望大幅降低传统工业过程的碳排放，成为未来低碳能源体系的重要组成部分。

3.3.2 氢能推动化石能源与非化石能源系统融合的关键领域与技术清单

技术创新是支撑"双碳"目标实现的根本动力，也是氢能广泛应用的关键支撑。氢能的规模应用，有赖于可再生能源制氢、大规模氢能储运、氢燃料电池、氢燃气轮机、氢冶金、氢储能等技术的突破性进展。

1. 可再生能源制氢技术

可再生能源制氢技术，将制造以氢能为核心、氢基能源（合成氨、甲醇等）为辅助的全新零碳排放二次能源系统，是支撑可再生能源、氢燃料电池、工业过程脱碳健康发展的基础。可再生能源制氢技术主要有与可再生能源发电耦合的电解水制氢技术、光解水制氢技术，还包括热化学循环制氢、生物质制氢等其他可再生能源制氢技术。其中，与可再生能源发电耦合的电解水制氢技术相对比较成熟，是未来绿氢大规模制取的主要方式，也是氢能平台得以推广应用的必由之路，其发电重点在于降低可再生能源电价及提升电解水效率，降低产氢成本。光解水制氢体系中的光催化、光电催化等技术还未达到大规模工业化应用的要求，需要加强基础研究与示范应用推广。

1）电解水制氢技术

电解水制氢的技术路线可根据电解质的不同分为碱性（ALK）电解水制氢、质子交换膜（PEM）电解水制氢、固体氧化物（SOEC）电解水制氢和碱性阴离子交换膜（AEM）电解水制氢等，如图 3.11 和表 3.3 所示，其中碱性电解水制氢技术最为成熟，目前占据着主导地位。碱性电解水是最早工业化的水电解技术，已有数十年的应用经验，最为成熟，且在碱性条件下可使用非贵金属电催化剂（如 Ni、Co、Mn 等），造价较低。从时间尺度上看，该技术在解决近期可再生能源的消纳方面易于快速部署和应用。然而碱性电解槽产气中含碱液、水蒸气等，需经辅助设备除去。此外，在液体电解质体系中，所用的碱性电解液（如 KOH）会与空气中的 CO_2 反应，形成在碱性条件下不溶的碳酸盐，如 K_2CO_3。这些不溶的碳酸盐会阻塞多孔的催化层，阻碍产物和反应物的传递，大大降低电解槽的性能。另外，碱性电解槽也难以快速关闭或者启动，制氢的速度也难以快速调节，因为必须时刻保持电解池的阳极和阴极两侧上的压力均衡，防止氢氧气体穿过多孔的石棉膜混合，进而引起爆炸，因而与可再生能源发电的适配性较差。

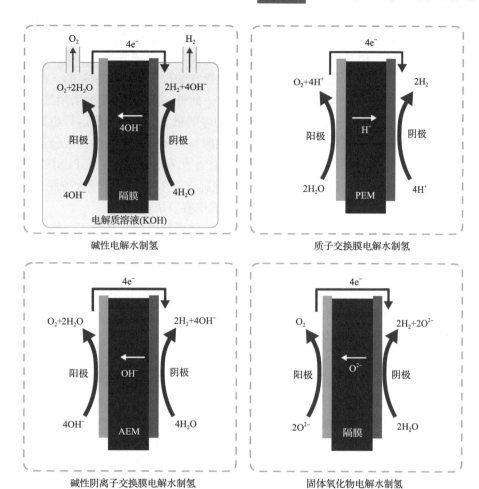

图 3.11　不同类型电解槽工作原理对比①

表 3.3　不同类型电解水制氢技术特性[15]

技术特性	ALK	PEM	AEM	SOEC
电解质隔膜	30% KOH 石棉膜	质子交换膜	阴离子交换膜	固体氧化物
电流密度/(安/厘米^2)	<0.8	1～4	1～2	0.2～0.4
电耗/功率/(千瓦时/(牛·米^3))	4.5～5.5	4.0～5.0	—	约为 3
工作温度/摄氏度	≤90	≤80	≤60	≥800
产氢纯度	≥99.8%	≥99.99%	≥99.99%	—
操作特性	需确保压力平衡，灵活性一般	快速启停	快速启停	启停不便
技术成熟度	充分产业化	初步商业化	实验室阶段	初期示范
单机规模/(牛·米^3/时)	1000	200	—	—

① IRENA. Green hydrogen cost reduction: Scaling up electrolysers to meet the 1.5℃ climate goal. Abu Dhabi: International Renewable Energy Agency, 2020。

相比碱性电解槽，PEM电解槽采用质子交换膜替代石棉膜，能够有效阻止电子传递，隔绝电极两侧的气体，提高电解槽的安全性。PEM电解槽以纯水为反应物，氢气渗透率较低，产生的氢气纯度高，仅需脱除水蒸气，且氢气输出压力可达数兆帕，压力调控范围大，能够适应快速变化的可再生能源电力输入。此外，PEM电解槽采用零间隙结构，体积更为紧凑精简，效率高，电流密度远高于碱性电解槽。PEM电解槽运行也更为灵活，利于快速变载，与风电、光伏等波动性可再生能源具有良好的匹配性，被公认为是制氢领域极具发展前景的电解制氢技术之一，近年来产业化发展迅速。目前PEM电解水制氢设备投资成本较高，且国内PEM电解槽水平与国际先进水平仍存在较大差距，关键材料需进口。未来随着PEM电解槽的推广应用，其成本有望快速下降。

SOEC电解水制氢技术采用固体氧化物作为电解质材料，在高温下工作，具有能量转换效率高，且不需要贵金属催化剂等优点。电解时需要外部提供热源，可利用核电站等作为高温电解的热源。与ALK电解槽和PEM电解槽不同的是，SOEC电解槽可以作为燃料电池反向使用，将氢气转化为电能，可以与储氢设施组合使用，平衡电网。SOEC电解水制氢技术对材料要求比较苛刻，在电解的高温高湿条件下，电极容易失效，且密封材料的寿命也存在问题。若相关材料技术有重大突破，则SOEC电解水制氢技术有望成为未来高效制氢的重要途径。

AEM电解水制氢技术将传统碱性液体电解质电解水与PEM电解水的优点结合起来，采用阴离子交换膜代替质子交换膜，用以传导氢氧根离子、隔绝电极两侧的气体。在碱性条件下，可以使用低成本的非贵金属催化剂，从而使得电解池成本大幅下降。AEM电解水制氢技术的其他特点还包括电流密度高、效率高、灵活性强等，且当关键材料获得突破之后，工业规模的放大可沿用PEM电解水与碱性电解水的成熟技术，具有广阔的应用前景。

2) 其他可再生能源制氢技术

光解水制氢技术利用太阳光直接分解水来制取氢气。目前，国内外太阳能分解水制氢的主要途径是光电催化分解水制氢、光催化分解水制氢等。其中，光催化分解水制氢技术因其工艺简单、易操作及直接投资成本低等优点，有望成为未来实现规模化太阳能制氢的途径之一。自20世纪70年代，日本科学家利用TiO_2光催化分解水产生氢气和氧气以来，光催化材料一直是国内外研究的热点领域，相关研究虽然取得了一系列重要进展，但太阳能转化利用效率仍然低，距离实用化仍有较大距离。

在理论上，水可以进行直接热解离制氢，但需要2500摄氏度以上的高温，在实践中难以应用，因此通常采用若干化学反应将水的分解分成几步完成的办法，即热化学循环制氢技术。相关的研究始于20世纪60年代，目的是利用核反应堆提供的高温制氢。目前认为最有应用前景的是由美国GA (General Atomics) 公司发展的硫碘循环 (S-I循环)[16]。硫碘循环包括3个化学反应。

本生 (Bunsen) 反应：$SO_2 + I_2 + 2H_2O \longrightarrow 2HI + H_2SO_4$

硫酸分解反应：$H_2SO_4 \longrightarrow H_2O + SO_2 + 1/2O_2$

氢碘酸分解反应：$2HI \longrightarrow H_2 + I_2$

生物质如农作物秸秆、树木、草等中含有氢、碳等元素，在使用过程中虽然会释放二氧化碳，但其碳的排放量正好等于生物质生长消耗的环境中的二氧化碳量，因此生物质能源也是一种重要的低碳能源。生物质制氢技术包括热化学转化法和生物法等，但生物质制氢的工艺复杂、成本较高，也受到生物质原料的资源量和成本的限制，应用较为受限。

2. 氢能储运技术

氢气在常温常压下的体积密度非常小，因此必须对氢气进行有效存储，氢的储运技术和成本将对氢能的竞争力产生重要的影响。氢的存储主要有高压气态储氢、低温液态储氢、液态有机氢载体、固态储氢等几种方式。氢的输运方式主要有高压气体储氢瓶输送、纯氢管道输送、掺氢天然气管道输送、低温液态输运、液态有机氢载体输送、固体输送等。高压气态储氢是指用高压将氢气压缩，以高密度气态形式储存于耐压储罐中，是目前最成熟、最常用的储氢方式，主要用于固定式加氢站和氢燃料电池车载储氢瓶。高压氢气可以采用长管拖车和管束式集装箱进行运输，较为成熟，适用于距离短、氢气使用量较少的场合。

氢气的大规模储存和长距离输送是其能够在清洁、灵活的能源系统中发挥重要作用的前提条件。在这种情况下，采用储罐进行氢气的储存和输送显然是不经济的。氢气可被注入盐穴、废弃矿井、含水层和枯竭油气藏等特殊地质条件下的储气库进而实现大规模长周期储存，从而能够应对可再生能源的季节性波动和非常规天气状况，是长期规模化储氢的可行路径之一。作为最轻的气体，氢易于扩散，因此氢储能对密闭性有着极为严格的要求。盐穴有良好的气密性，且盐不与氢气反应，是地质储氢的理想选择。废弃矿井储气容量小且容易漏气，应用比较少。含水层储气容量大，但勘探风险大，垫层气不能完全回收。枯竭油气藏可以利用油气田原有设施，且储气量大，但地层中残存气体量较大，对地面设施的要求也比较高。国际上已经开展了利用盐穴进行规模化储氢的尝试，充分说明了该技术路线的可行性。目前全球有 4 个正在运营的盐穴储氢项目，如表 3.4 所示，而枯竭油气藏和含水层储氢也都在实验阶段。此外，还有一些项目开展氢气与其他气体混合的储存项目，说明氢气地下大规模储存的研究引起了广泛的关注。然而，氢对密封介质的腐蚀，以及与岩石、微生物等的反应会导致氢的损失，且会掺杂污染物，降低纯度。

表 3.4　世界地下储氢项目概况[17]

项目	储存类型	氢含量/%	运行条件	深度/米	储存量/米³	状态
Teesside（英国）	盐穴	95	4.5 兆帕	365	210000	运行
Clemens（美国）	盐穴	95	7～13.7 兆帕	1000	580000	运行
Moss Bluff（美国）	盐穴	—	5.5～15.2 兆帕	1200	566000	运行
Spindletop（美国）	盐穴	95	6.8～20.2 兆帕	1340	906000	运行
Kiel（德国）	盐穴	60	8～10 兆帕	—	32000	关闭
Ketzin（德国）	含水层	62	—	200～250	—	运行（天然气）

续表

项目	储存类型	氢含量/%	运行条件	深度/米	储存量/米³	状态
Beynes（法国）	含水层	50	—	430	3.3×10^8	运行（天然气）
Lobodice（捷克）	含水层	50	9 兆帕/34 摄氏度	430	—	运行
Diadema（阿根廷）	枯竭油气藏	10	1 兆帕/50 摄氏度	600	—	—
Underground Sun Storage（澳大利亚）	枯竭油气藏	10	7.8 兆帕/40 摄氏度	1000	—	运行

　　大规模的氢气运输可以通过管道来实现。纯氢管道输送具有输氢量大、能耗小和成本低等优势，是实现氢气高密度、长距离运输的重要方式。纯氢输送管材主要有无缝钢、纤维增强复合材料或聚乙烯。氢气管道初始投资建设成本高，主要是由于氢脆现象对钢材的要求高，需要增加安全裕度。将氢混合到天然气中，通过现有的天然气管道运输，可以减少投资。不过如果要得到纯氢，需要在最终使用地点增加设备将氢分离提纯。

　　对于氢的跨国海上运输，目前比较受关注的有三种大规模氢能运输解决方案，即液氢、液态有机氢载体和液氨。其中，液氢具有能量密度高的优点，可以在一定程度上应用相对成熟的液化天然气（LNG）运输的技术和经验，但能耗高、保存条件苛刻。液态有机氢载体能够在常温下进行运输，但加氢、脱氢条件仍显苛刻，部分有机氢载体存在毒性，长期运输的经济性也存在问题。需要注意的是，甲醇也是液态有机氢载体的一种，是大规模氢能储存和运输的方式之一。氨具有氢含量高、能量密度高、易于储存和运输等优势，因此被认为是一种具有潜在应用前景的能源载体。利用液氨进行氢能储运主要包括氨合成与氨分解两个过程，而目前氨合成需要在高温、高压下进行；氨分解需要在高温下进行。这两个过程能耗较高，会大大降低氢能运输的能源效率。因此缺乏高效的氨合成和氨分解催化剂是该技术的瓶颈。各种输氢技术路线对比见图3.12。

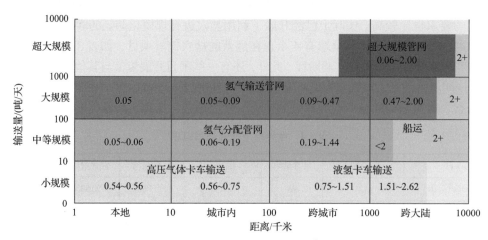

图 3.12　输氢技术路线对比[①]

网格中数据表示氢气输送成本，单位为美元/千克氢气

---

① ETC. Making the hydrogen economy possible: Accelerating clean hydrogen in an electrified economy. 2021.

3. 氢能应用

氢能的开发利用是更快实现碳中和目标、保障国家能源安全、实现低碳转型的重要途径之一。从应用场景来看，氢气既可以直接为石油化工、钢铁、冶金等行业提供高效原料、还原剂和高品质热源，有效减少碳排放；也可以应用于交通领域，降低长距离高负荷交通对化石能源的依赖；还可以应用分布式发电，为家庭住宅、商业建筑等供电供暖，取代传统的化石能源消费。从技术层面来看，氢气既可以利用直接燃烧技术提供热量，驱动发动机和燃气轮机，还可以通过燃料电池技术，将氢的化学能转化为电能和热能，从而实现更高的能量转换效率。随着氢能产业技术的快速发展，氢能的清洁利用可以得到最大限度的发挥，氢能的应用领域将呈现多元化拓展，在交通运输、化工、钢铁冶金、水泥、建筑、储能等领域的应用必将越来越广泛。

氢能在不同领域应用脱碳的潜力见图 3.13。

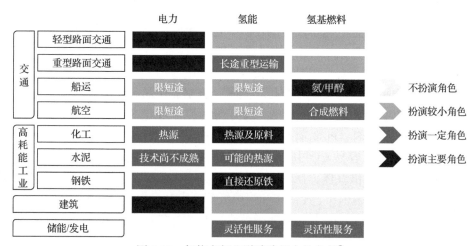

图 3.13　氢能在行业脱碳路径中的角色[①]

1）交通领域

在交通领域，氢能通过发动机燃烧或燃料电池发电可以为汽车、火车、船舶、飞机等提供动力。其中，燃料电池汽车具有环境相容性好、续航里程长、加注燃料时间短、能量转换效率高、噪声小等优点，已在全球范围内引发了广泛关注。氢能应用于交通领域，能够降低长距离高负荷交通对化石能源的依赖，降低碳排放。

（1）燃料电池技术。燃料电池是直接将储存在燃料和氧化剂中的化学能转化为电能的装置，具有能量转换效率高、排放低、噪声小等优点。质子交换膜燃料电池是目前最成熟的氢燃料电池技术，其工作原理实质上就是电解水的逆反应，在催化剂的作用下，阳极的氢气分解成质子和电子，然后通过质子交换膜到达阴极，和氧气结合生成水，并产生电能；氧气经过压缩装置进入阴极，在催化剂的作用下和电子、氢离子结合成水。质子交换膜燃料电池将化学能转化为电能，能量转换效率可以达到 60%以上，而且具有启动速度快、使用寿命长等特点[18]。

① 李婷，刘玮，王喆，等. 开启绿色氢能新时代之匙：中国 2030 年"可再生氢 100"发展路线图. 2022。

固体氧化物燃料电池在高温下通过电化学反应将燃料的化学能直接转化成电能，其阴极、电解质和阳极均为氧化物陶瓷材料。当电池组工作时，空气在电池阴极获得电子，并扩散至电解质与阳极表面；燃料通过阳极的多孔结构扩散至阳极与电解质界面，在高温条件下与氧离子发生反应。固体氧化物燃料电池具有安全环保、发电效率高、燃料选择广泛、余热利用率高等优点，但需在高温下运行，对工作温度和材料的要求较为苛刻[19]。

（2）氢燃料电池汽车。氢燃料电池汽车主要由燃料电池系统、储氢罐、驱动电机、DC/DC 转换器以及动力电池组成。其中，燃料电池系统将化学能转化为电能，为汽车提供电能输出，储氢罐储存反应气体，为燃料电池系统提供能源，驱动电机驱动汽车前进，DC/DC 转换器用于实现功率转换，动力电池用于储存电能[20]。

目前，车用燃料电池普遍为质子交换膜燃料电池，为了满足一定的输出功率和输出电压需求，通常将燃料电池单体按照串联的方式组合在一起构成燃料电池电堆。燃料电池电堆和空气供应、氢气供应、水热管理、电控系统等子系统组合，便形成燃料电池系统。

燃料电池电堆是发生电化学反应的场所，也是燃料电池动力系统的核心部分。膜电极是燃料电池电堆的核心，决定了电堆性能、寿命和成本，分为质子交换膜、催化剂层、气体扩散层（GDL）。质子交换膜是质子交换膜燃料电池的核心元件，是电解质和电催化剂的基底，具有选择透过性，主要起传导质子、分割氧化剂和还原剂的作用，目前以全氟磺酸膜为主，具有很高的化学稳定性和质子导电性。催化剂层材料主要有碳载铂基催化剂（Pt/C）和非铂催化剂。Pt/C 有耐酸碱、性能稳定、活性高、可回收利用等优点，但 Pt 是贵金属，价格高且容易 CO 中毒。气体扩散层是支撑催化剂层和收集电流的重要结构，同时为电极反应提供气体、质子、电子和水等多个通道。目前，气体扩散层材料主要有碳纤维纸、碳纤维编织布、无纺布和炭黑纸等，其中，碳纤维纸由于制造工艺成熟、性能稳定、成本相对较低和适于再加工等优点，是气体扩散层的首选。双极板的主要作用是支撑膜电极，同时均匀分配气体、排水、导热、导电的作用，其性能优劣也直接影响电池的输出功率和使用寿命，当前双极板主要有石墨双极板和金属双极板。石墨双极板导电性、导热性、稳定性和耐腐蚀性等性能较好，但存在机械性能相对较差、较脆、机械加工困难导致成本较高等问题；金属双极板具有优异的导电性能、导热性能、机械加工性、致密性，以及强度高、阻气性好等优势，但密度较大、存在易腐蚀等问题。

空气供应子系统为燃料电池电堆提供最佳流量、压力、温度、湿度的空气，以保证燃料电池具有合适的反应条件，主要由空气滤清器、空压机、中冷器、膜加湿器等部件组成，其中空压机是提升燃料电池系统性能的关键零部件，较高的进气压力与空气流量可以提升燃料电池电堆的功率密度和效率。氢气供应子系统保证氢气从储氢罐到电堆入口处，经过一系列压力和流量调节装置来保证进入电堆的氢气的压力和流量的稳定。氢气供应子系统的主要部件包括减压装置、引射器、氢循环泵等，其中氢循环泵与引射器是提升燃料电池系统氢气利用率与水管理能力的关键部件。水热管理子系统保证燃料电池电堆在正常温度区间，并将燃料电池产生的大量废热排出系统，保持燃料电池系统内部的温度与湿度平衡。水热管理子系统包括水泵、散热器、去离子装置等部件。电控系统可以通过 DC/DC 转换器来完成功率变换，对燃料电池功率的变化速度进行控制，进而实现对功率电压的控制，并可以通过分析 DC/DC 转换器产生的扰动信号，进而实现对电堆内部水含量的监控。

目前主流燃料电池乘用车厂商均采用高压储氢作为车载储氢方法。综合考虑续航里程、储罐安全等因素，车载储氢系统的压力一般分为 35 兆帕和 70 兆帕两个等级。车载储氢瓶一共分为四个类型：Ⅰ型(全金属储氢瓶)、Ⅱ型(金属内胆纤维环向缠绕储氢瓶)、Ⅲ型(金属内胆纤维全缠绕储氢瓶)及Ⅳ型(非金属内胆纤维全缠绕储氢瓶)。其中，Ⅰ型和Ⅱ型储氢瓶容重比较大，储氢密度较低，目前燃料电池车用储氢容器为Ⅲ型储氢瓶和Ⅳ储氢瓶。

(3)加氢站。加氢站作为供给氢能的终端，是氢燃料电池汽车使用中必不可少的基础设施，氢燃料电池汽车发展和商业化离不开加氢站的建设。按氢气的来源，加氢站大体可以分为站内制氢加氢站和站外制氢加氢站。

站内制氢加氢站是指在加氢站内设置小规模制氢设备，通过化石燃料裂解或水电解等方式就地现场制氢，然后压缩，再加注到氢燃料电池汽车的加氢站。

站外制氢加氢站的氢气来自外部的大规模集中制氢设施，一般通过高压氢气长管拖车、液氢槽车来运输。此外还有管道运输、液态有机氢载体运输。氢气管道运输目前主要用于化工园区内等运输距离较短的情景，而液态有机氢载体运输因其脱氢设备成本高且耗能高，还很少作为加氢站供氢方式。站外制氢加氢站的构成根据氢气运输方式而异，当采用高压氢气长管拖车运输时，一般主要由大容量中低压储氢罐、压缩机、高压储氢罐、加氢机、控制系统等设备构成。而采用液氢运输方式时，则主要由液氢储罐、液态泵、气化器、缓冲罐、高压储氢罐、加氢机、控制系统等设备构成。

气态储氢加氢站与液态加氢站相比，在建设成本方面，压缩机占比较大，而液态泵价格低于压缩机，可以减少前期投入。在运营成本方面，两者的区别主要在于能耗，而能耗主要来源于增压设备和冷却设备。液态加氢采用液态增压，做功较少，能耗较低，而且不需要冷却装置，因此运营成本远小于气态储氢加氢站。总体上，加氢站环节的成本方面，液态加氢站相对较低。但当制氢地点与加氢站距离较近时，因氢气液化及液态氢气运输所需成本较高，会导致进站氢气成本偏高，降低储运系统整体的经济性。

另外，加氢站作为一个集氢气的高压储存、压缩、加注于一体的场所，需特别注意运行过程中潜在的氢气泄漏、静电、火灾、爆炸等危险因素，因此，对储氢、加氢设备和部件的性能和可靠性要求苛刻，对检测、防护等安全措施也有很高的要求。

2)工业领域

氢是重要的工业原料，也是重要的工业气体和特种气体，有着广泛的工业应用。氢的最主要用途是合成氨、合成甲醇，以及用于在石化工业中加氢脱硫和裂解来提炼原油等。氢极易与氧结合，可以作为还原剂应用于冶金等行业。此外，氢还能通过直接燃烧或者氢燃料电池的形式，为工业过程提供能量。

(1)化工原料。在中国，氢气的主要用途是作为化工原料，2020 年合成氨消耗氢气约 1080 万吨，甲醇消耗氢气约 910 万吨，炼化与煤化工消耗氢气约 820 万吨[①]。氨主要通过哈伯-博施法合成，工艺成熟，但其所用的氢气通常源于化石能源制氢，碳排放量大。未来的发展方向将是使用可再生资源生产的氢气，从而显著改善现有工艺并降低温室气

---

① IEA. Opportunities for hydrogen production with CCUS in China. 2022。

体排放量。此外，氨气具有比氢气更高的体积能量密度，可用于储存能量和发电，且过程中完全不会排放二氧化碳。运输和处理液氨的基础设施也比较完善，便于氨的规模利用。氨还可以与 CO_2 结合得到尿素，既是一种重要的氮肥，也是一种可持续的氢载体，稳定、无毒、环境友好且易于储存。因此，未来随着绿氢的大规模使用，不仅需对现有合成氨工艺进行改善，氨还有望作为新的应用，迎来新的发展。

在合成甲醇领域，氢气也可以通过在现有工艺中引入绿氢，从而降低化石能源消耗，降低碳排放。宁夏宝丰能源集团股份有限公司(以下简称宝丰能源)通过光伏制氢，将氢气引入煤气化过程中，降低了水煤气变换反应器负荷，减少了煤炭消耗和碳排放。此外，氢气还可以和 CO_2 反应制取甲醇，作为液态燃料，实质上可以达到零碳排放，是一种适于可再生能源储存和运输的能量载体。目前，工业上二氧化碳加氢制甲醇技术正在从工业示范走向大规模商业化应用[14]。加氢技术是生产清洁油品、提高产品品质的主要手段，是炼油化工一体化的核心。2021 年 11 月，中国石化启动新疆库车绿氢示范项目，利用光伏发电直接制氢，生产的绿氢将供应中国石化塔河炼化有限责任公司，替代现有天然气化石能源制氢。

(2)氢能冶金。全球钢铁生产中 75%采用高炉工艺，在传统的"长流程"生产方式中，都是用焦炭还原铁矿石，还原过程产生的碳排放占到钢铁生产碳排放总量的 90%。目前，以氢代碳已经成为低碳冶金的新路线。近二十年来，世界各产钢大国已经进行了一系列"氢能冶金"方面的探索，如瑞典钢铁公司 HYBRIT(hydrogen breakthrough ironmaking technology)项目、德国蒂森克虏伯高炉喷氢项目、日本 COURSE50 技术、韩国的全氢高炉等，但都还未进入工业化实施。其中，瑞典钢铁公司 HYBRIT 是用可再生电力生产的氢替代传统炼铁使用的焦炭，作为还原剂去除铁矿石中的杂质，氢气与铁矿石中的氧气反应生成水蒸气。

(3)氢能工业炉。工业炉是工业部门的主要用能设备之一，目前主要利用燃气、燃油的燃烧火焰，来为材料和零件的加工提供上千摄氏度的高温。工业炉是工业领域碳减排的难点之一，氢气作为一种可燃气体，火焰温度可以达到 2000 摄氏度以上，具有作为替代燃料用于工业炉的潜力，有望推动工业部门的深度减排。近年，日本丰田汽车公司联合日本中外炉工业公司开发了以氢作为燃料的燃烧嘴，一定程度上解决了氢气燃烧速度过快、容易产生 NO_x 等问题。

(4)氢燃料。我国水泥行业的燃料主要是煤炭，碳排放较高，通过氢能替代技术，可在水泥熟料煅烧过程中采用氢气替代部分化石燃料，通过燃烧器将氢气注入水泥窑炉，减少燃料燃烧的排放量。氢气替代技术可以降低化石燃料的消耗，同时可增加替代燃料包括劣质燃料的使用率，从而达到降低单位水泥熟料二氧化碳排放量以及单位生产成本的目的。在氢气替代率为 100%时，1 吨水泥熟料消耗 24 千克氢气，减排量约为 270 千克 CO_2/吨水泥熟料，减少约 30%的碳排放量。

3)建筑领域

在建筑领域，氢能作为一种清洁能源，能够替代化石能源，解决建筑用能问题。通过采用热电联产等技术，氢能在为建筑发电的同时，可以产生余热用于供暖、洗浴等。此外，氢可与天然气混合(氢气掺混比例为 0%~20%)，通过基于燃气轮机或燃料电池的热电联产技术，利用现有建筑和能源网络基础设施提供具有灵活性和连续性的热能、电力供应，从而取代化石燃料。

4) 能源领域

氢能作为一种理想的清洁能源，不管是直接燃烧还是在燃料电池中的电化学转化，其产物都只有水，且能量转换效率较高。氢能的终端消费除了上述的交通、工业领域利用之外，主要还有发电、热电联产等固定式应用。另外，通过"电-氢-电""电-氢-用"等方式，氢作为储能介质，可以大规模、长时间跨度地存储能量。

(1) 氢能发电。氢能转化为电能，目前有两种方法，一种是氢能燃烧发电，另一种是燃料电池。氢能燃烧发电和天然气的燃烧发电在原理上大致相同，通过燃烧膨胀驱动内燃机、燃气轮机，进而带动电机输出电流。氢能发电机已被应用到很多地方，如酒店、商场、家庭等场所。

微型燃料电池热电联产装置是氢能固定式应用的重要分支，也是一种备受关注的新型分布式能源技术。装置在终端用天然气重整制氢，并通过燃料电池系统发电，将发电过程副产的热量综合利用，发电效率和热利用效率均可达到 40%，能源综合利用效率超过 80%，目前，主要发展区域是日本和欧洲。日本自 2009 年开始推广家用燃料电池热电联产系统(ENE-FARM)，这是目前世界上规模最大、推广最成功的商业化燃料电池利用系统。家用燃料电池热电联产系统可以利用城市管网的天然气或液化石油气，通过燃料电池技术同时生产电和热水。在欧洲，欧洲燃料电池和氢能联合组织(FCHJU)主导实施了 Ene-field 示范项目，大力推广微型燃料电池热电联产装置。

(2) 氢储能。随着氢能技术和产业的发展，氢储能系统应用将成为较为现实、可行的选择，包括发展"电-氢-电""电-氢-用"或两者混合的氢储能系统。其中，电力可以是各类可再生电力(风电、水电、光电等)和城市电网的谷时段电，经水电解制取氢气进行储存，后面的"电"是以氢燃料电池发电装置根据电力负荷的需求所产生的电力；"用"是将储存氢或直接利用水电解获得的氢气，用于其他行业，同时水电解装置的副产氧也可作为产品外销。按目前的技术水平，"电-氢-电"的整体能效为 40%左右，"电-氢-用"的能效可达 75%~80%。

近年来，可再生能源特别是风能、太阳能发展迅猛，已成为部分国家和地区的重要能源之一。由于这类电力的波动性和一些地区、城市电网的峰谷负荷差异较大，电网储能系统的设置需求明显。目前，部分国家已开始借用氢储能技术消纳可再生能源的方式来推动可再生能源发展。我国在氢储能系统示范应用方面刚刚开展相关建设，现阶段主要是少数风电与氢能的耦合项目。

3.3.3　氢能推动化石能源与非化石能源系统融合的关键技术发展路线图

氢能将作为中国清洁高效能源生产和消费体系的重要构成部分。根据中国氢能联盟的预测，到 2030 年，在碳达峰的情境下，我国氢气需求量将达到 3715 万吨，可再生能源制氢约 500 万吨，部署电解槽装机约 80 吉瓦。在 2060 年碳中和情境下，氢能在交通运输、储能、工业、建筑等领域广泛使用，氢需求量提升至约 1.3 亿吨，在终端能源消费中的占比约为 20%。

　　发展电解水制氢是目前世界主要国家氢能战略的最主要方向之一，但在氢能产业发展初期，氢能供给结构将以工业副产氢和可再生能源制氢就近供给为主，在此期间，需积极推动可再生能源发电制氢规模化、新型可再生能源制氢、氢能大规模储运以及氢能多元化应用等多种技术研发示范；中期，氢能供给结构将从以化石能源为主，逐步过渡到以可再生能源为主的低碳氢，氢气实现长距离、大规模输运，氢能在交通、工业、建筑、能源等领域的多场景应用开始凸显；远期，将以可再生能源发电制氢为主，生物制氢和太阳能光催化分解水制氢等技术成为有效补充，大规模、高安全性储运氢技术广泛应用，氢能在终端能源消费中的比重明显提升，成为能源体系中的重要组成部分。

　　氢能储运将朝着提升氢气的储存密度和运输效率的方向发展，通过"低压到高压""气态到多相态"的技术提升，逐步提升氢气的储存和运输能力。随着技术的不断提升，氢能的储存密度和运输效率将得到显著提高，为推动氢能技术的大规模推广和应用提供有力保障。

　　氢能的应用将以工业和交通运输领域作为下游市场的发展重点，同时逐渐向储能、建筑等领域拓展。在交通领域，氢能将呈现出集中示范且多元化的应用场景，助力氢能产业链的推广和示范。其中，氢燃料电池商用车率先实现产业化的应用与运行，除了政策的激励效应外，氢燃料电池客车、物流车、重卡等车型将在2030年前取得与纯电动车相当的全生命周期经济性，赢得市场消费者的购买意愿。

　　工业领域使用低碳清洁氢，将有助于大规模部署可再生能源电解水制氢，促进电解水制氢技术的不断迭代升级，降低氢气的生产成本。目前，在工业领域，绿氢化工、绿氢冶金等项目加速落地。在化工领域绿氢替代方面，国内企业已开展了技术示范。例如，宝丰能源在宁东建立全国最大的光伏制氢项目，以绿氢为原料推动煤化工生产过程绿色转型。基于绿氢的"绿氨""绿色甲醇"也逐步铺开。这些规模化示范项目有助于突破绿氢技术难点，大幅降低用氢成本，为规模化绿氢制取提供广阔的应用市场。总体而言，未来化工行业对氢气的需求量将明显增长，低碳氢或零碳氢将逐步成为基本化工原料。

　　氢冶金是钢铁行业实现碳中和目标的革命性技术，绿氢在铁还原环节对煤、焦进行规模化替代，可以实现钢铁行业深度脱碳目标。综合中国钢铁行业政策规划、专家访谈及数据分析，预计到2030年氢冶金产量约可达0.29亿吨，约占全国钢铁总产量的3.1%，氢冶金的氢气需求量约为259万吨，其中约92%来自焦炉煤气，剩余约8%来自电解水制氢。到2050年，氢冶金钢产量约为1.12亿吨，氢冶金的氢气需求量约为980万吨，其中焦炉煤气提供166万吨氢，剩余814万吨来自于绿氢[21]。

　　目前，我国水泥行业的氢能替代技术还处在小试研发阶段。国外采用氢能替代的水泥生产企业不多，主要工业示范项目有墨西哥Cemex采用替代率为20%的气氢，以及德国海德堡采用替代率为40%的液氢等，对于氢气煅烧水泥熟料的工艺原理及技术参数少有公开说明。以氢能为代表的燃料替代技术以及新能源利用技术减碳潜力高，未来将会成为水泥行业减碳的主要措施。

　　氢储能工艺流程长，当前氢储能各环节产业化程度均较低，规模化发展还需时日。在制氢环节，电解水制氢成本明显高于传统化石能源制氢。在储存环节，高安全性大规模储氢技术路线与资源潜力尚不明晰。在应用环节，氢发电的规模化发展仍有较大挑战。此外，目前国内还缺乏氢储能地质资源潜力评估，项目数据积累不足，经济性分析方法不完善，导致氢储能的战略定位尚不清晰，市场对氢储能投资意愿不足。长期来看，氢储能的安全备用、季节性调峰价值日渐凸显，未来氢储能的综合经济性有望大幅度提升。

氢在清洁能源转型中的作用取决于科技创新，相关的技术研发既要支持商业可用技术的持续成本降低和性能改进，也要确保新型技术及时实现商业化。其中，低成本、可持续的低碳清洁氢气制取技术是氢能得以大规模应用的根本。目前，我国碱性电解水制氢技术已经商业化，质子交换膜和固体氧化物电解水制氢技术处于示范阶段，碱性阴离子交换膜电解水制氢技术正在早期开发阶段，但相关研究正在快速推进，其余新型制氢技术也在推进中。此外，氢能储运以及多元化多场景氢能应用相关的技术研发和示范也在相关政策的支持下快速推进，为推动氢能产业的规模化发展提供了有力保障。我国氢能关键技术发展路线图如图 3.14 所示。

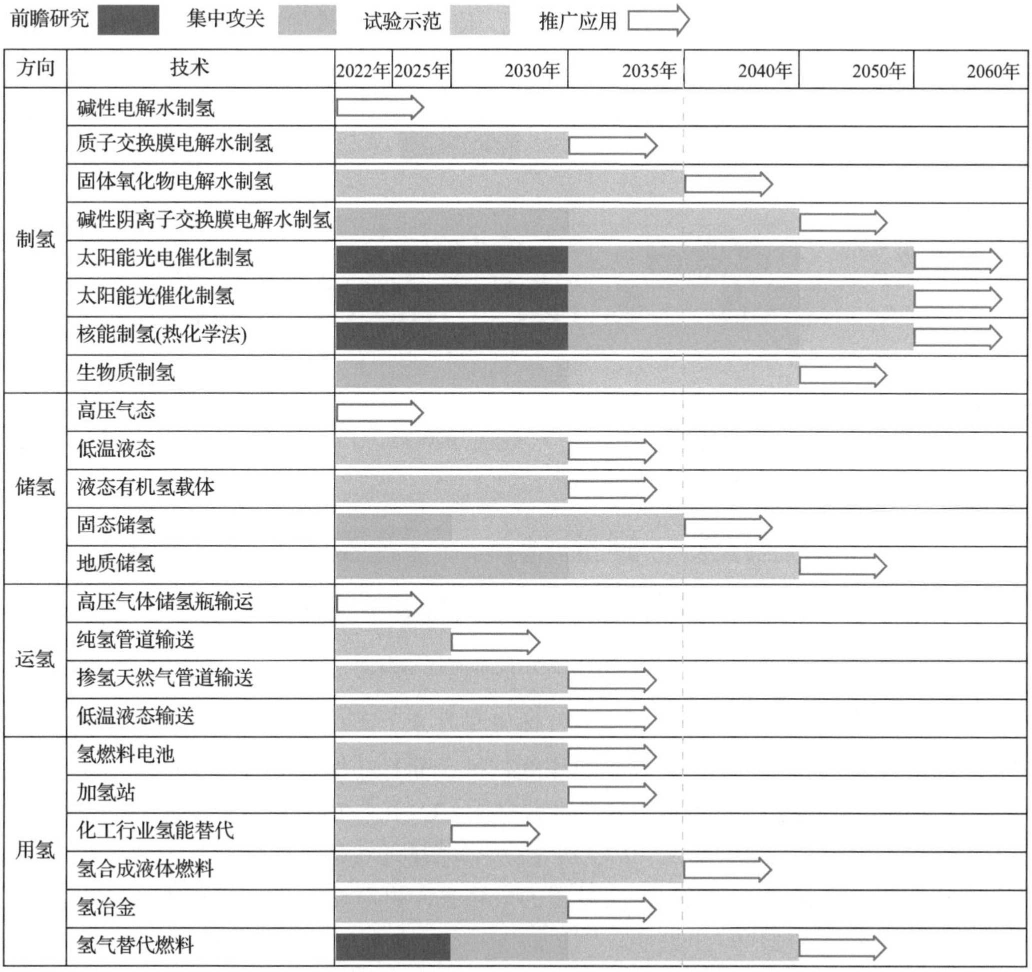

图 3.14　我国氢能关键技术发展路线图

3.4 以二氧化碳为平台的碳资源循环利用关键技术与路线图

3.4.1 技术平台内涵

在多能融合战略体系下，二氧化碳技术平台将大力推动 CO_2 资源化利用，实现能源系统碳资源循环利用。面对全球气候变暖问题，CCUS 技术不仅是一种公认的重要减排技术还搭建了地球生态系统间的人工碳循环，被视为应对气候变化的"兜底技术"。CCUS 技术具体是指将 CO_2 从能源利用、工业过程等集中式排放源或直接从空气中捕集后，通过罐车、管道、船舶等输送到适宜的场地加以利用或封存，如图 3.15 中 CCUS 技术流程示意图所示[1]。按不同环节的组合关系，CCUS 产业模式可以有多种，包括 CCS、CCU、CCUS。目前，这项技术在推广应用方面还面临着成本能耗高、地质勘查存在风险及不确定性等诸多挑战。然而随着近年来 CCUS 技术的不断发展，直接空气碳捕集(direct air capture，DAC)、生物质能碳捕集与封存(bioenergy with carbon capture and storage，BECCS)、捕集-转化利用一体化等全新思路和颠覆性技术也不断出现，使 CCUS 技术的边界不断拓展，平台体系不断丰富扩容，将实现更彻底、更高效的碳捕集与封存。

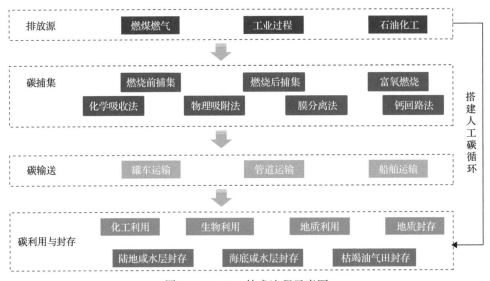

图 3.15 CCUS 技术流程示意图

CCUS 技术作为一种大规模的温室气体减排技术，不仅可以实现化石能源利用近零排放，促进钢铁、水泥等难减排行业的深度减排，而且在保障电力安全稳定供应、在碳约束条件下增强电力系统灵活性、抵消难减排的 CO_2 和非 CO_2 温室气体排放、最终实现碳中和目标等方面具有重要意义。CCUS 技术碳减排的实现需要依靠各个环节技术与能源系统间的耦合集成。研究表明，通过碳的最终去向可对 CO_2 利用途径进行分类，继而

---

[1] 蔡博峰，李琦，张贤. 中国二氧化碳捕集利用与封存(CCUS)年度报告(2021)——中国 CCUS 路径研究. 生态环境部环境规划院，中国科学院武汉岩土力学研究所，中国 21 世纪议程管理中心，2021。

可以依据具体的 CO_2 利用途径将其中的碳循环分为开放路径、封闭路径和循环路径[22]。其中开放路径指将 CO_2 封存在开放的自然系统中，如森林，这些系统可以很快地从碳汇转为碳源；封闭路径指将 CO_2 封存在封闭的系统中以实现永久封存；循环路径指以 CO_2 为基础的燃料，在短时间内将在能源系统中实现碳循环，在当前具有较为重大的意义。为了实现 CO_2 的高效循环，CCUS 可通过技术组合与各类能源系统融合发展，为实现可持续发展提供强有力的支撑，下面将围绕 CCUS 与化石能源、可再生能源(太阳能、风能、生物质能)的具体融合路径和主要技术方向做简要介绍，如图 3.16 所示。

图 3.16   二氧化碳技术平台融合技术与场景

3.4.2   二氧化碳推动碳资源循环利用融合的领域与关键技术清单

1. CCUS 与化石能源融合实现高碳能源低碳化

高碳化石能源以其资源丰富、技术成熟、稳定安全和价格低廉等优势在未来多能融合能源系统中仍将占据重要的地位。结合我国国情，以煤为代表的化石能源要想实现低碳排放，CCUS 技术是必然选择。也就是说，CCUS 技术可促进高碳能源和低碳能源的协同发展，在满足减排目标的同时又可以保障能源供给。

1) CCUS 与电力行业耦合实现电力深度脱碳

电力行业是我国碳排放占比最大的行业，电力和热力生产的碳排放占全国能源消费总排放的51.44%，且大多来自燃煤发电。燃煤电厂以煤炭为主要原料，由于煤炭中碳元素的占比较大，其燃烧将会产生大量的 CO_2 排放，其碳排放因子远高于石油和天然气。燃煤电厂尾气具有烟气量大、温度高、CO_2 分压和含量低等特点，因此从技术和经济角度来看，煤电行业更容易脱碳，煤电转型也是我国努力争取实现碳中和的关键点。CCUS 技术是目前煤电行业实现深度减排的唯一途径，能够在实现深度电力脱碳的同时保障燃煤电厂提供可调度的低排放电力，在保障电力供应安全的同时也增强了电力系统的灵活性。

在 CO_2 捕集技术方面，燃煤发电与 CCUS 耦合集成可通过燃烧前捕集、燃烧后捕集及富氧燃烧等技术将燃煤发电过程中排放的 CO_2 捕集并加以利用或封存，进而降低电力行业的碳排放量。燃烧前捕集技术被期望与整体煤气化联合循环（integrated gasification combined cycle，IGCC）电厂整合以实现高效、低碳的绿色能源转换[23]。该技术最常用的捕集方法是物理吸附法，但该方法所使用的溶剂通常容易挥发且有腐蚀性[24]，随着不同溶剂类型的开发，离子液体吸收法凭借其绿色环保、容易再生等优势成为当前新兴的捕集技术。燃烧后捕集技术可适用于绝大部分燃煤电厂，其中应用最广泛且成熟度最高的是化学吸收法，一般以胺溶液作为吸收溶剂，工艺流程图如图 3.17 所示，含有 CO_2 的烟气先进入吸收塔，自下而上经胺溶液的淋洗使得 CO_2 被胺溶液吸收，脱碳后的烟气从吸收塔顶部排出，富胺溶液自上而下进入汽提塔，胺溶液受热后 CO_2 解吸并从塔器顶部送出。解吸后的胺溶液重新经换热器与冷流换热后，重新循环至吸收塔。值得注意的是，化学吸收法能耗较高，使得捕集技术成本有所增加。富氧燃烧技术适合于现有或新建电厂的碳减排，但该技术的难点是需要对空气进行分离来获取高浓度氧气。在 CO_2 利用技术方面，可以将捕集到的 CO_2 经过压缩运输至特定场地，通过强化采油（enhanced oil recovery，EOR）用于油气资源和矿产资源等的采收。更为重要的是，CCUS 技术的大规模部署可避免大量煤电资产的搁浅，使存量机组的资产损失减少，降低实现碳中和目标的经济成本，是我国电力行业实现碳中和目标的必然选择[25]。

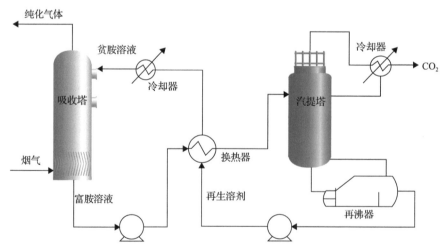

图 3.17 化学吸收法工艺流程图

2）CCUS 与工业过程融合实现工业流程低碳再造

在工业生产领域，CCUS 技术作为一种高效的碳减排技术，可以推动钢铁、水泥、化工、有色冶金等高碳工业生产流程的低碳再造，促进交通和建筑行业电气化和燃料替代。CCUS 被认为是目前水泥、钢铁等难减排行业低碳转型的可行技术选择，未来 CCUS 与工业过程的耦合应用场景和应用深度仍需不断拓展。

（1）CCUS 与钢铁行业。我国钢铁行业的排放点源不集中且 CO_2 排放浓度较低。目前，钢铁行业采取的主流碳捕集技术主要是燃烧后捕集技术，包括化学吸收法、固体吸附法等。其中，高炉炉顶煤气循环富氧冶炼技术是钢铁行业的特色碳捕集技术，是一种通过氧气鼓风将高炉炉顶煤气通过化学吸收法或物理吸附法等捕集技术进行 CO_2 脱除后返回高炉利用的炼铁工艺[26]。

同样地，钢铁全产业链也需要深度融合 CO_2 低成本捕集与高效转化利用等技术路径，如钢铁行业可通过与 CO_2 的协同利用实现"钢化联产"，将捕集后的高纯 CO_2 加氢制甲醇或者还原转化为 CO，与一定比例的 H_2 组成合成气后可进一步制备化工原料或直接用于还原炼铁。此外，钢铁行业的固体废弃物，如钢渣中均含有较大比例的 CaO、MgO 等碱性氧化物，可与捕集得到的 CO_2 通过矿化技术实现固体废弃物的资源化利用。值得一提的是，CCUS 将排放源的 CO_2 捕集后需经过压缩输送到特定场地进行转化利用或封存，这整个过程需要耗费大量人力、物力和财力，且地质封存需要全生命周期的安全监测与评价体系（包括注入前、运行中和注入后），因此项目全流程的经济性和安全性仍存在挑战。正是由于上述挑战，当前一种全新的、集成型的 CCUS 技术路径——CO_2 捕集转化一体化技术应运而生。一体化工艺大大降低了过程能耗，克服了捕集技术成本过高的难题，整个过程中捕集所用吸收剂同时作为转化利用的催化剂①，如图 3.18 所示。一体化过程需要较高的反应温度和压力，因此适用于温度及 CO_2 浓度较高的排放源，如钢铁高炉煤气和转炉煤气等。

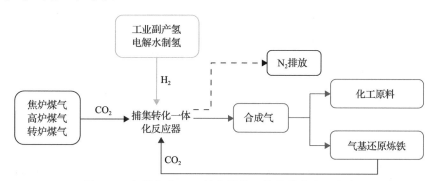

图 3.18　钢铁行业 CO_2 捕集转化一体化技术应用方案

（2）CCUS 与水泥行业。水泥行业的烟气量大、成分复杂、含量波动大且 CO_2 浓度较低。将 CCUS 与水泥行业耦合集成可通过各类碳捕集工艺技术将水泥熟料制备过程中排放的 CO_2 和化石燃料燃烧直接或间接排放的 CO_2 加以捕集、利用和封存。目前，适合应用于水泥行业中的碳捕集技术主要有液体吸收法、固体吸附法、富氧燃烧和钙回路法。在工业窑炉的燃烧过程中，只有氧气与燃料参与反应，氮气和惰性气体非但不能助燃，还会使得氧气与燃料的接触面减小，造成燃烧不完全，受热不均匀，并且氮气还将携带大量的热量排出窑炉体，造成大量的热量损失[27]。富氧燃烧技术通过增加空分装置制备

---

① 李亦易，卓锦德. 二氧化碳捕集-利用一体化技术. 中国环境科学学会 2019 年科学技术年会——环境工程技术创新与应用分论坛论文集（四），2019。

高纯度的氧气作为助燃剂，不仅可以降低工业窑炉的能耗，还有助于降低 CO_2 的捕集成本。此外适用于水泥厂的碳捕集技术还有钙回路法，工艺流程如图 3.19 所示，基于 CaO 与 $CaCO_3$ 可逆碳化反应，通过相互连接的循环反应器(碳化炉和煅烧炉)利用 CaO 与 $CaCO_3$ 的相互转化来分离烟气中的 CO_2。在碳化炉中，CaO 在 600～700 摄氏度与含有 CO_2 的烟气发生反应，形成的 $CaCO_3$ 被送到煅烧炉中，在 890～930 摄氏度时再被分解成 CaO 和 CO_2，CaO 再生被送回碳化炉(也可以用作水泥生料，新鲜的 CaO 更有利于吸收 CO_2)。想要获得高纯 CO_2，需要在煅烧炉中使用纯氧燃料燃烧，即采用上述富氧燃烧技术就可以得到纯度大于 95% 的 CO_2。根据文献[28]的推算，如果将钙回路法工艺集成在水泥的生产线中，并将这种净化产物作为水泥生产的原料，该技术的 CO_2 捕集率可高达 98%。

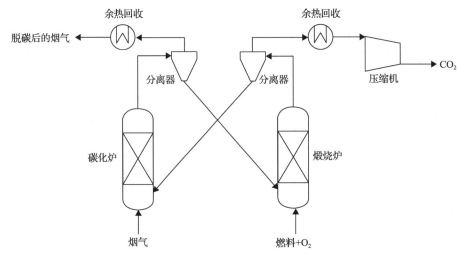

图 3.19 钙回路法工艺流程图

在 CO_2 利用技术方面，水泥行业与矿化作用的契合度和关联度较高。CO_2 矿化利用技术永久安全，固碳潜力巨大[①]，根据矿化对象的不同又可以分为 CO_2 与钢渣、磷石膏等工业固废矿化联产建筑材料技术和 CO_2 养护混凝土技术等，可实现固碳减污协同处置。目前国内在钢渣强化碳酸化多联产技术、磷石膏加压碳酸化联产硫铵技术方面均已取得重要进展，进入了工业中试和工程示范阶段。当前 CO_2 固化混凝土新技术是将捕获和回收的 CO_2 液化处理后注入新鲜混凝土中，并与水泥中的钙离子发生反应使其矿化，形成一种纳米级大小的矿物，并永久嵌入其中，注入 CO_2 后混凝土的抗压强度可以提高 10%。使用该技术可使水泥生产中 CO_2 排放量减少 30%，将水泥和混凝土的碳足迹最高减少 70%，并回收 60%～80% 的生产用水。它使用与传统混凝土相同的原材料和现有设备，但产品性能更高，生产成本更低，固化时间更短，碳足迹更小。

（3）CCUS 与石化化工行业。在多能融合体系下化石能源发展重点也将由碳燃料向碳材料转变，以实现碳资源高附加值利用。石化化工行业包括石油、煤炭及其燃料加工业，

---

① 于海.二氧化碳联合捕集与矿化利用技术//中国化学会·第一届全国 CO_2 资源化利用学术会议摘要集, 2019。

化学原料及化学品制造业。其中对于石油石化行业而言，目前已运行的 CCUS 项目大多由油气开发公司开展，如中国石油和中国石化等，这是由于石油公司可以通过 CO_2 强化石油开采技术兼顾温室气体减排效益和驱油经济效益，且石油公司在 CCUS 过程中的地质评价、安全监测与基础设施等方面更具优势，更具备发展全流程的 CCUS 项目的条件。这些项目的碳捕集技术大多采用低温精馏和低温甲醇洗等气体净化和分离工艺，对于传统的液体吸收法和固体吸附法应用较少，捕集到的 CO_2 最终大都用于强化采油或直接进行地质封存。

对于煤化工而言，其具备单个排放源排放强度大和生产工艺过程中碳排放浓度高等特征，十分适合应用 CCUS 技术。如果在煤化工转化过程中集成 CCUS 技术，即将产生的 CO_2 进行地下封存或直接用于制备液体燃料如 CO_2 直接加氢制汽油技术等，可实现 CO_2 的减排。CCUS 还可与化石能源制氢技术相结合，解决能源系统的安全稳定运行问题，推动低碳氢能推广。CCUS 技术可实现"灰氢"到"蓝氢"的转变，并为低碳氢气在短期内以最低成本进入新市场提供机会。特别是在煤制氢过程中排放的 CO_2 浓度高，捕集成本会大大降低，配备 CCUS 技术的制氢成本大约为可再生能源电解制氢的一半，尽管电解制氢成本将持续降低，但 CCUS 耦合煤制氢仍具有一定的竞争力。同时低碳氢能也为 CCUS 提供了更多转化利用的可能性。

除此之外，将化工过程产生的 CO_2 进行捕集后，可与焦炉气、弛放气中的天然气在干重整反应器中进行转化，最终得到的合成气是化工领域重要的平台原料，可以进一步用于甲醇合成以及费-托合成、羰基合成生产高附加值化学品等。由于甲烷干重整技术将这两种温室气体（CO_2 和甲烷）转化成一氧化碳和清洁能源氢，因此被认为是化工行业一条极具吸引力的 CO_2 大规模利用途径。

总而言之，CCUS 技术与各领域各行业具备一定的协同效应和耦合应用场景，可以进一步促进 CCUS 技术的规模化应用。CCUS 与重点难减排行业耦合减排模式是传统碳排放产业与碳资源化利用产业链的交叉融合，实现路径是在传统产业链的基础上，进行产业链的延伸或整合，构建新型产业生态和产业模式，协同推进 CCUS 产业的发展，图 3.20 为 CCUS 与重点行业的耦合技术清单及应用方案。

2. CCUS 技术与可再生能源耦合实现能源系统协调发展及二氧化碳清洁高效转化

CCUS 技术不仅可以解决高碳化石能源领域的碳排放问题，还可以与可再生能源等新能源技术相结合，实现能源系统协调发展。以可再生能源利用为前提的 CO_2 转化利用正在受到科研人员越来越多的关注，不仅有利于减缓气候变化，更有助于实现清洁且廉价的生产工艺。

1）CO_2 加氢还原转化利用

可再生电力是指利用可再生能源如风能、太阳能等产生的电力，是一种低碳清洁的电力。由可再生电力电解水产生的氢气由于在整个过程没有 CO_2 排放而被称为"绿氢"。CO_2 与绿氢耦合进行的一系列反应可解决间歇性可再生能源的消纳问题，同时具备一定的经济效益和显著的减排潜力，是一种更清洁高效的 CO_2 利用途径。下面是目前典型的 CO_2 加氢还原技术路径。

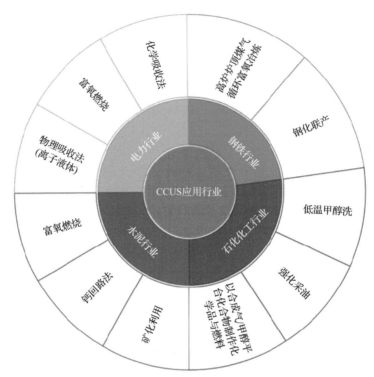

图 3.20　CCUS 与重点行业的耦合技术清单及应用方案

(1) CO_2 加氢制甲醇。甲醇是化学工业中的重要产品,主要用于生产甲醛、乙酸和塑料等其他化学品和燃料,此外还可以直接作为液体燃料使用,缓解化石能源短缺问题。相对于传统的煤气化-合成气路线, CO_2 与可再生电力制得的绿氢反应制甲醇是一种新兴的低碳绿色甲醇合成路线,在具有一定经济效益的同时具备显著的减排潜力[14],是一种绿色低碳的储能技术,如大连化物所千吨级"液态阳光"示范项目,该技术以甲醇作为中间平台物可进一步实现煤化工/石油化工与下游产业的深度融合。

(2) CO_2 加氢制低碳烯烃。低碳烯烃是现代化学工业的重要基础材料,主要用于生产塑料、纤维等化学产品,对于保障国家经济发展和能源安全至关重要。相对于传统的石油裂解路线, CO_2 加氢制低碳烯烃有望同时实现碳减排和关键化学品的合成,我国在 CO_2 加氢制烯烃技术方面处于国际并跑领先地位[29]。大连化物所和中国科学院上海高等研究院均针对此开展了大量的研究工作,但目前仍处于实验室阶段或中试试验早期阶段。烯烃是现代煤化工的重要产品,因此该技术也可实现化石能源与可再生能源的耦合集成。

(3) CO_2 加氢制低碳芳烃。芳烃是有机材料合成中重要的基本化工原料之一,利用芳烃可以合成众多的聚合物材料。相对于传统的石脑油裂解路线和煤经甲醇制芳烃路径,利用可再生能源的氢将 CO_2 转化为具有高附加值的芳烃,既可以实现 CO_2 中碳元素的资源化利用,又可以起到碳减排作用,具有重要的战略意义。目前, CO_2 加氢制芳烃研究取得了一系列重要进展,但产物多为重质芳烃。大连化物所研究团队采用双功能催化策略和串联式催化剂体系直接将 CO_2 高选择性地转化为芳烃,最大限度地实现了 CO_2 的高效活化,在提高催化剂选择性的同时延长了催化剂的寿命,相关技术已进入小试阶段[30]。

（4）CO_2 加氢制汽油。CO_2 基燃料被认为是脱碳过程中极具吸引力的技术选择，可以部署应用在现有的交通基础设施中。CO_2 加氢制汽油是一种潜在的替代化石燃料的清洁能源策略[31]，由大连化物所和珠海市福油能源科技有限公司联合开发的全球首套 1000 吨/年 CO_2 加氢制汽油中试装置已生产出符合国 Ⅵ 标准的清洁汽油产品。该技术可实现选择性生产高附加值、高能量密度的烃类燃料，为推进清洁低碳的能源革命提供全新的技术路径，有利于减少对化石能源的过度依赖，具有重要的战略意义。

2）CO_2 光电催化还原转化利用

将 CO_2 化学转化为增值燃料和化学品为碳循环利用路径提供了一条有效途径。在过去几十年中，研究人员已经建立了各种 CO_2 还原转化路径，包括可再生能源驱动 CO_2 转化的电催化、光催化、光电催化，以及生物光电催化技术过程。

（1）电催化 CO_2 还原。电催化 CO_2 还原反应（CO_2 reduction reaction，CO_2RR）由于其温和的操作条件、可回收的电解质以及由风能、太阳能和潮汐能提供的可再生电力所带来的清洁驱动力，可以减少碳密集型制造业的碳足迹，是一种极具吸引力的方法。电催化 CO_2 还原是溶液中的 CO_2 分子或者 CO_2 溶剂化离子从电极表面获得电子发生还原反应的过程。目前电催化 CO_2 还原反应仍面临诸多挑战：活化过程需要高能量输入；析氢副反应的竞争；电流密度和稳定性等指标尚未达到经济可行的工业应用要求；不同的反应途径可以得到不同的产物，这对实现特定产物的高选择性以及后续的分离步骤带来了更多困难。电催化 CO_2 还原反应的反应途径涉及许多中间体，这些中间体的稳定性、相互作用和转化是通过它们与催化剂表面的结合来控制的，因此当前电催化 CO_2 还原反应的研究重点仍在开发高效催化剂上。

（2）光催化 CO_2 还原。光催化 CO_2 还原一般是指以光能驱动具有光催化活性的半导体催化剂材料产生光致电子和空穴，将水分子氧化提供氢质子，促进 CO_2 还原生成不同的碳基化合物。水的光解反应实际上是光催化 CO_2 还原过程的速率控制步骤。与常规光催化反应类似，光催化 CO_2 还原过程目前主要的障碍是光催化材料能带结构的限制，对太阳光的吸收、利用能力不足，光致电子与空穴的复合导致的低光量子效率，以及光催化剂的表面吸附活性位不足。近年来，具有独特的半导体能带结构和化学稳定性的新型非金属光催化剂，如石墨相氮化碳（$g-C_3N_4$）、硼氮化碳等受到广泛关注，相关研究仍在持续展开。

（3）光电催化 CO_2 还原。光电催化 CO_2 还原的核心是利用光催化剂的催化活性，在光激发条件下产生光电子，减少外界能量输入，同时利用电催化活性提高 CO_2 还原产物的选择性和可控性。将具有光催化活性的材料固定在导电基底上做成阴极，通过外加电场作用迫使光致电子向对电极移动，因而与光致空穴发生分离，进而提高了光阴极上还原 CO_2 的效率。在这种情况下，光伏和使用的电催化剂的设计是灵活的，可以单独优化，然后组装在一起，以获得最佳的整体性能[32]。

（4）生物光电催化 CO_2 还原。生物光电催化 CO_2 还原是指生物细胞利用光能、电能驱动 CO_2 还原为有机物的过程。自然界中的生物利用太阳能是将 CO_2 和水合成碳水化合物的光合作用过程，其效率较低（一般不超过 1%），即使是生物反应器条件下的微藻类也不超过 3%。因此，采用人工强化的生物光电催化 CO_2 还原过程受到广泛关注。生物光

电催化 CO_2 还原过程的特色是将具有生物属性的要素引入到反应体系，其中如何保持体系中细菌、酶等生物要素的活性是该过程的一个挑战。同时，生物要素与光、电催化系统的协同调控及相互促进也是需要重点关注的。

3. CCUS 与生物质能源耦合实现净零排放

1) BECCS 技术

BECCS 技术是指将生物质燃烧或转化过程中产生的 CO_2 进行捕集和封存，从而实现捕集的 CO_2 与大气的长期隔离。该技术通过"生物质利用+CCUS"的技术组合，实现了从生物质原料产生到利用全过程的负碳排放。联合国政府间气候变化专门委员会、国际能源署等研究机构认为 BECCS 技术是必需的负碳技术。目前，BECCS 技术在全球范围内尚处于研发和示范阶段，还不具备大规模商业化运行的条件。在我国，一些研究机构和高校开展了 BECCS 相关理论研究和实验室规模的试验探索，但尚未建设 BECCS 示范项目。生物质制乙醇、生物质燃烧发电和以生物质为燃料的工业生产等生物质利用技术等为开展 BECCS 项目提供了可靠的技术储备。此外由于我国生物质资源丰富，BECCS 技术在我国电力行业应用潜力巨大，因此电力行业发展 BECCS 技术，尤其是生物质混燃发电可作为我国 BECCS 发展的早期机会[33]。

2) 微藻固碳技术

微藻是一个长期以来备受关注的研究课题，它是能够进行光合作用的单细胞生物，可以将无机碳与无机氮转化为有机碳和有机氮，如生产生物燃料、高价值碳水化合物、蛋白质以及塑料等一系列产品，具有很高的应用价值。此外微藻具有较高的 CO_2 固定效率(高达 10%，其他生物的固定效率为 1%～4%)。微藻光合速率高、生长速度快、抗逆性强，利用微藻固碳可以同时实现废水处理、CO_2 固定以及生物燃料合成，并得到食品、饲料、肥料等高附加值产品，使得经济效益和环境效应最大化。在此过程中，微藻一方面能够生产大量高附加值产品；另一方面可以将化石能源消费释放的无机碳和无机氮进行固定，实现污染物减排。微藻固碳可在常温常压下实施，目前的研究主要集中在高效固碳藻种选育、基因工程改造等方面，以提高固碳速率。

3) 微生物气体发酵技术

微生物气体发酵技术主要是以富碳气体(CO_2、CO、H_2)为原料，生产碳氢化合物或者醇类化合物(丁二醇、乙醇等)等多种工业化学品，后续可用于制备塑料等生活中广泛应用的产品，该技术主要由 LanzaTech 公司掌握。此外 LanzaTech 目前可以用含有 CO 和 H_2 的工业尾气制造乙醇，这项技术已经在中国首钢集团旗下的河北首朗新能源科技有限公司实现了商业化，实现碳资源的生物转化和化学转化耦合利用，提高碳元素的利用效率。

4) 微生物电解池产甲烷技术

微生物电解池(microbial electrolytic cell, MEC)与厌氧消化工艺耦合是一种新型的甲烷提纯方法,此方法利用微生物催化电极反应将 CO_2 还原为甲烷。MEC 是以微生物为催化剂,利用外界输入的电能将 CO_2 或有机污染物转化为甲烷的新技术。MEC 在实现 CO_2 处置与能量转化的同时,能够处理污水、污泥、沼渣等多种污染物并生产甲烷,具有能量转化率高、生产成本低、环境友好等特点,可望成为解决能源紧缺和碳减排问题的重要途径之一[34]。

3.4.3　二氧化碳推动碳资源循环利用融合的关键技术发展路线图

CCUS 不是一项技术，而是一套技术的组合应用。在整个技术组合中，CCUS 的主要过程与环节分为捕集、运输、利用与封存，技术创新与产业发展也围绕这四个环节展开，CCUS 技术与其他减排技术相比，总体上仍处于研发和示范阶段。目前我国 CCUS 示范项目发展迅速，但我国 CCUS 各环节技术与国际先进水平相比仍存在较大差距，尤其是在 CO_2 驱油与地质封存相关理论、CO_2 封存的监测核心技术，以及长距离 CO_2 管道运输与封存工程经验及设备制造等方面。在项目方面，与国外相比，我国全流程项目相对较少，捕集规模相对较小，捕集对象类型相对单一。

国内外 CCUS 各环节技术成熟度水平对比情况如图 3.21 所示[①]，分为基础研究、中试试验、工业示范和商业应用四个阶段。

在碳捕集方面，目前碳捕集成本在 CCUS 项目中占比较大，从设备、材料、工艺等三方面出发降低碳捕集成本成为近期研发的重点。具体而言，燃烧前捕集应重点关注利用先进的重整器技术，将制氢与发电、CCUS 相结合，为能源系统提供更多解决方案，同时关注使用价格更低、更节能的材料以降低成本；燃烧后捕集应重点关注研发新的溶剂和吸收工艺，以降低成本和提高捕集性能，同时新的溶剂和吸收工艺还具有增强反应动力学，提高吸收能力，提高热稳定性和抗氧化降解性，降低反应焓，降低溶剂再生成本，降低腐蚀、毒性和安全风险的优点；富氧燃烧应着重开发低成本分离技术，包括离子传输膜等。

在碳运输方面，目前采取主要的运输方式是罐车运输，其次是船舶运输。未来需重点对现有的油气管道进行评估与改造，提高管道的抗压能力，开发大规模的管道运输技术；开发大容量海上船舶运输技术及建设与船舶运输相配套的 CO_2 离岸封存设施。

在碳利用与封存方面，目前驱油封存以及矿化利用是较为广泛的应用方向，大多数碳利用技术都处于早期开发阶段。在利用方面，未来需结合光、电、热、生物转化等技术手段，重点发展高性能 CO_2 催化剂、温和条件下的 CO_2 活化转化新过程，如高效光/电解水与 CO_2 还原耦合的光/电能和化学能循环利用方法，实现碳元素的循环利用[35]；封存方面则需推进地质储量评估、封存选址及风险评估、CO_2 地下封存模拟与安全性监测技术开发，诱发地震影响评估等。

在跨领域系统集成优化方面，重点开展工业过程废热与 CCUS 过程高效耦合新方法、CCUS 技术与工业过程深度耦合新途径、CCUS 产业集群与新型多元能源系统的构建等理论模拟与工艺开发。同时加强跨行业、跨领域 CCUS 技术集成，结合源汇匹配形成系统解决方案，可有力推动 CCUS 产业集群化建设。此外，整合全生命周期评价方法探讨 CCUS 在自然-社会耦合系统中的环境和社会影响也是十分必要的。

在碳达峰前，以现有技术为主，应着重发展以下技术或装备：低成本低能耗大规模 CO_2 捕集技术研发与先进碳捕集材料和工艺设备开发；CO_2 转化制备燃料、化学品及聚合物技术的利用效率提高并实现部分规模化应用；原位捕集转化与捕集利用一体化技术

① IChemE. A chemical engineering perspective on the challenges and opportunities of delivering carbon capture and storage at commercial scale.（2023-08-23）. https://www.icheme.org/media/1401/ccs-report-2018.pdf。

探索；突破大型 CO_2 增压输送技术，可建成百万吨级输送能力的陆上输送管道。现有利用技术具备大规模示范与产业化条件，可建成多个基于现有技术的工业示范项目，实施一批降碳效果突出、带动性强的重大工程。

在碳中和前，需要在新型能源体系下合理规划 CCUS 产业集群，加强运输管网规划布局和集群基础设施建设，建立 CCUS 运输网络枢纽以大幅降低 CCUS 项目成本。同时应推动 CCUS 技术规模化应用，开展全流程技术系统集成和示范，实现一体化项目的落地运营。另外，零碳负碳等颠覆性关键技术也将取得突破性进展，应开展产业化示范应用，形成一批可复制、可推广的技术和经验。

图 3.21　国内外 CCUS 各环节技术成熟度水平对比

我国 CCUS 技术发展路线图如图 3.22 所示。

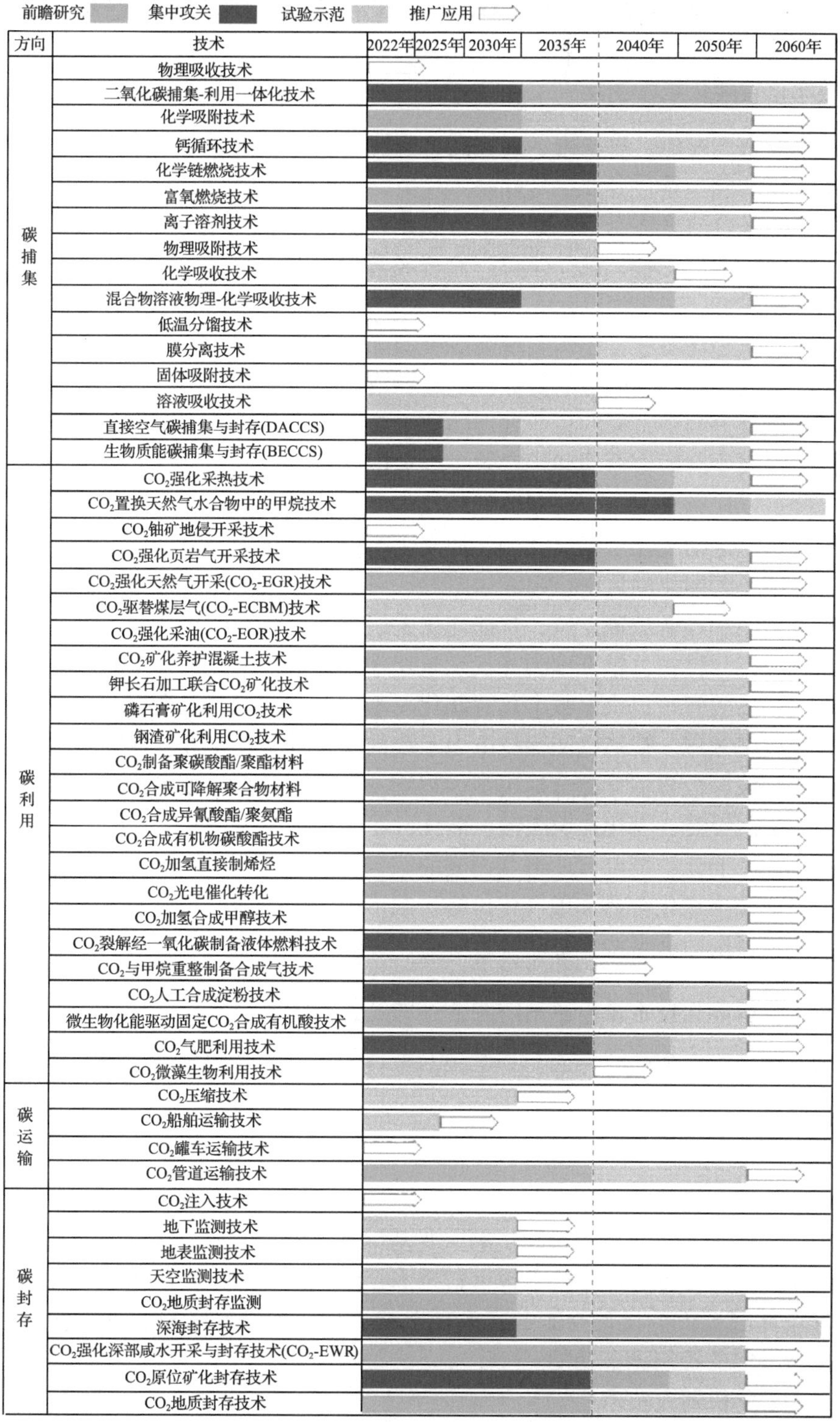

图例：前瞻研究　集中攻关　试验示范　推广应用

方向	技术	2022年	2025年	2030年	2035年	2040年	2050年	2060年
碳捕集	物理吸收技术							
	二氧化碳捕集-利用一体化技术							
	化学吸附技术							
	钙循环技术							
	化学链燃烧技术							
	富氧燃烧技术							
	离子溶剂技术							
	物理吸附技术							
	化学吸收技术							
	混合物溶液物理-化学吸收技术							
	低温分馏技术							
	膜分离技术							
	固体吸附技术							
	溶液吸收技术							
	直接空气碳捕集与封存(DACCS)							
	生物质能碳捕集与封存(BECCS)							
碳利用	CO_2强化采热技术							
	CO_2置换天然气水合物中的甲烷技术							
	CO_2铀矿地侵开采技术							
	CO_2强化页岩气开采技术							
	CO_2强化天然气开采(CO_2-EGR)技术							
	CO_2驱替煤层气(CO_2-ECBM)技术							
	CO_2强化采油(CO_2-EOR)技术							
	CO_2矿化养护混凝土技术							
	钾长石加工联合CO_2矿化技术							
	磷石膏矿化利用CO_2技术							
	钢渣矿化利用CO_2技术							
	CO_2制备聚碳酸酯/聚酯材料							
	CO_2合成可降解聚合物材料							
	CO_2合成异氰酸酯/聚氨酯							
	CO_2合成有机物碳酸酯技术							
	CO_2加氢直接制烯烃							
	CO_2光电催化转化							
	CO_2加氢合成甲醇技术							
	CO_2裂解经一氧化碳制备液体燃料技术							
	CO_2与甲烷重整制备合成气技术							
	CO_2人工合成淀粉技术							
	微生物化能驱动固定CO_2合成有机酸技术							
	CO_2气肥利用技术							
	CO_2微藻生物利用技术							
碳运输	CO_2压缩技术							
	CO_2船舶运输技术							
	CO_2罐车运输技术							
	CO_2管道运输技术							
碳封存	CO_2注入技术							
	地下监测技术							
	地表监测技术							
	天空监测技术							
	CO_2地质封存监测							
	深海封存技术							
	CO_2强化深部咸水开采与封存技术(CO_2-EWR)							
	CO_2原位矿化封存技术							
	CO_2地质封存技术							

图 3.22　我国 CCUS 技术发展路线图

3.5 以数字化智能化技术推动能源系统融合场景

3.5.1 数字化智能化技术内涵

云计算、人工智能、物联网、区块链、智能传感、数字孪生、智能量测等数字化智能化技术正逐渐融入各行各业，是社会和经济发展的重要推动力，为生产生活带来深刻变革。在多能融合战略体系下，数字化智能化技术将在传统能源领域推广应用，与传统能源技术和装备深度融合，推动能源产业智能升级，引领能源系统绿色转型，助力新型能源体系规划建设。2020 年 10 月，中共十九届五中全会强调，"十四五"期间应加快推进能源革命和数字化发展，推动实现能源资源配置更加合理、能源利用效率大幅提高、主要污染物排放总量持续减少的目标。

在技术融合过程中，制约行业发展的技术难题被不断攻破。在化石能源领域，智慧煤矿提高了煤炭生产的安全性和生产效率；火电厂数字化智能化技术实现火电厂清洁高效发电，降低电厂运营成本；智慧油气田技术使得油气在勘探、开采等环节与数字化生产有机结合，满足油气储层精准预测、油气生产设备在线预警等工程需求。在非化石能源领域，数字化智能化的风电机组和风电场，可支撑风电场的设计与选址，实现短期内风功率精准预测和设备故障定位；智能光伏系统构建光伏智能生产制造体系，推动光伏电站智能化运行与维护，精准预测光伏发电功率；智能水电可汇集流域水电综合管理信息，实现安全高效管理；核电数字化智能化技术实现了对反应堆全生命周期进行速算模拟。在能源设施领域，智能电网保持电力系统的安全性和稳定性，促进新能源的并网消纳。在化工领域，数智催化综合运用图像识别、大数据分析等技术，实现催化大数据平台、辅助催化剂设计、催化知识图谱、催化行业动态感知等功能。

由数字化智能化的能源行业融合而成的综合智慧能源系统，保持了能源系统的安全稳定，推动能源市场化交易和市场化价格机制形成，催生能源金融产业蓬勃发展，并为相关科学决策提供数据支持，带动智慧交通、智能城市等相关产业建设发展。

3.5.2 数字化智能化技术及能源系统融合领域及关键技术清单

能源系统数字化智能化技术包含基础共性技术、行业智能升级技术、智慧系统集成与综合能源服务技术。

1. 基础共性技术

1）智能传感与智能量测技术

传感（量测）技术是数字化智能化的重要基础，是实现能源系统监测、控制的前提。能源领域相关智能传感（量测）技术包括新技术、新材料的开发利用，微处理器、传感器、信号处理电路等器件的设计与制备，实现对能源信息的准确采集和系统状态的精准感知，并具备一定的控制调节功能。

2）特种智能机器人技术

特种智能机器人是指应用于专业领域特殊场景下的智能机器人。在能源领域，特种智能机器人可胜任各种环境下的能源设备巡检、维护等复杂工作，具有高度的自主能力和交互能力，可在特高压线路检修、水下钻井、矿山井下、太阳能电池板清理等多种工程领域应用。

3）能源装备数字孪生技术

数字孪生技术可以为实体装备创造一个数字版的"克隆体"，从而反映相对应的实体装备的全生命周期过程。构建的数字化三维模型，应用于发电和传输电力的装备、油气田开采和输送设备等能源关键设备，实现设备性能与安全风险智能预测和诊断。

4）人工智能与区块链技术

人工智能在能源领域的融合应用，使得能源领域的各个环节具备了改善优化、做出决策的能力，提高了能源系统的信息处理能力。能源系统中存在大量非结构化数据，区块链提供了新的高度安全的数据管理技术，有助于电力市场、电力调度、分布式能源交易、能源金融、碳管理与交易等场景的推广应用。

5）能源大数据与云计算技术

利用分布式文件系统、分布式数据库、并行编程模型和计算框架等，建立能源大数据模型，构建能源大数据中心，对海量、实时、多态的能源大数据进行处理分析和可视化呈现，挖掘能源大数据更大的价值，同时构建数据安全体系，保护数据安全与隐私，建立能源云，支撑能源各领域的数据共享与资源整合，支持能源数据多维度分析与异构环境。

6）能源物联网技术

能源物联网可将能源流与信息流相结合，提升能源系统的信息交互能力。能源物联网技术支撑了能源设备的智能互联、安全防护、数据采集融合等功能，实现了能源信息高效处理、智慧服务和人机交互。

2. 行业智能升级技术

1）油气田与炼化企业数字化智能化技术

油气田与炼化企业数字化智能化技术涵盖油气资源勘探、开采、运输、加工各个环节。智慧勘探利用数字化智能化的勘探技术体系，可视化地呈现油气藏的地质特征、储层、储量等信息。智慧油气田通过能源数字孪生技术构建的虚拟模型可实现产量预测、设备状态监控、运行数据采集等功能。智慧炼化通过对工艺流程、生产管理等过程建模仿真，实现全流程价值链优化和设备的安全稳定运行。智慧储运通过智能的监控、巡检等手段，确保了油气储运过程中的安全性和经济性。

2）水电数字化智能化技术

水电数字化智能化技术涵盖大坝智能化建造、水电站智能化调度、水电站大坝及库区智能监测、水电站大坝安全管理等方面。实现水电站规划设计、建设、运行、管控的一体化，保证了大坝建设的有序进行、大坝运行的安全稳定和发电过程的可控性。

3）风电机组与风电场数字化智能化技术

风电机组与风电场数字化智能化技术涵盖风电产业的智能化、风电场选址及风功率预测、风电设备状态监测与故障诊断和风电场数据信息采集分析等方面，形成了风电场规划选址、短期功率精准预测、故障定位和设备生命周期分析的技术体系,智能化的技术体系对于降低风电场投资、控制设备运维成本、优化风电设备利用具有重要意义。

4) 光伏发电数字化智能化技术

光伏发电数字化智能化技术包括光伏部件智能化、太阳能资源精细化评估与仿真、光伏电站选址与设计、光伏电站运行与维护、光伏发电功率预测等方面,涵盖了光伏系统制造、规划、建设、运行等环节,有助于推动智能光伏产业创新升级、提升光伏系统的发电效率和增强电站运维预警能力。

5) 电网智能调度运行控制与智能运维技术

电网智能调度运行控制与智能运维技术保证了电网的可靠运行,对于新型电力系统的构建具有重要意义。电网故障高效协同处置使电网具备强大的自愈能力,新能源预测与控制提高了电网消纳新能源的能力,国家电网有限公司(以下简称国家电网公司)利用无人机和特种机器人等技术开展输电线路巡检,确保输变电设备稳定运行,提高了供电可靠性。

6) 核电数字化智能化技术

核电数字化智能化技术涵盖核电研发、设计、建造、运维、退役等环节,包括核电厂三维数值模拟,反应堆堆芯数值模拟和预测,机组运行状态预测、监控与分析等方面,人机物全面智联可以实现精准模拟和分析电站及反应堆堆芯状态、延长机组设备运行寿命、抵御极端自然灾害等功能。

7) 煤矿数字化智能化技术

煤矿数字化智能化技术包括煤炭的智慧勘探和智能化的煤炭开采,基本实现精准的地质探测和井下定位、复杂地质环境下的掘进开采和无人作业、危险的智能感知与预警。山西省持续推进煤矿智能化,建成 22 座智能化煤矿,到 2025 年大型煤矿、灾害严重煤矿等将基本实现智能化,最大限度地降低安全事故发生率、提升生产效率。

8) 火电厂数字化智能化技术

火电厂数字化智能化技术体现在火电厂的监测、控制优化、运维和运营等多方面,是火电厂灵活改造、节能改造和实现超低排放的基础,提高了火电机组的调峰能力、降低了电厂的运营成本和环境污染物排放。

9) 数智催化技术

催化剂的研究和开发是化学工业最核心的问题之一。人工智能技术的蓬勃发展为催化科学与技术的发展带来新的机遇,数智催化技术综合运用图像识别、大数据分析等技术,实现催化大数据平台、辅助催化剂设计、催化知识图谱、催化行业动态感知等功能,有效提升数据收集、数据处理和数据分析能力。自动化催化实验平台可覆盖催化剂合成、反应评价和结构表征的全过程,装置规模包含从实验室规模直至中试规模多个阶段。大连化物所等单位协同构建的数智催化技术创新中心,以满足数智催化技术创新中心算力要求为目标,开展面向催化化学和化学工程领域的算力建设和算法开发。

3. 智慧系统集成与综合能源服务技术

1) 区域综合智慧能源系统关键技术

区域综合智慧能源系统对于多能融合具有重要意义,涵盖能源系统规划、区域能源数据采集与分析、多能源转换耦合机理、能效诊断与碳流分析、能源应用与服务等技术，实现电、热、冷、水、气、储、氢等多能流优化运行和统一管理，构建能源协同互动体系，支撑能源供给结构转型，全面提升能源综合利用率。

2）多元用户友好智能供需互动技术

依靠多元用户友好智能供需互动技术，通过电动汽车有序充放电、可调负荷互动、广泛接入与边缘智能控制等技术，实现用户与能源系统进行深度互动，充分参与到能源的交易和管理，满足日益多样化的用能需求，促进清洁能源消纳和削峰填谷。

3.5.3　数字化智能化技术与能源系统融合关键技术发展路线图

能源系统数字化智能化发展，对于实现碳达峰碳中和目标具有重要意义。光伏发电数字化智能化、风电机组与风电场数字化智能化、火电厂数字化智能化等领域技术目前已达到试验示范阶段，在项目中得到了广泛的应用。多数能源系统数字化智能化关键技术还处于发展初期的集中攻关阶段；到中期 2025 年，大部分技术将进入试验示范阶段；远期，随着基础共性技术的发展与应用，以及行业试验示范经验的不断积累，能源行业技术与系统集成技术将得到大规模的推广应用。能源系统数字化智能化技术发展路线图如图 3.23 所示。

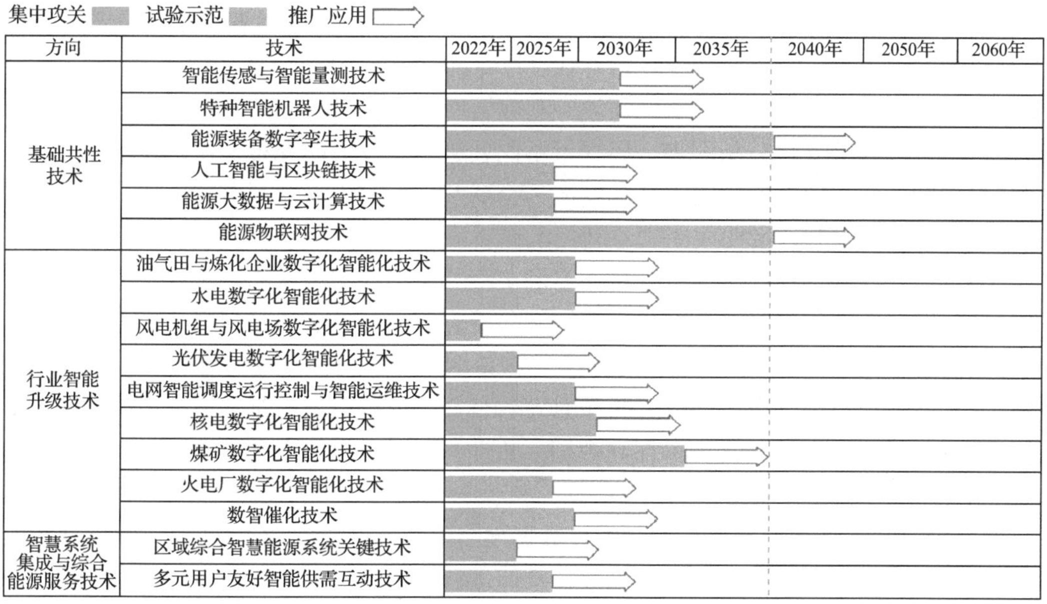

集中攻关 ▨　试验示范 ▨　推广应用 ⇨

方向	技术	2022年	2025年	2030年	2035年	2040年	2050年	2060年
基础共性技术	智能传感与智能量测技术							
	特种智能机器人技术							
	能源装备数字孪生技术							
	人工智能与区块链技术							
	能源大数据与云计算技术							
	能源物联网技术							
行业智能升级技术	油气田与炼化企业数字化智能化技术							
	水电数字化智能化技术							
	风电机组与风电场数字化智能化技术							
	光伏发电数字化智能化技术							
	电网智能调度运行控制与智能运维技术							
	核电数字化智能化技术							
	煤矿数字化智能化技术							
	火电厂数字化智能化技术							
	数智催化技术							
智慧系统集成与综合能源服务技术	区域综合智慧能源系统关键技术							
	多元用户友好智能供需互动技术							

图 3.23　能源系统数字化智能化技术发展路线图

第4章

多能融合技术专利导航与布局分析

当前，知识产权数据资源已成为国家发展竞争的战略性资源之一。本章基于建设的知识产权服务平台，对多能融合技术进行专利导航与布局分析，以加深读者对多能融合技术体系的理解。

4.1 专利分析方法介绍

围绕"四主线、四平台"，对多能融合中的关键技术和工艺路线进行全面检索分析，获得总体情况和发展趋势，提出知识产权保护和布局建议。检索数据库范围包括全球不同国家/地区/组织的 126 个专利数据库，检索分析时间截至 2022 年 6 月 20 日，检索类型主要包括发明专利、实用新型专利和外观设计专利。

基于专利检索策略，形成了各领域专利数据库，开展定量统计分析。根据专利分析经验，本章选取了 6 项分析图表，以揭示不同领域专利技术的分布，包括技术专利申请数量趋势图、专利技术生命周期 S 曲线图、全球及中国前十大专利申请人、主要申请者的技术方向图、专利技术构成图、专利技术创新词云图等。

(1)技术专利申请数量趋势图。技术专利申请数量趋势图展示的是专利申请数量的发展趋势。通过申请趋势可以从宏观层面把握分析对象在各时期的专利申请热度变化。申请数量的统计范围是目前已公开的专利。一般发明专利在申请后 3～18 个月公开，实用新型专利和外观设计专利在申请后 6 个月左右公开。值得指出的是，本书中检索专利截止时间是 2022 年 6 月 20 日，为保证数据一致性，本书中技术专利申请数量趋势图仅到 2021 年。

(2)专利技术生命周期根据专利统计数据规制出技术 S 曲线图，帮助读者确定当前技术所处的发展阶段，预测技术发展极限，从而进行有效的技术管理的方法。技术生命周期分析是专利定量分析中最常用的方法之一。通过分析专利技术所处的发展阶段，可以了解相关技术领域的现状，推测未来技术发展方向。理论上，专利技术发展可分为技术萌芽期、技术发展期、技术成熟期和技术衰退期 4 个阶段。专利技术生命周期的研究对象可以是某件专利文献所代表技术的生命周期，也可以是某一技术领域整体技术的生命周期，本书主要对某领域整体技术绘制专利技术生命周期 S 曲线图。

(3)全球及中国前十大专利申请人。基于专利统计数据，对专利按照申请人信息进行统计排序。本书分别对全球专利技术和中国专利技术的申请人进行了统计频率排序，以揭示各领域中申请专利的全球和中国的主要组织，帮助读者了解该领域技术专利申请主要组织的情况。值得指出的是，中国专利是指全球创新主体进入中国申请的专利，此处的中国是受理局，不是申请人国别。

（4）主要申请者的技术方向图是针对某一领域内关键申请者（一般为前十大申请者）所拥有专利技术方向的统计与分析，会揭示前十大申请者在该领域申请的前十大技术方向布局，以帮助读者了解技术领域内的主要申请人分别专注于哪些技术分支。

（5）专利技术构成图显示该技术领域主要技术分支的占比情况，以体现各技术分支的创新热度，帮助识别当前技术布局的空白点，了解技术研究的潜在机会。

（6）专利技术创新词云是某技术领域中最近 5000 条专利中最常见的关键词，能揭示该技术领域内最热门的技术主题词，帮助分析该技术领域内最新重点研发的主题。

多能融合是一个新的理念，对于专利分析而言，是一个宏大且难以操作的概念。本章试图对多能融合技术整体专利和多能融合"四平台"技术中的氢能领域专利技术进行分析，供读者参考。

4.2　多能融合技术专利概况

4.2.1　多能融合技术专利检索

多能融合技术专利检索包括主题检索、追溯检索和查全检索等方式。

技术拆分：多能融合技术拆分为 6 个主要技术分支，分别是绿氢与石油化工融合技术、绿氢与煤化工融合技术、绿氢与钢铁行业融合技术、绿氢与水泥行业融合技术、绿氢与交通行业融合技术、绿氢与电力行业融合技术。

检索时间：对于多能融合技术主体，检索时段为 1993 年 1 月 1 日至 2021 年 12 月 31 日，包括所有公开的国内、外相关专利技术文献；对于多能融合各技术分支，因各技术分支发展起点不同，以近 20 年专利技术作为检索时段，其检索时间为 2003 年 1 月 1 日至 2021 年 12 月 31 日，包括所有公开的国内、外相关专利技术文献。

检索要素：包含 6 大技术分支提炼出的相关关键词和检索词及国际专利分类（IPC）。

检索数据库包括欧洲专利局数据库、美国专利商标局数据库、日本专利局数据库、英国知识产权局数据库、法国国家工业产权局数据库、德国专利局数据库、俄罗斯联邦专利与商标局数据库、瑞士联邦知识产权局数据库、韩国专利厅数据库、澳大利亚知识产权局数据库、加拿大知识产权局数据库、芬兰专利暨注册局数据库、印度专利局数据库、意大利专利和商标局数据库、马来西亚知识产权局数据库、挪威工业产权局数据库、新西兰知识产权局数据库、波兰专利局数据库、瑞典专利局数据库和新加坡专利局数据库等。

专利检索策略：采用总分式和分总式检索策略。总分式是在对各分支进行检索时，如其下一级分支易于检索，则对分支进行总体检索，然后对检索结果进行批量标引或人工标引，获取下一级分支的文献量。分总式是分别对技术分解表中的各技术分支展开检索，获得该技术分支下的检索结果，而后将各技术分支检索结果进行合并，得到总的检索结果。

数据清洗：对检索结果中的数据，通过查重、去噪等方法，合并或者删除与本书技术相关度不大的数据，以保证后续分析结果的精准度。去噪的步骤包括：不相关 IPC 去噪、题目筛选去噪、摘要筛选去噪、权书筛选去噪、说明书筛选去噪。

数据查全验证：数据查全验证通过对检索结果进行分析，检查是否有数据漏检的情况。如果有漏检的情况，需要进行漏检原因的分析，并进行补充检索，一直迭代至查全率为 100%。

数据查准验证：通过对检索结果进行分析，查询是否还有一定数量的不相关的专利数据没有被去除。如果有，需要进行噪声数据分析，继续去噪，一直迭代至查准率为 100%。在具体操作中，专利分析员选取 2012～2020 年时间段的数据，每间隔一年选取当年申请日期最早的 4 个文献进行查准验证。

4.2.2 多能融合技术专利概况分析

基于本章确定的专利分析方法，形成以下分析。

1. 多能融合技术专利申请数量趋势分析

从图 4.1 中可以看出，全球对于多能融合技术的探索一直处于较为活跃的状态，整体呈现增长态势。分阶段来看，2008 年以前发展较为缓慢，而 2008 年之后开始快速提升。随着全球"双碳"目标的确定和政策推动，多能融合技术作为节能减排的一大发展方向得到了越来越多的关注，整体申请量一直维持在较高的水平。

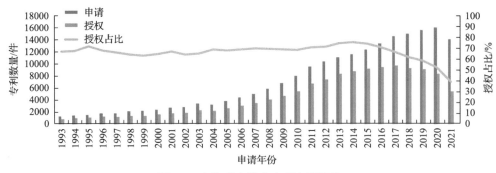

图 4.1　多能融合技术专利申请趋势

2. 多能融合技术生命周期分析

从图 4.2 中可以看出，到 2020 年为止多能融合技术的开发大致分了两个阶段，技术萌芽阶段和技术成长阶段。在 2006 年之前处于发展缓慢的萌芽期，涉及的企业数量比较少；后来随着技术研发的深入，从 2007 年开始，进入一个成长期，入局的研究者和技术研发数量较之前有了明显提高。目前该项技术仍在成长期，还有较好的成长空间，值得大力投入，具有非常广阔的发展前景。

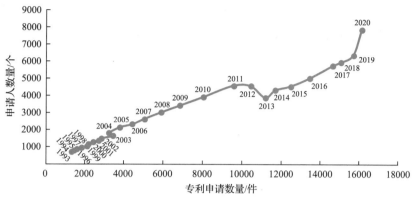

图 4.2 多能融合技术生命周期曲线

图中数字表示年份

3. 多能融合技术专利全球前十大申请人分析

从表 4.1 中可以看出，在全球排名前十的主要的技术开发者中中外皆有，其中国内以学校研究为主（占据 3 家），企业有国家电网公司（排名第二）。国外企业通用电气公司和西门子公司两家企业进入前三。从数量上来看，国家电网公司和通用电气公司的技术申请数量最多。

表 4.1 多能融合技术专利全球前十大申请人

申请人	专利数量/件
通用电气公司	6265
国家电网公司	4552
西门子公司	2485
ABB（瑞士）股份有限公司	2023
浙江大学	1139
济南英格尔电力集成有限公司	1058
西安交通大学	1045
华北电力大学	996
罗伯特·博世有限公司	922
伊顿公司	884

4. 多能融合技术专利主要申请人的技术方向分析

如图 4.3 所示，横坐标代表主要申请人技术方向，纵坐标代表申请人，图中圆圈大小显示某一申请人（纵坐标）在某一技术方向（横坐标）申请专利的数量，数量越多，圆的面积越大。图中显示，所有研发主体都在 H02J3（电力方面，具体见表 4.2）申请了大量专利。通用电气公司和国家电网公司技术路线最广，属于多路线并进。

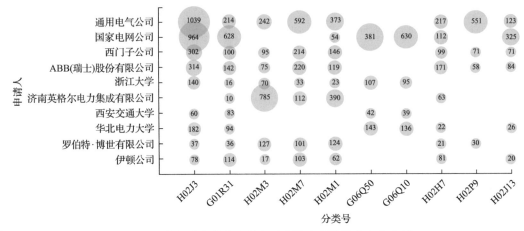

图 4.3　多能融合技术专利主要申请人申请技术方向布局

表 4.2　多能融合技术专利检索分类号及定义

分类号	定义
H02J3	交流干线或交流配电网络的电路装置[2006.01]
G01R31	电性能的测试装置；电故障的探测装置；以所进行的测试在其他位置未提供为特征的电测试装置(在制造过程中测试或测量半导体或固体器件入 H01L21/66，线路传输系统的测试入 H04B3/46)[2006.01]
H02M3	直流功率输入变换为直流功率输出[2006.01]
H02M7	交流功率输入变换为直流功率输出；直流功率输入变换为交流功率输出[2006.01]
H02M1	变换装置的零部件[2007.01]
G06Q50	信息和通信技术(ICT)特别适用于特定商业行业的业务流程执行，例如公用事业或旅游业(医疗信息学入 G16H)[2024.01]
G06Q10	行政；管理[2023.01]
H02H7	当出现正常工作条件的不希望有的变化时能完成自动切换的，专用于特种电机或电设备的或专用于电缆或线路系统分段保护的紧急保护电路装置[2006.01]
H02P9	用于取得所需输出值的发电机的控制装置[2006.01]
H02J13	对网络情况提供远距离指示的电路装置，例如网络中每个电路保护器的开合情况的瞬时记录；对配电网络中的开关装置进行远距离控制的电路装置，例如用网络传送的脉冲编码信号接入或断开电流用户[2006.01]

5. 多能融合技术专利的技术构成分析

从图 4.4 中可以看出，热点技术排名前三的分别是：H02J3(交流干线或交流配电网络的电路装置)；H02M1(变换装置的零部件)；H02M7(交流功率输入变换为直流功率输出；直流功率输入变换为交流功率输出)。

6. 多能融合技术的创新词云分析

从图 4.5 中可以看出，在多能融合技术领域，电力领域的融合技术研发是绝对的主流，也是绝对的重点研发的主题。对于可再生能源的利用、二氧化碳处理、污染物处理以及不同工艺的协同处理也是各方关注的技术领域。

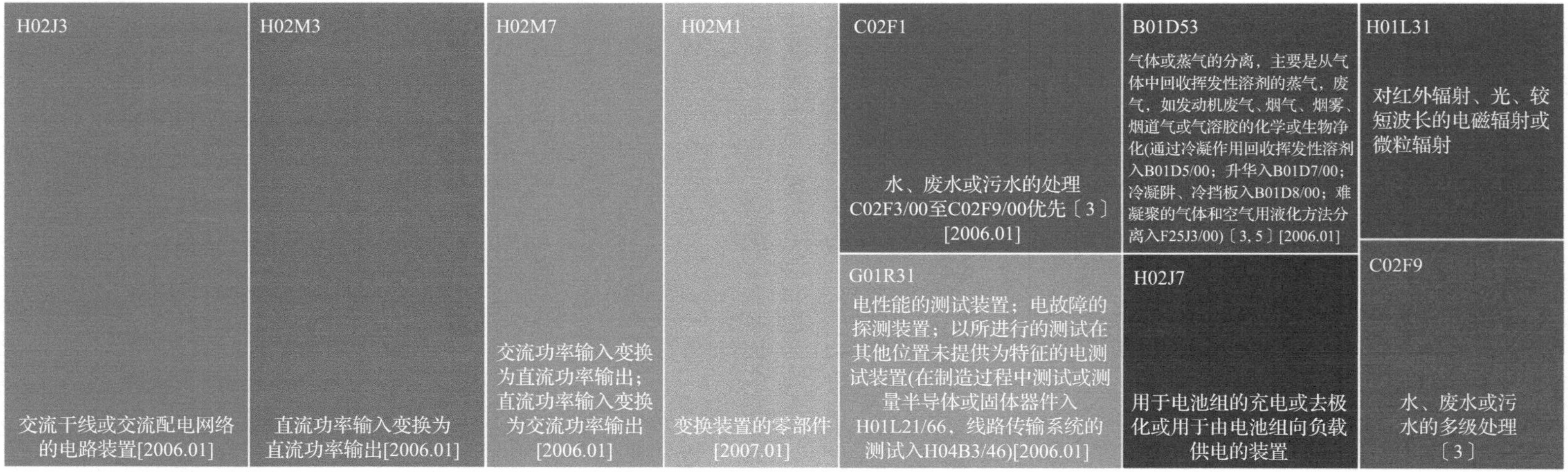

H02J3
交流干线或交流配电网络的电路装置[2006.01]

H02M3
直流功率输入变换为直流功率输出[2006.01]

H02M7
交流功率输入变换出为直流功率输出；直流功率输入变换出为交流功率输出[2006.01]

H02M1
变换装置的零部件[2007.01]

C02F1
水、废水或污水的处理 C02F3/00至C02F9/00优先[3][2006.01]

B01D53
气体或蒸气的分离，主要是从气体中回收挥发性溶剂的蒸气，废气，加发动机废气、烟雾、烟气、烟道气气溶胶的化学或生物净化(通过冷凝作用回收挥发性溶剂入B01D5/00；升华入B01D7/00；冷凝酐，冷档板入B01D8/00；堆凝聚的气体和空气用液化方法分离入F25J3/00)[3，5][2006.01]

H01L31
对红外辐射、光、较短波长的电磁辐射或微粒辐射

C02F9
水、废水或污水的多级处理[3]

G01R31
电性能的测试装置；电故障的探测装置；以所进行的测试在其他位置未提供为特征的电测试装置(在制造过程中测试或测量置半导体或固体器件入H01L21/66，线路传输系统的测试入H04B3/46)[2006.01]

H02J7
用于电池组的充电或充电去极化或用于由电池组向负载供电的装置

图4.4 多能融合技术构成

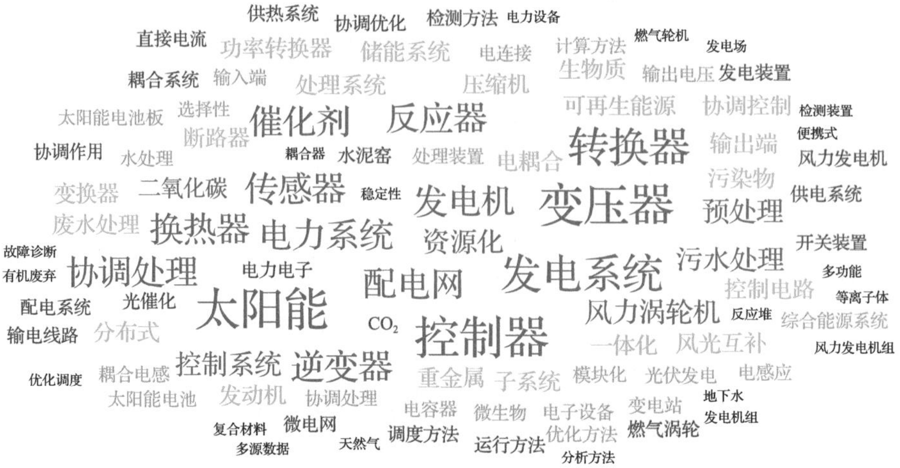

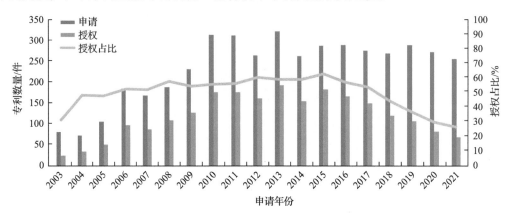

图 4.5　多能融合技术专利创新词云图

4.3　氢能平台专利技术分析

氢能是多能融合技术体系中四个平台技术之一，也是当前关注的重点。针对"双碳"目标，以非碳能源制取绿氢发展潜力巨大，是高碳化石能源低碳化/零碳化发展的必要手段之一。为此，本节以氢能领域多能融合技术为例，分析氢能与石油化工、煤化工、钢铁、水泥、交通和电力行业的融合技术专利情况。

4.3.1　绿氢与石油化工融合

1. 绿氢与石油化工融合专利申请数量趋势分析

从图 4.6 中可以看出，绿氢与石油化工融合领域的专利申请数量在 2010 年以后一直处于高位，技术创新十分活跃。在氢能发展大环境和国家政策支撑下，绿氢与石油化工融合技术领域目前处于快速发展阶段，技术进入发展黄金期，建议技术研发在细分领域寻找突破，在未来的氢能与石油化工融合技术市场占据领先地位。

图 4.6　绿氢与石油化工融合专利申请趋势图

2. 绿氢与石油化工融合技术生命周期分析

从图 4.7 中可以看出，绿氢与石油化工融合技术领域的技术发展越过了前期的技术探索阶段，正处于成长期。目前技术研究的方向是十分明确的，技术创新十分活跃。在"双碳"目标发展格局下，我国石油化工等领域都普遍面临着传统产能严重过剩与高端产品技术难以突破的挑战。再加之，随着碳交易市场的推行，用煤、用油指标也将受到更加严格的限制，在此背景下传统石油化工行业必须低碳发展，其中，绿氢与石油化工融合是重要方向。

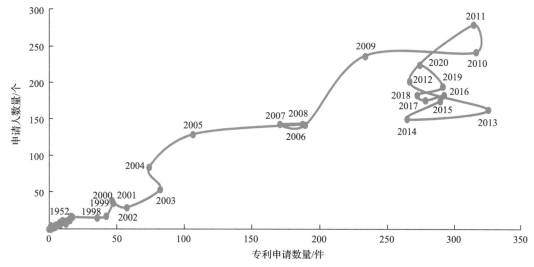

图 4.7　绿氢与石油化工融合专利技术生命周期 S 曲线图
图中数字代表年份

3. 绿氢与石油化工融合技术全球前十大专利申请人分析

从表 4.3 中可以看出，在全球排名前十的主要技术开发者中，排名第一的是国际壳牌研究有限公司，其作为石油化工领域的头部企业专利数量优势明显，主要布局在加氢催化剂以及氢气可参与化工生产环节的工艺升级等技术领域。当前，我国应持续加强在此领域的技术研发，追赶国外技术；同时，应保持对这些企业的持续关注，在借鉴相关的技术的同时实现超越。

表 4.3　绿氢与石油化工融合技术领域全球前十大专利申请人排名情况

申请人	专利数量/件
国际壳牌研究有限公司	165
道达尔能源	115
埃克森研究与工程公司	94
环球油品公司	88
维仁特公司	77
麦卡利斯特技术有限责任公司	66

续表

申请人	专利数量/件
引能仕株式会社	54
荷兰皇家壳牌石油公司	50
沙特阿拉伯石油公司	46
迪诺拉永久电极股份有限公司	43

4. 绿氢与石油化工融合技术主要申请人的技术方向分析

从图 4.8 中可以看出(各代码对应技术见表 4.4),对于绿氢与石油化工融合技术全球主要申请人的技术方向,从技术分类数据横向看,国际壳牌研究有限公司、道达尔能源和环球油品公司这三家技术路线最广,并且在多个方向上的布局数量也较多;从技术分类数据纵向看,全球十分重视对于 C10G3(从含氧的有机物制备液态烃混合物,例如:从脂肪油、脂肪酸(从不熔的含氧的含碳固态物料制备入 C10G1/00))、C10L1(液体含碳燃料)、C10G45(用氢或生成氢的化合物精制烃油)等石油化工基础生产技术的布局。

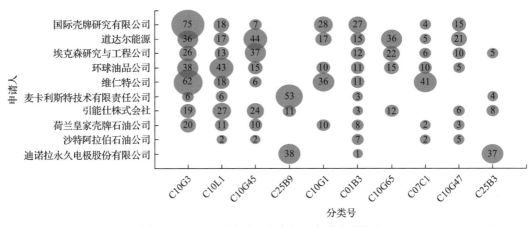

图 4.8 绿氢与石油化工融合主要申请人技术方向

表 4.4 绿氢与石油化工融合技术专利检索分类号及定义

分类号	定义
C10G3	从含氧的有机物制备液态烃混合物,例如:从脂肪油、脂肪酸(从不熔的含氧的含碳固态物料制备入 C10G1/00)[2006.01]
C10L1	液体含碳燃料[2006.01]
C10G45	用氢或生成氢的化合物精制烃油〔3〕[2006.01]
C25B9	电解槽或其组合件;电解槽构件;电解槽构件的组合件,例如电极-膜组合件,与工艺相关的电解槽特征[2021.01]
C10G1	由油页岩、油砂或非熔的固态含碳物料或类似物,如木材、煤,制备液态烃混合物(从油页岩、油砂及类似物用机械方法取得油入 B03B)[2006.01]
C01B3	氢;含氢混合气;从含氢混合气中分离氢;氢的净化(用固体碳质物料生产水煤气或合成气入 C10J)[2006.01]
C10G65	仅用两个或多个加氢处理工艺过程处理烃油[2006.01]

续表

分类号	定义
C07C1	从一种或几种非烃化合物制备烃[2006.01]
C10G47	在存在氢或存在生成氢的化合物的情况下，为获得低沸点馏分的烃油裂解（C10G15/00 优先；非熔的含碳固态物质或类似物的破坏性氢化入 C10G1/06）[2006.01]
C25B3	有机化合物的电解生产[2021.01]

5. 绿氢与石油化工融合技术专利技术构成分析

从图 4.9 中可以看出，在绿氢与石油化工融合技术领域中，C25B1（无机化合物或非金属的电解生产）的技术热点最高，同时也需要关注到电解槽或其组合件的技术研究的快速发展，如电极-膜组合件、与工艺相关的电解槽，建议保持关注并结合自身研发实力进行技术创新。

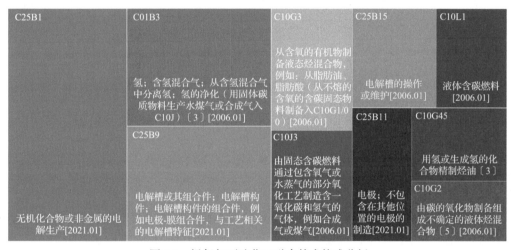

图 4.9 绿氢与石油化工融合技术构成分析

6. 绿氢与石油化工融合技术创新词云分析

从图 4.10 的技术创新热门词可以看出，目前的技术热门主要集中在催化剂、电解水

图 4.10 绿氢与石油化工融合热门技术创新词云图

制氢系统及绿氢参与的生产系统等上。

4.3.2 绿氢与煤化工融合

1. 绿氢与煤化工融合专利申请数量趋势分析

煤化工是典型的高耗能、高碳排放行业，且受工业流程限制，属于典型的"难减排"行业。绿氢与煤化工融合被认为是推动煤化工低碳发展的重要路径。从图 4.11 中可以看出，绿氢与煤化工融合专利申请数量从 2005～2006 年开始快速提升，整体呈现阶梯式增长。

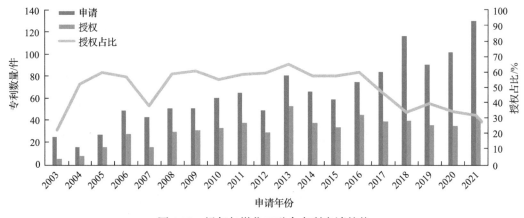

图 4.11　绿氢与煤化工融合专利申请趋势

2. 绿氢与煤化工融合专利技术生命周期分析

从图 4.12 中可以看出，绿氢与煤化工融合技术已经越过了前期的技术探索阶段，正处于成长期。在技术发展成长期，技术研究方向十分明确，且技术创新活动十分活跃。建议技术研发人员在细分领域寻找突破，在未来的绿氢与煤化工融合技术市场占据领先地位。

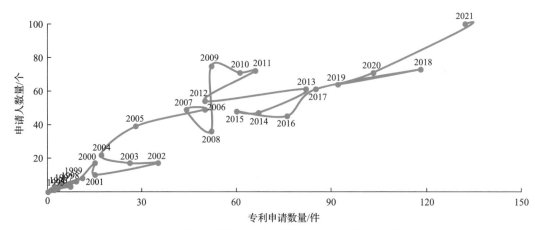

图 4.12　绿氢与煤化工融合专利技术生命周期 S 曲线图

图中数字代表年份

3. 绿氢与煤化工融合技术全球前十大专利申请人分析

本节对绿氢与煤化工融合技术领域全球前十大申请人进行分析(具体见表4.5),全球排名前十的技术开发者中外皆有。从数量上来看,卡特彼勒公司、中国华能集团清洁能源技术研究院有限公司和中国石油化工股份有限公司的技术申请数量最多。其中美国的卡特彼勒公司主要技术布局在化学生产过程中的电解有机物生产工艺上,中国华能集团清洁能源技术研究院有限公司和中国石油化工股份有限公司作为中国重要的化工企业技术实力也排名靠前。整体来看,中国的高校和企业在技术申请量上相对于其他国家占据了很大的优势。

表 4.5 绿氢与煤化工融合技术领域全球前十大申请人排名情况

申请人	专利数量/件
卡特彼勒公司	37
中国华能集团清洁能源技术研究院有限公司	35
中国石油化工股份有限公司	30
赫多特普索化工设备公司	29
阿尔奇麦克斯公司	25
西安交通大学	21
荷兰皇家壳牌石油公司	20
新奥科技发展有限公司	18
国际壳牌研究有限公司	17
华东理工大学	17

4. 绿氢与煤化工融合技术全球前十大申请人的技术方向分析

从图4.13可以看出,在绿氢与煤化工融合技术领域,全球前十大申请人从技术分类数据横向看,阿尔奇麦克斯公司技术路线最广,属于多路线并进,国内则是中国石油化工股份有限公司布局的技术线路最广;从技术分类数据纵向看,研究人员在C25B1(无机

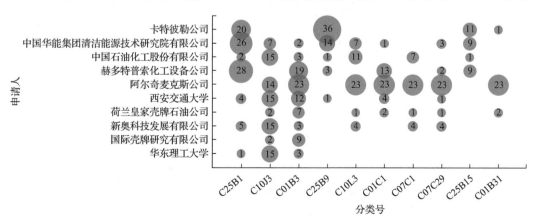

图 4.13 绿氢与煤化工融合专利技术全球前十大申请人技术方向

化合物或非金属的电解生产)、C10J3(由固态含碳燃料通过包含氧气或水蒸气的部分氧化工艺制造含一氧化碳和氢气的气体，例如合成气或煤气)和 C01B3(氢；含氢混合气；从含氢混合气中分离氢；氢的净化(用固体碳质物料生产水煤气或合成气入 C10J))这三个技术方面申请了大量专利。

绿氢与煤化工融合技术专利检索分类号及定义如表 4.6 所示。

表 4.6　绿氢与煤化工融合技术专利检索分类号及定义

分类号	定义
C25B1	无机化合物或非金属的电解生产[2021.01]
C10J3	由固态含碳燃料通过包含氧气或水蒸气的部分氧化工艺制造含一氧化碳和氢气的气体，例如合成气或煤气[2006.01]
C01B3	氢；含氢混合气；从含氢混合气中分离氢；氢的净化(用固体碳质物料生产水煤气或合成气入 C10J)〔3〕[2006.01]
C25B9	电解槽或其组合件；电解槽构件；电解槽构件的组合件，例如电极-膜组合件，与工艺相关的电解槽特征[2021.01]
C10L3	气体燃料；天然气；用不包含在小类 C10G，C10K 的方法得到的合成天然气；液化石油气〔5〕[2006.01]
C01C1	氨；其化合物[2006.01]
C07C1	从一种或几种非烃化合物制备烃[2006.01]
C07C29	含羟基或氧-金属基连接碳原子(不属于六元芳环的)的化合物的制备[2006.01]
C25B15	电解槽的操作或维护[2006.01]
C01B31	碳；其化合物(C01B21/00、C01B23/00 优先；过碳酸盐入 C01B15/10；碳黑入 C09C1/48)〔3〕

5. 绿氢与煤化工融合技术专利技术构成分析

从图 4.14 中，可以明显地看到，在绿氢与煤化工融合技术领域 C25B1(无机化合物或非金属的电解生产)的技术热点最高，同时合成气或煤气制造和氢气制备也是很热

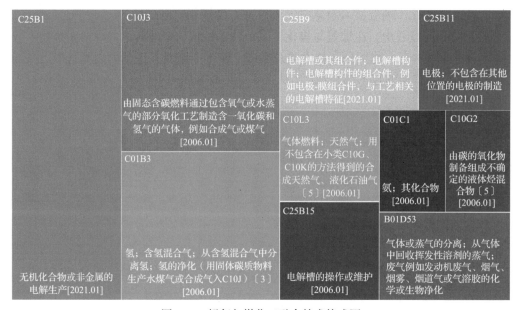

图 4.14　绿氢与煤化工融合技术构成图

门的研发方向。

6. 绿氢与煤化工融合技术创新词云图

从图4.15中可以看出，绿氢与煤化工融合技术创新主要集中在合成气、反应器、二氧化碳、催化剂、混合物、电解水、一氧化碳、生物质等。

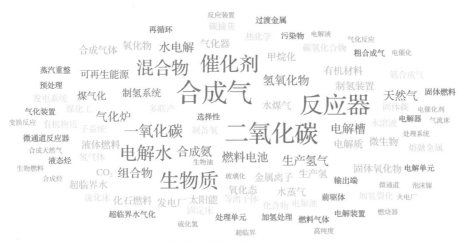

图 4.15　绿氢与煤化工融合技术创新词云图

4.3.3 绿氢与钢铁行业融合

1. 绿氢与钢铁行业融合专利申请数量趋势分析

从图4.16可以看出，在2008年之前，绿氢与钢铁行业融合专利申请发展较慢，2008年之后，波动发展，整体呈现越来越多的趋势。钢铁行业是典型的高耗能、高碳排放行业，由于工艺流程成熟，新的技术路线发展缓慢。绿氢与钢铁行业融合是面向碳中和目标的技术路径之一，仍处于探索阶段。

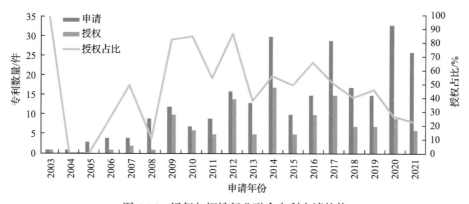

图 4.16　绿氢与钢铁行业融合专利申请趋势

2. 绿氢与钢铁行业融合专利技术生命周期分析

从图4.17中可以看出，绿氢与钢铁行业融合技术呈现阶梯式增长趋势，由于申请规模较小，容易受到政策的影响，目前仍处于技术成长期，未来还将进一步发展。

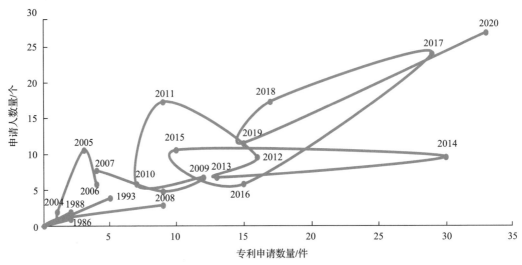

图 4.17 绿氢与钢铁行业融合专利技术生命周期 S 曲线图
图中数字代表年份

3. 绿氢与钢铁行业融合技术全球前十大专利申请人分析

从表 4.7 可以看出，在绿氢与钢铁行业融合技术专利申请方面，国外技术研发领先国内，其中日本的杰富意钢铁株式会社的技术申请数量最多，布局方向重点在使用绿氢作为还原剂参与冶炼工序。目前中国的钢铁制造业需求仍然巨大，对于碳减排方向的技术探索起步较晚，借鉴国外先进的技术和解决方案是中国企业和研究机构实现弯道超车的重要手段。

表 4.7 绿氢与钢铁行业融合技术领域全球前十大申请人排名情况

申请人	专利数量/件
杰富意钢铁株式会社	31
蒂森克虏伯股份公司	30
蒂森克虏伯工业解决方案股份公司	12
碳科技控股有限责任公司 (Carbon Technology Holdings，LLC)	11
克里斯托弗·M·麦克温尼 (人名)	10
卡特彼勒公司	8
原则能源解决方案公司	8
米德雷克斯技术公司	7
考尔德伦·艾伯特 (人名)	7
埃克森研究与工程公司	6

4. 绿氢与钢铁行业融合技术全球前十大申请人的技术方向分析

从图 4.18 可以看出，在绿氢与钢铁行业融合技术专利全球前十大申请人的方向上，排名前三的公司技术路线较广，属于多路线并进。从技术分类数据纵向来看，C21B5(高炉炼生铁)也就是直接加氢还原这一工艺的技术研发各方布局较多，需要重点关注。

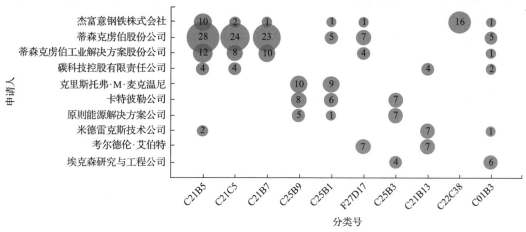

图 4.18　绿氢与钢铁行业融合技术专利全球前十大申请人技术方向

绿氢与钢铁行业融合技术专利检索分类号及定义如表 4.8 所示。

表 4.8　绿氢与钢铁行业融合技术专利检索分类号及定义

分类号	定义
C21B5	高炉炼生铁[2006.01]
C21C5	碳钢的冶炼，例如普通低碳钢、中碳钢或铸钢[2006.01]
C21B7	高炉[2006.01]
C25B9	电解槽或其组合件；电解槽构件；电解槽构件的组合件，例如电极-膜组合件，与工艺相关的电解槽特征[2021.01]
C25B1	无机化合物或非金属的电解生产[2021.01]
F27D17	利用余热的装置(热交换器本身入 F28)；利用或处理废气的装置(一般的清除烟气入 B08B15/00)[2006.01]
C25B3	有机化合物的电解生产[2021.01]
C21B13	直接还原法炼海绵铁或液体钢[2006.01]
C22C38	铁基合金，例如合金钢(铸铁合金入 C22C37/00)〔2〕[2006.01]
C01B3	氢；含氢混合气；从含氢混合气中分离氢；氢的净化(用固体碳质物料生产水煤气或合成气入 C10J)〔3〕[2006.01]

5. 绿氢与钢铁行业融合技术专利技术构成分析

从图 4.19 可以看出，在绿氢与钢铁行业融合技术领域，C25B1(无机化合物或非金属的电解生产)的技术热点最高，同时 C21B13(直接还原法炼海绵铁或液体钢)方向的技术研究也十分热门，这也是绿氢与钢铁行业融合的重要路径，建议保持关注并结合自身研发实力进行技术创新。

6. 绿氢与钢铁行业融合技术创新词云图

从图 4.20 中可以看出，绿氢与钢铁行业融合技术创新主要集中在降碳还原炼铁技术。

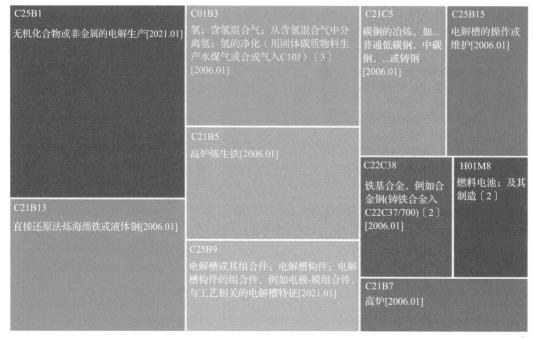

图 4.19　绿氢与钢铁行业融合技术构成

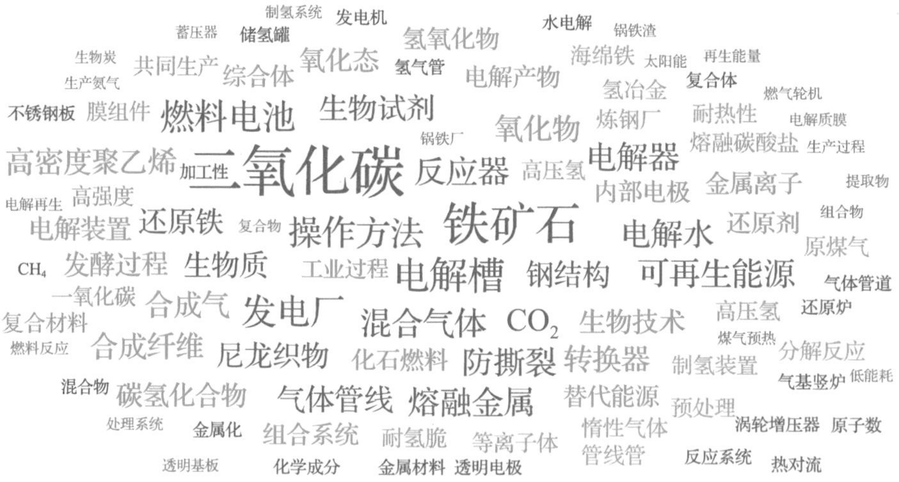

图 4.20　绿氢与钢铁行业融合热门技术创新词云图

4.3.4　绿氢与水泥行业融合

1. 绿氢与水泥行业融合专利申请数量趋势分析

从技术的申请趋势(图 4.21)来看，该技术方向 2008 年以前发展较为缓慢，由于全球"双碳"背景和相关政策的推动，其在 2008 年之后开始快速提升。从申请量变化趋势可以看出，不断有新的技术创新点得到发展，整体的技术研发十分活跃，未来技术将进入黄金发展阶段。

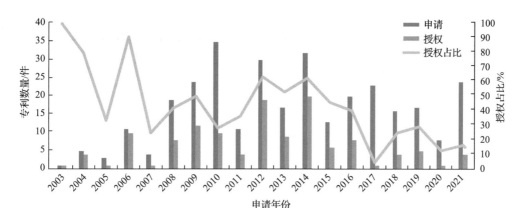

图 4.21 绿氢与水泥行业融合专利申请趋势图

2. 绿氢与水泥行业融合专利技术生命周期分析

从专利技术生命周期 S 曲线(图 4.22)可以看出,绿氢与水泥行业融合技术申请量呈现不规则变化,说明该技术方向仍然处于探索阶段。

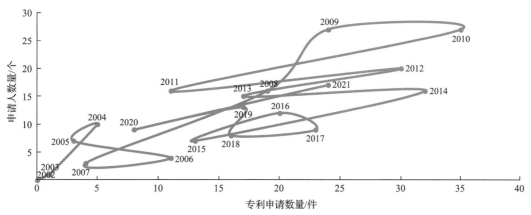

图 4.22 绿氢与水泥行业融合专利技术生命周期 S 曲线图

图中数字代表年份

3. 绿氢与水泥行业融合技术全球前十大专利申请人分析

从表 4.9 中可以看出,绿氢与水泥行业融合技术领域,全球排名前十的申请人都是国外技术开发公司、大学,说明在该技术领域国外技术研发领先国内。其中排名第一的卡特彼勒公司,主要布局方向是面向水泥行业的电解水制氢系统和设备。而国内申请人的技术主要在使用氢气作为燃料参与水泥煅烧及余热利用等方向。

表 4.9 绿氢与水泥行业融合技术领域全球前十大申请人排名

申请人	专利数量/件
卡特彼勒公司	61
埃克森研究与工程公司	21
南加利福尼亚大学	20

续表

申请人	专利数量/件
蒂森克虏伯股份公司	12
碳科技控股有限责任公司(Carbon Technology Holdings LLC)	11
弗雷特等离子实验室公司	9
蒂森克虏伯工业解决方案股份公司	7
冰岛碳循环国际公司(CRI EHF)	6
AZAD 药物股份公司(AZAD Pharma AG)	5
AST 工程有限责任公司(Ast Engineering Srl)	5

4. 绿氢与水泥行业融合技术全球前十大申请人的技术方向分析

从图 4.23 可以能看出,绿氢与水泥行业融合技术全球主要申请人从技术分类数据横向看,排名前三的公司技术路线都较广,属于多路线并进。从技术分类数据纵向看,C25B1(无机化合物或非金属的电解生产)这一领域技术研发布局较多,需要重点关注。

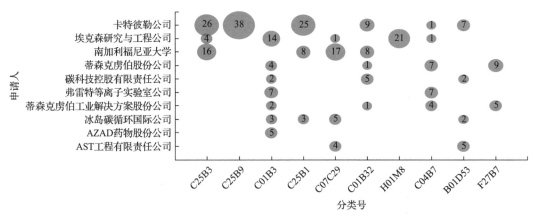

图 4.23 绿氢与水泥行业融合全球前十大申请人技术方向

绿氢与水泥行业融合技术专利检索分类号及定义如表 4.10 所示。

表 4.10 绿氢与水泥行业融合技术专利检索分类号及定义

分类号	定义
C25B3	有机化合物的电解生产[2021.01]
C25B9	电解槽或其组合件;电解槽构件;电解槽构件的组合件,例如电极-膜组合件,与工艺相关的电解槽特征[2021.01]
C01B3	氢;含氢混合气;从含氢混合气中分离氢;氢的净化(用固体碳质物料生产水煤气或合成气入 C10J)[2006.01]
C25B1	无机化合物或非金属的电解生产[2021.01]
C07C29	含羟基或氧-金属基连接碳原子(不属于六元芳环的)的化合物的制备[2006.01]
C01B32	碳;其化合物(C01B 21/00, C01B 23/00 优先;过碳酸盐入 C01B15/10;碳黑入 C09C 1/48)[2017.01]

续表

分类号	定义
H01M8	燃料电池；及其制造〔2〕[2016.01]
C04B7	水硬性水泥[2006.01]
B01D53	气体或蒸气的分离；从气体中回收挥发性溶剂的蒸气；废气例如发动机废气、烟气、烟雾、烟道气或气溶胶的化学或生物净化(通过冷凝作用回收挥发性溶剂入 B01D5/00；升华入 B01D7/00；冷凝阱，冷挡板入 B01D8/00；难凝聚的气体和空气用液化方法分离入 F25J3/00)[2006.01]
F27B7	回转炉，即水平的或微斜的[2006.01]

5. 绿氢与水泥行业融合技术专利技术构成分析

从图 4.24 可以看出，在绿氢与水泥行业融合技术领域，废气处理的技术热点最高；其次是氢气制备，这也是绿氢直接作为燃料参与到水泥煅烧的重要组成技术，建议保持关注并结合自身研发实力进行技术创新。

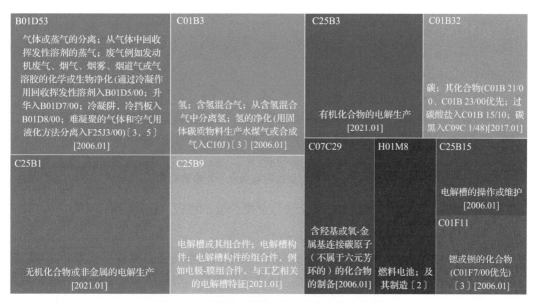

图 4.24　绿氢与水泥行业融合技术构成分析

6. 绿氢与水泥行业融合技术创新词云图

从图 4.25 中可以看出，绿氢与水泥行业融合技术创新主要集中在降碳技术。

4.3.5　绿氢与交通行业融合

1. 绿氢与交通行业融合专利申请数量趋势分析

从图 4.26 中可以看出，2013 年以前绿氢与交通行业融合专利申请数量呈现小幅度波动；2013 年以后，随着氢能与燃料电池技术等前沿技术研究的开展，绿氢与交通行业融合技术领域的专利申请量呈持续增长趋势，且每年申请总量达到 1000 件水平。可以预

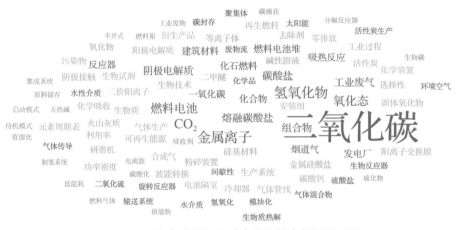

图 4.25　绿氢与水泥行业融合热门技术创新词云图

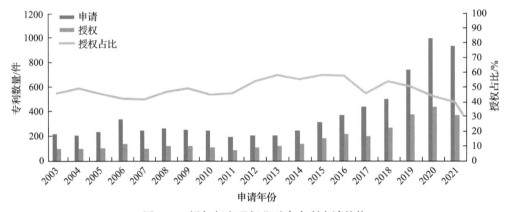

图 4.26　绿氢与交通行业融合专利申请趋势

见，随着全球能源革新，未来氢能与交通行业融合技术将进入快速发展阶段。

2. 绿氢与交通行业融合专利技术生命周期分析

从图 4.27 可以看出，绿氢与交通行业融合技术领域发展已经度过了技术萌芽期，技术已经得到了加速发展，正处于成长期。目前该领域技术创新活动处于活跃阶段，若现在进入此领域研发，将有利于占据先机并取得优势地位，未来随着技术的越发成熟，技术研发需要探索新的创新点，难度会进一步加大，建议尽早布局。

3. 绿氢与交通行业融合技术全球前十大专利申请人分析

在绿氢与交通行业融合技术领域，全球排名前十的主要为国外的企业(具体见表 4.11)。整体上看可以发现，老牌的汽车品牌，如现代、丰田、本田、通用以及福特等，凭借自身优势在此领域技术申请量排名靠前，布局方向也都在氢燃料汽车领域，这一布局方向也顺应全球的氢能源发展趋势。值得注意的是排名第一的武汉格罗夫氢能汽车有限公司，该公司是武汉地质资源环境工业技术研究院有限公司于 2016 年面向全球整合氢能汽车产业战略性创新资源的需求，采用开放式系统集成创新方式创建的独立氢能汽车企业。集团母公司武汉地质资源环境工业技术研究院有限公司，是武汉市和中国地质大学(武汉)联合创建的科技成果转化、战略产业培育的科技创新发展平台，目前已初步构建从制氢储氢、加氢站建设、氢能动力系统、氢能整车及核心零部件到氢能检测公共服务的氢能汽车全产业链布局。依靠技术产业化的快速实施，在氢能与交通行业融合领域内技术申请量快速增长，主要布局方向是氢能汽车及氢燃料电池发动机，需要重点关注。

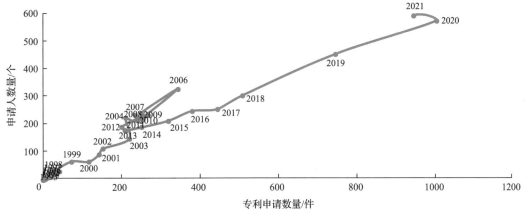

图 4.27　绿氢与交通行业融合专利技术生命周期 S 曲线图

图中数字代表年份

表 4.11　绿氢与交通行业融合技术领域全球前十大申请人排名

申请人	专利数量/件
武汉格罗夫氢能汽车有限公司	203
现代自动车株式会社	96
丰田自动车株式会社	78
黄冈格罗夫氢能汽车有限公司	71
本田技研工业株式会社	68
通用汽车环球科技运作有限责任公司	66
沙特阿拉伯国家石油公司	57
福特全球技术公司	56
复合燃料公司(PolyFuel, Inc.)	50
加拿大斯图尔特能源集团	45

4. 绿氢与交通行业融合技术主要申请者的技术方向分析

从图 4.28 中可以看出，对于绿氢与交通行业融合技术领域的全球主要申请人，从技术分类数据横向看，排名靠前的公司技术路线都较广，属于多路线并进；从技术分类数据纵向看，H01M8 和 C25B9 领域的技术研发各方布局较多，需要重点关注。

绿氢与交通行业融合技术专利检索分类号及定义如表 4.12 所示。

5. 绿氢与交通行业融合技术专利技术构成分析

从图 4.29 可以看出，在绿氢与交通行业融合技术领域，燃料电池技术热点最高，同

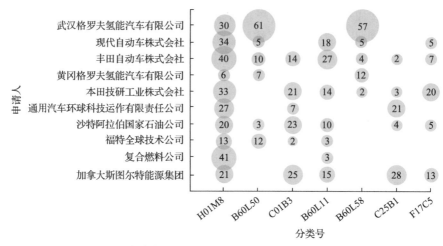

图 4.28 绿氢与交通行业融合全球主要申请人技术方向

表 4.12 绿氢与交通行业融合技术专利检索分类号及定义

分类号	定义
H01M8	燃料电池；及其制造〔2〕
B60L50	用车辆内部电源的电力牵引(由自然力供电的，如太阳能或风能入 B60L 8/00；用于单轨车辆，悬置式车辆或齿轨铁路的入 B60L13/00)[2019.01]
C01B3	氢；含氢混合气；从含氢混合气中分离氢；氢的净化(用固体碳质物料生产水煤气或合成气入 C10J)〔3〕[2006.01]
B60L11	用车辆内部电源的电力牵引(B60L8/00、B60L13/00 优先；用于相互或共同牵引的包含电动机和内燃机的原动机的布置或安装入 B60K6/20)〔5,6,8〕
B60L58	专门适用于电动车辆的监控或控制电池或燃料电池的方法或电路[2019.01]
C25B1	无机化合物或非金属的电解生产[2021.01]
F17C5	液化、固化或压缩气体装入压力容器的方法和设备(将发射剂加到烟雾剂容器入 B65B31/00)[2006.01]

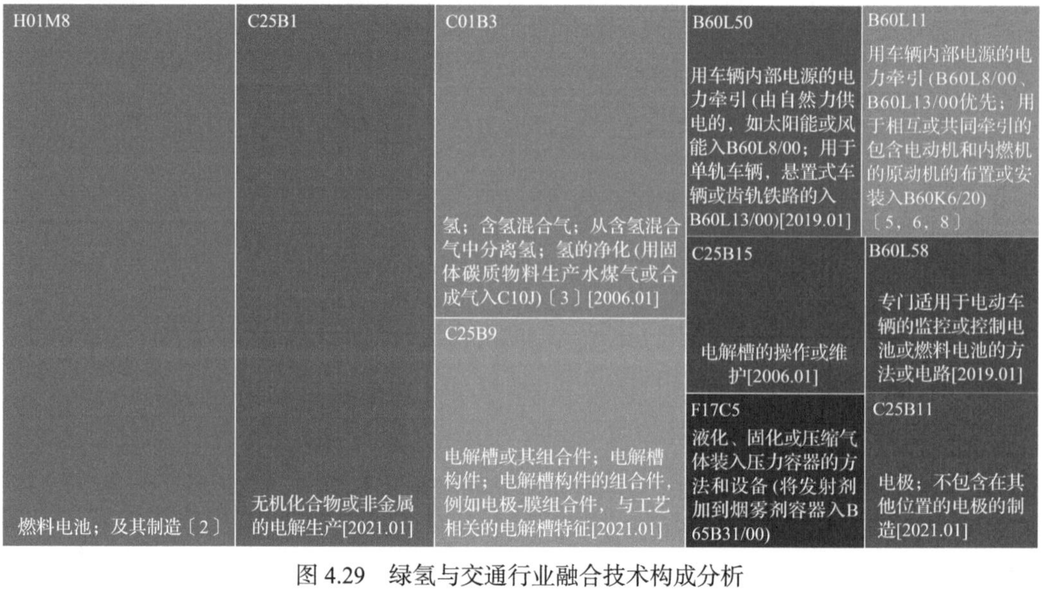

H01M8	C25B1	C01B3	B60L50	B60L11
		氢；含氢混合气；从含氢混合气中分离氢；氢的净化(用固体碳质物料生产水煤气或合成气入C10J)〔3〕[2006.01]	用车辆内部电源的电力牵引(由自然力供电的，如太阳能或风能入B60L8/00；用于单轨车辆，悬置式车辆或齿轨铁路的入B60L13/00)[2019.01]	用车辆内部电源的电力牵引(B60L8/00、B60L13/00优先；用于相互或共同牵引的包含电动机和内燃机的原动机的布置或安装入B60K6/20)〔5,6,8〕
		C25B9	C25B15 电解槽的操作或维护[2006.01]	B60L58 专门适用于电动车辆的监控或控制电池或燃料电池的方法或电路[2019.01]
		电解槽或其组合件；电解槽构件的组合件，例如电极-膜组合件，与工艺相关的电解槽特征[2021.01]	F17C5 液化、固化或压缩气体装入压力容器的方法和设备(将发射剂加到烟雾剂容器入B65B31/00)	C25B11
燃料电池；及其制造〔2〕	无机化合物或非金属的电解生产[2021.01]			电极；不包含在其他位置的电极的制造[2021.01]

图 4.29 绿氢与交通行业融合技术构成分析

时电解水制氢在这个方向的技术研究也十分热门。同时也需要关注到，这也是绿氢直接作为新的交通能源，与交通行业融合的重要路径，建议保持关注并结合自身研发实力进行技术创新。

6. 绿氢与交通行业融合技术创新词云图

从热门技术词和创新词云图(图 4.30)也可以看出，绿氢与交通行业融合技术领域最热门的研究方向就是燃料电池。因此，绿氢在交通领域的未来重点技术仍然会以氢燃料电池技术为主，发展适用于不同交通工具的氢燃料动力系统。

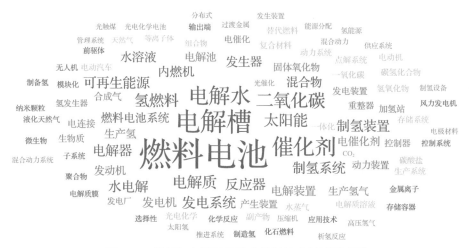

图 4.30　绿氢与交通行业融合热门技术创新词云图

4.3.6　绿氢与电力行业融合

1. 绿氢与电力行业融合专利申请数量趋势分析

从图 4.31 中可以看出，绿氢与电力行业融合领域专利技术申请量在 2007 年以前发展较为缓慢，2007 年以后总体趋势为缓慢增长，直至 2021 年实现跃升。随着氢能、可再生能源的发展，绿氢与电力行业融合技术专利申请量将持续增长。

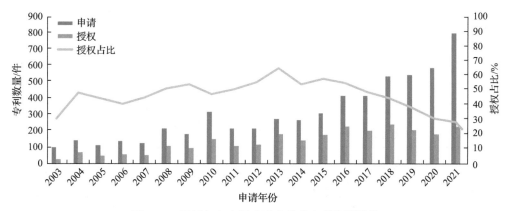

图 4.31　绿氢与电力行业融合技术专利申请趋势

2. 绿氢与电力行业融合专利技术生命周期分析

从图 4.32 中可以看出，绿氢与电力行业融合技术目前还处于成长期。随着可再生能源的大规模发展，绿氢与电力行业融合技术将进入快速发展阶段，进入技术发展黄金期。

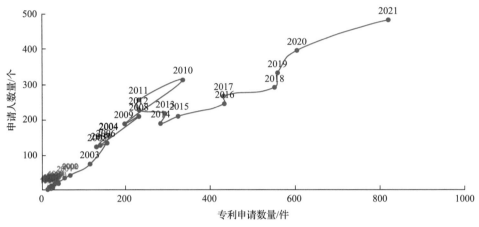

图 4.32　绿氢与电力行业融合专利技术生命周期 S 曲线图

图中数字代表年份

3. 绿氢与电力行业融合技术全球前十大专利申请人分析

从表 4.13 中可以看出，绿氢与电力行业融合技术领域，全球前十大申请人中有 8 家外国公司、2 家中国公司。从整体数量上来看，国外的技术研发领先国内，株式会社东芝和中国华能集团清洁能源技术研究院有限公司专利申请数量排在第一和第二。其中株式会社东芝作为一家成立 140 余年的企业，在能源和基础设施领域有着数十年的技术积累，主要的布局方向为可再生能源发电制氢及储氢。国内靠前的中国华能集团清洁能源技术研究院有限公司，是我国电力工业头部企业，依靠电力技术储备，主要在可再生能源制氢及供能技术方向进行了布局。整体来看，国外企业在利用氢能与电力行业融合的领域处于技术领先地位，技术研究数量最多，但未与国内企业公司拉开较大差距。

表 4.13　绿氢与电力行业融合技术领域全球专利前十大申请人

申请人	专利数量/件
株式会社东芝	130
中国华能集团清洁能源技术研究院有限公司	126
旭化成株式会社	88
华能集团技术创新中心有限公司	72
迪诺拉永久电极股份有限公司	65
松下知识产权经营株式会社	63
卡特彼勒公司	61

续表

申请人	专利数量/件
本田技研工业株式会社	58
东芝能源系统公司	58
麦卡利斯特技术有限责任公司	57

4. 绿氢与电力行业融合技术主要申请者的技术方向分析

从图 4.33 可以看出，在绿氢与电力行业融合技术领域，全球主要申请人从技术分类数据横向看，排名靠前的公司技术路线都较广，属于多路线并进；从技术分类数据纵向看，C25B1（无机化合物或非金属的电解生产）、C25B9（电解槽或其组合件；电解槽构件；电解槽构件的组合件，例如电极-膜组合件，与工艺相关的电解槽特征）和 H02J3（交流干线或交流配电网络的电路装置）领域的技术研发各方布局较多，需要重点关注。

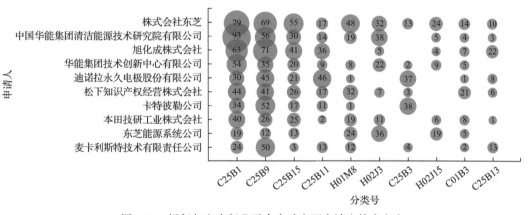

图 4.33　绿氢与电力行业融合全球主要申请人技术方向

绿氢与电力行业融合技术专利检索分类号及定义如表 4.14 所示。

表 4.14　绿氢与电力行业融合专利技术检索分类号及定义

分类号	定义
C25B1	无机化合物或非金属的电解生产［2021.01］
C25B9	电解槽或其组合件；电解槽构件；电解槽构件的组合件，例如电极-膜组合件，与工艺相关的电解槽特征［2021.01］
C25B15	电解槽的操作或维护［2006.01］
C25B11	电极；不包含在其他位置的电极的制造［2021.01］
H01M8	燃料电池；及其制造〔2〕
H02J3	交流干线或交流配电网络的电路装置［2006.01］
C25B3	有机化合物的电解生产［2021.01］
H02J15	存储电能的系统（所用的机械系统入 F01 至 F04；化学形态的入 H01M）〔2〕［2006.01］
C01B3	氢；含氢混合气；从含氢混合气中分离氢；氢的净化（用固体碳质物料生产水煤气或合成气入 C10J）〔3〕［2006.01］
C25B13	隔膜；间隔元件［2006.01］

5. 绿氢与电力行业融合技术专利技术构成分析

从图 4.34 中可以看出,在绿氢与电力行业融合技术领域,C25B1(无机化合物或非金属的电解生产)的技术热点最高。同时,C25B9(电解槽或其组合件;电解槽构件;电解槽构件的组合件,例如电极-膜组合件,与工艺相关的电解槽特征)和 H02J3(交流干线或交流配电网络的电路装置)这两个方向的技术研究也十分热门。建议保持关注并结合自身研发实力进行技术创新。

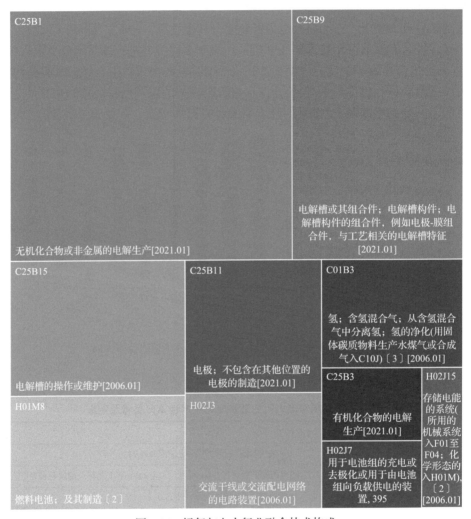

图 4.34　绿氢与电力行业融合技术构成

6. 绿氢与电力行业融合技术创新词云图

从图 4.35 中也可以看出,绿氢与电力行业融合技术领域可再生能源电解水制氢与氢能发电技术是最热门的研究方向。

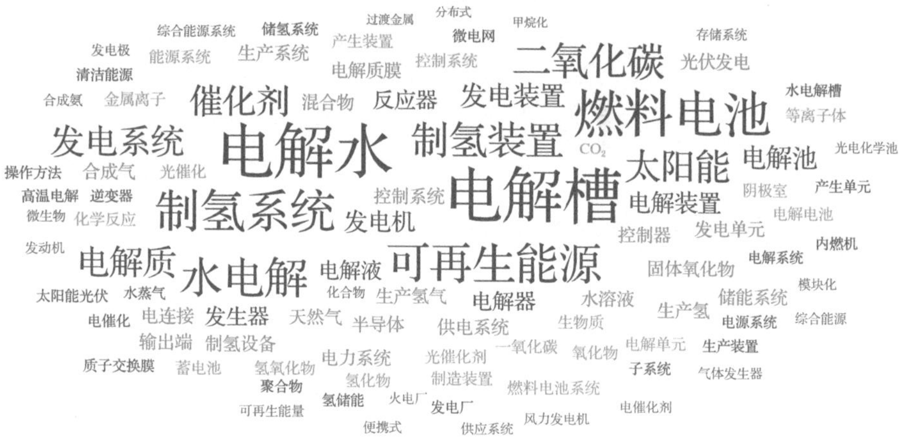

图 4.35　绿氢与电力行业融合热门技术创新词云图

第 5 章

多能融合区域综合示范

5.1 多能融合示范区总体情况

5.1.1 多能融合区域综合示范的目的

多能融合区域综合示范是指针对典型区域资源和产业特征及发展所面临的问题，专门制定系统性技术方案和产业发展路径，通过"技术集成示范"探索典型区域低碳化高质量发展新途径，为促进全国"双碳"目标的实现提供技术和思路。

1. 促进技术的集成示范

长期以来我国能源体系中，如煤炭、石油、天然气、水电、核电、电网等基于各自的管理体系形成了相对独立的分系统。在能源发展基础较弱的背景下，各分系统相对独立运行能够保障各系统运行的专业性，保障能源供应。但随着我国的发展进入新阶段，能源发展也进入了新时代，能源需求及能源的生态环境外部效应对能源供应系统提出了更高要求，能源各分系统的独立优化运行已经难以满足经济社会发展对能源系统"清洁低碳、安全高效"的整体要求，需要对能源系统进行变革，开展"能源革命"。

理论上，从能源需求的角度看，各能源系统提供的能源服务比较一致，基本都是电力、热力、动力和化学品。既然能源服务的目标相同，从系统的角度就存在"合并同类项"的优化空间，如可通过各能源分系统相对优势的互补融合，来对冲消除各种能源的劣势，从而形成整体优势，这里具有巨大的技术创新空间。但实际上，煤油气和风光水核等各分系统相对独立，存在系统壁垒，难以"合并同类项"，导致能源系统结构性矛盾突出，整体效率不高，这已经成为制约我国能源高质量发展的核心问题。

能源系统条块割裂的原因除了管理体系、政策体系的历史沿革外，更为根本的原因在于缺乏能联系不同能源种类、打破系统壁垒、促进多能互补融合的关键技术，因此必须将能源技术革命放在能源革命的核心位置，以能源技术革命推动能源革命。以中国科学院为代表的一批国内能源领域的科研机构经过多年研究，针对现有能源系统中系统割裂的问题，提出通过技术创新实现多种能源之间互补融合的"多能融合"理念，布局并积累了一批多能融合技术。

随着"双碳行动计划"的开展，中国科学院整合集结精锐力量，围绕多能融合"四主线、四平台"体系，在能源领域实施了化石能源高效清洁利用、可再生能源、先进核能、储能与多能融合等四方面的关键核心技术突破行动，将产生一大批旨在解决"双碳"目标实现面临的关键核心问题的技术和装备。同时，我们也认识到，长期以来我国原始创新成果与产业技术、区域发展需求存在脱节现象，这严重制约了创新要素对经济发展、能源安全保障和能源利用绿色低碳发展的推动作用。为此，本书提出通过系统设计，推动多种技术的集成示范，研究跨技术、跨系统、跨领域和行业的优化组合，最终形成适用于不同场景绿色低碳发展的系统方案，支撑不同场景下"双碳"目标的实现。

2. 促进典型区域的综合示范

我国幅员辽阔，东中西部各地的能源状况、产业结构、经济社会发展水平不同且极不均衡。因此，难以用一套技术方案应对全国所有地区"双碳"目标实现的要求，必须因地制宜、分类施策。《2030 年前碳达峰行动方案》指出，"各地区要准确把握自身发展定位，结合本地区经济社会发展实际和资源环境禀赋，坚持分类施策、因地制宜、上下联动，梯次有序推进碳达峰"，并根据产业、能源、碳排放情况初步区分了四类地区，分别为碳排放已经基本稳定的地区，产业结构较轻、能源结构较优的地区，产业结构偏重、能源结构偏煤的地区和资源型地区。"双碳行动计划"将基于中国科学院已有院地合作基础，在各类地区中选择一批典型的区域，通过具体区域场景的分析，组合集聚一批科研力量和技术，通过试验示范形成一批适用于不同区域的系统解决方案，并以点带面，促进全国整体"双碳"目标的达成。此外，各系统解决方案中针对具体问题形成的单项技术也能运用到其他地区，形成"分能解决具体问题，合能实现系统优化"的技术体系。

多能融合区域综合示范将围绕"技术集成示范"和"区域综合示范"目标，在典型区域打造一批集中开展解决当地"双碳"目标实现面临的问题的技术研究与示范基地，集聚科研院所、高校的创新资源和企业、金融机构、政府等社会优势力量，共同打造区域级现代能源体系和高质量工业体系雏形，为全国"双碳"目标的实现提供借鉴。

3. 我国能源领域多能互补融合示范情况

多能融合示范在内容与技术上，主要体现在多能互补层面。随着我国能源革命的持续深入，加大风能、太阳能、核能等清洁能源的开发是目前我国能源战略的主要方向。由于新能源出力具有间歇性和不确定性，大容量风电和光电集中接入电力系统会严重影响主电网的电能质量和稳定运行，容易造成弃风、弃光甚至脱网等问题，制约了新能源的大规模利用和发展，可再生能源发电遭遇瓶颈，多能互补成为能源系统示范的重点。

2016 年 2 月，国家发展改革委、国家能源局、工业和信息化部联合发布了《关于推进"互联网+"智慧能源发展的指导意见》，完成了我国基于互联网的新能源产业的顶层设计，2017 年 1 月《国家能源局关于公布首批多能互补集成优化示范工程的通知》公布了首批 23 个多能互补集成优化示范工程项目。

在国家发布多能互补示范项目规划政策之前，我国已有多能互补的实践基础。天津的国网客服中心北方园区综合能源服务项目，以电能为唯一外部能源，通过建设光伏发电、地源热泵、冰蓄冷等多种能源转换装置，规模化高效应用区域太阳能、地热能、空气能等 3 类可再生能源；东莞松山湖综合能源项目建设了由电网主导、冷热电多能供应、耦合交直流混合微电网的综合能源站；广东从化经济开发区明珠工业园通过冷、热、电、气系统优化提高能源综合利用率，积极打造可再生能源大规模就地消纳的智能工业示范园；北京市延庆县"城市能源互联网"综合示范工程旨在建设支撑高渗透率新能源充分消纳的区域能源系统；雄安新区多能互补工程对地热能进行梯级利用，以中深层地热为主，以浅层地热、再生水余热、垃圾发电余热为辅，提出了以燃气等能源为补充的"地热+"多能互补方案。

国家能源局 2017 年公布的首批 23 个多能互补集成优化示范工程中，主要包括 17 个终端一体化集成供能系统和 6 个风光水火储多能互补系统。

终端一体化集成供能系统主要面向终端用户侧电、热、冷、气等多种用能需求，通过天然气多联供、分布式可再生能源和智能微电网等方式，实现多能协同供应和能源综合梯级利用。其中，①大同经济开发区多能互补集成优化示范工程包括风力发电、光伏发电、热电联产等，由北京智慧能源工程技术有限公司负责工程的整体规划、设计、实施和运营，该项目配套左云县 50 兆瓦风力发电工程已于 2019 年顺利并网发电。②苏州工业园区多能互补集成优化示范工程包括天然气、光伏、地源热泵、储能、微风发电等多种能源形式，以及需求侧管理、充电站和能源互联网云平台等项目，具体包括两个天然气热电联产中心、3 个区域能源中心、10 个分布式能源、1000 辆电动汽车、1000 家智能用户。2019 年在苏州工业园区集中用能区域开展天然气分布式热电冷三联供，能源综合效率达 70%左右。此外，通过综合能源服务大数据云，对"源网荷储"实时数据都进行着统一监测和管理，服务对象包括能源大数据用户、售电用户、供热用户在内的数千家用户。③张家口"奥运风光城"多能互补集成优化示范工程包括 140 兆瓦级共两套 1+1+1 型燃气蒸汽联合循环供热机组、30 兆瓦光伏发电工程、150 兆瓦风力发电工程、能源运行监测交易中心工程以及通信工程等，2020 年底，"奥运风光城"150 兆瓦风电、30 兆瓦光伏+10 兆瓦储能项目正式并网，为 2022 年冬奥会提供了稳定的绿色可再生能源。④北京丽泽金融商务区多能互补集成优化示范工程是已建设的全国首例集中供冷、冷热同网项目，实现综合能源梯级利用，节约地下空间及其他能源耗损，同时使可再生能源利用率提高近 50%。2020 年，该项目碳排放总量比 2005 年降低 45%以上，总体绿色建筑比例达到 100%，二星级及以上绿色建筑面积比例达到 80%[10]。⑤通辽扎哈淖尔多能互补集成优化示范工程规划建设 950 兆瓦风电、300 兆瓦光伏、100 兆瓦储能电源、2×350 兆瓦热电联产机组，以霍林河循环经济示范工程局域电网和蒙东电网作为外部支撑，为负荷集中的工业园区提供清洁、优质的电力和热负荷供应。2018 年依托扎哈淖尔工业园区"风光火电"循环经济互为支撑的微电网框架确立了以"煤发电、电炼铝、铝带电、电促煤"的循环经济产业链条，煤电铝产业现已形成 2000 万吨煤炭、38 万吨电解铝、85 万吨铝加工产能，电力装机容量达到 151 万千瓦。2020 年，国家电力投资集团有限公司 100 万千瓦风电基地道老杜 50 万千瓦风电项目开工建设，深圳能源集团股份有限公司 30 万千瓦风电项目建成并网，力争 2～3

年全旗风电装机容量达到 300 万千瓦以上。⑥深圳国际低碳城多能互补集成优化示范工程项目片区内既有建筑物及周边环境均采用绿色建筑三星级标准改造，应用了绿色建筑、清洁交通、污水循环、废物回收、能源低碳等十大技术系统，97 项先进技术，其未来大厦是全国首个走出实验室规模化应用的全直流建筑，通过住房和城乡建设部净零能耗综合示范项目验收，入选中美建交四十周年 40 项科技合作成果和联合国开发计划署中国建筑能效提升示范项目[14]。

风光水火储多能互补系统利用大型综合能源基地风能、太阳能、水能、煤炭、天然气等资源的组合优势，主要建在风光资源富集的“三北”（东北、华北、西北）地区和水电资源富集的西南地区，调整风电和光伏的波动性，为系统提供相对稳定可靠的电源，促进可再生能源的外送消纳，减少弃风弃光现象。其中，①张家口张北风光热储输多能互补集成优化示范工程于 2017 年 7 月开工建设，总装机容量为 475 兆瓦，其中风电 150 兆瓦、光伏 250 兆瓦、光热 50 兆瓦、储能 25 兆瓦，通过风电、光伏、光热、储能“四位一体”的清洁供应模式成为新能源电力集中、就近直供云计算数据中心，激活区域新能源应用领域的新模式。2020 年 4 月，该示范工程 250 兆瓦光伏发电项目完成全部并网和调试工作，10 月完成 25 兆瓦储能项目水土保持监测和验收。②青海省海西州多能互补集成优化示范工程于 2018 年开工建设储能项目，2019 年光热项目通过启动验收，该项目也是国内首个 50 兆瓦级采用液压技术驱动定日镜跟踪系统的商业化项目，2020 年实现 24 小时连续稳定发电。③青海省海南州水光风多能互补集成优化示范工程计划建设 400 万千瓦的光伏电站群、200 万千瓦的风电电站群，与黄河上游茨哈—羊曲河段 416 万千瓦水电实现多能互补，既可发挥水力发电的快速调节能力，补充光伏电站的有功出力，提高光伏电能质量，又可通过优先安排光伏发电，辅以水力发电，提高项目整体经济效益。该工程于 2019 年 8 月完成 400 兆瓦风电项目，同年招标配套储能系统。

5.1.2　多能融合典型区域选取

多能融合系统与多能互补系统概念有所区别。多能互补系统包括能源供给侧、用户需求侧和能源输配网络（电、气、热网）的互补等，其本质是在能源系统层面进行整体协调和互补，通过生产、输配、消费、存储等各环节的时空耦合和互补替代，实现多能协同互补利用。多能融合更强调能源资源的物质属性，能够从根本上实现各种能源资源的清洁高效利用，其对多能源品种的利用不仅限于“互补”而是提升到“融合”的高度，能够实现能源流与物质流的融合。相对于多能互补，多能融合系统是更为宏观的能源系统，能够基于区域能源资源禀赋和能源消费模式探索区域内以及区域间能源供应和消费的融合方式，促进区域间的协同发展。

为此，本书按照多能融合理念，在各示范区中选取了陕西省榆林市、河北省张家口市、甘肃省武威市、山东省等典型区域，其分别代表了化石能源与可再生能源多能融合、可再生能源多能融合、核能与可再生能源多能融合、工业流程再造多能融合等不同特色的多能融合形式，以体现多能融合在不同区域的内涵、重要举措、关键技术及融合效果。

5.2 榆林化石能源与可再生能源多能融合示范发展

5.2.1 化石能源与可再生能源多能融合示范的基础与优势

5.2.1.1 能源生产与消费现状

1. 资源禀赋

榆林市能源资源禀赋好,具有全品种的能源资源,形成了得天独厚的资源优势。榆林市不但煤炭、天然气资源丰富,而且有储量丰富的石油、岩盐资源以及高岭土、铝土矿、石英砂等资源,发展化工产业具有得天独厚的资源优势。

1)煤炭

榆林市地处陕北煤电基地,煤炭资源分布广泛,赋存煤炭矿产资源面积占全市面积的 54%。全市预测煤炭资源总量为 2714 亿吨,占陕西省的 70%;其中,探明资源量为 1490 亿吨,占陕西省的 86%,占全国的 10.78%。

榆林市大中型煤炭矿区集中分布在榆阳、神木、府谷、横山四个地区。从煤质上看,陕北侏罗纪煤田煤质主要为长焰煤、不黏煤和弱黏煤,探明资源量为 1388 亿吨,占全市探明资源总量的 93.2%,具有特低灰、特低硫、特低磷、高发热量、高挥发分、高化学活性的特点,是优质的低温干馏、工业气化和动力用煤,焦油产率大于 10%,是国内稀缺的"富油煤",主要分布在榆阳、神木、府谷、靖边、定边、横山六地;陕北石炭纪——二叠纪煤田煤质主要为焦煤和肥气煤,探明资源量为 95.71 亿吨,占全市探明资源总量的 6.4%,是优质的动力用煤,亦宜作为炼焦用煤、配焦用煤,主要分布在府谷、吴堡;陕北三叠纪煤田煤质主要为气煤和不黏煤,探明资源量约为 6 亿吨,为动力用煤,也可作为配焦煤及炼油用煤,主要分布在横山南部。

2)石油

榆林市涉油面积达 7180 平方千米,主要分布在靖边、定边、子洲和横山,预测储量为 6.75 亿吨,探明储量为 3 亿吨。其中,靖边涉油面积为 2050 平方千米、预测储量为 1 亿吨,定边涉油面积为 4500 平方千米、预测储量为 5 亿吨,子洲涉油面积为 500 平方千米、预测储量为 3000 万吨,横山涉油面积为 130 平方千米、预测储量为 4500 万吨。

3)天然气

榆林市涉天然气面积达 20319 平方千米,是鄂尔多斯气田的主储区,预测储量为 6 万亿立方米,探明储量为 1.56 万亿立方米。气田储量丰度为 0.66 亿米^3/(千米)^2,属干气,甲烷含量 96%,有机硫极微,气质特优。

气田主要分布在榆阳、神木、定边、靖边、横山、绥德、米脂、清涧、子洲等地。天然气田主要有中国石化大牛地气田,中国石油长庆气田,延长石油集团天然气气田,吴堡、府谷的煤层气气田。

中国石化大牛地气田位于陕西、内蒙古交界的鄂尔多斯盆地北部,面积为 2004 平方千米,天然气资源量为 8237 亿立方米、已经探明地质储量为 3293 亿立方米、控制储量为 1011 亿立方米，预测储量为 952 亿立方米。陕西境内探明储量为 1975 亿立方米、控制储量为 600 亿立方米、预测储量为 571 亿立方米。

中国石油长庆气田属于低渗、特低渗油气田，其中在榆林市境内共发现了靖边、榆林、米脂、苏里格（跨省）、乌审旗（跨省）、子洲、神木等 7 个气田（表 5.1），累计探明含气面积为 11083.82 平方千米，探明储量为 10160.28 亿立方米。

表 5.1　中国石油长庆气田陕西分层系天然气探明储量数据表

气田	上古生界		下古生界		小计		备注
	面积/(千米)²	储量/亿米³	面积/(千米)²	储量/亿米³	面积/(千米)²	储量/亿米³	
米脂	478.30	358.48	—	—	478.30	358.48	—
子洲	1314.83	1151.97	—	—	1314.83	1151.97	—
苏里格	683.79	1710.18	2.89	50.43	686.68	1760.61	跨省
榆林	1715.80	1807.50	—	—	1715.80	1807.50	—
靖边	66.30	247.60	5963.87	3853.46	6030.17	4101.06	—
乌审旗	30.30	45.67	—	—	30.30	45.67	跨省
神木	827.74	934.99	—	—	827.74	934.99	—
小计	5117.06	6256.39	5966.76	3903.89	11083.82	10160.28	

延长石油集团天然气气田的天然气总资源量为 2.88 万亿立方米。榆林市内主要为延长石油集团的靖边气田。

吴堡、府谷煤层气气田的近期可开采的主煤层气为陕北二叠纪煤田煤层气，预计可采资源量为 1429.08 亿立方米，主要煤田煤层气预测资源量如表 5.2 所示。

表 5.2　陕北二叠纪煤田煤层气预测资源量　　　　　（单位：亿米³）

	矿区	埋深 1000 米浅资源量	埋深 1000～1500 米资源量	资源量小计	可采资源量
陕北二叠纪煤田	府谷	774.88	1109.00	1883.88	941.94
	吴堡	418.38	555.90	974.28	487.14
	合计			2858.16	1429.08

4）可再生能源

榆林市可再生能源也有较大开发潜力。榆林市地处我国"三北"风带和太阳能资源普查区划Ⅱ类资源区，是全国风能、太阳能资源富集区。

（1）风能资源。

榆林市的风能资源与大的气候环境和地形条件有关。从地域上看，榆林市风功率密度相对较大的地区主要在长城沿线，多处于无遮挡区或风口；风能资源较差地区多为盆地或者气流受地形阻挡的地区。陕北长城沿线位于毛乌素沙漠的南缘，地势平坦，地面冷空气较为活跃，地形对空气运动的阻挡作用较小，加上地面植被状况与沙漠地区差异较大，易引起局地环流，使得风速较大，风能资源较丰富。从区域上看，榆林市定边县、靖边县、榆阳区、横山区、府谷县、神木市等地的风能资源较丰富。

根据榆林市风资源水平及风电技术发展现状，90 米高度以上、200 瓦/米²（风速约为 5.5

米/秒)及以上的风能技术可开发量约为 11.55 吉瓦。随着大叶轮直径、高单机容量、数字化智能化机型的进一步应用，风电机组对风能的获取效率将会持续提高，榆林市整体风能资源开发量也会进一步提升。2020 年底榆林全市风电装机为 732 万千瓦，超过"十三五"规划目标。

(2)太阳能资源。

榆林市是中国日照高值区之一，是陕西省日照时间最长的地区，太阳能资源丰富。榆林市各县年太阳辐射达 5500～6000 兆焦耳/米^2，年平均日照时数为 2600～2900 小时，总体呈现出北部高于南部的特征，是全国太阳能资源富集区之一，属于我国太阳能Ⅱ类资源区，且可开发利用的资源量近年来呈增加趋势，开发利用潜力巨大，适宜建设大型光伏电站。

结合用地政策符合性和地形地貌等因素，榆林市光伏技术可开发量为 7800 万千瓦。截至 2020 年，榆林市全市光伏已装机 608 万千瓦。

(3)生物质能。

榆林市生物质能资源主要包括农业废弃物、林业废弃物、生活垃圾和禽畜粪污等，折合标准煤约 216.4 万吨。其中农业废弃物为 69 万吨，主要集中在榆阳区、横山区、靖边县、定边县；林业废弃物为 50 万吨，主要集中在绥德县、佳县、清涧县、子洲县；生活垃圾为 80 万吨，2020～2025 年符合独立建设生活垃圾焚烧发电厂的区域有榆阳区、横山区、靖边县、定边县、神木市，其他区域由于垃圾产生量低于 300 吨/日，不适宜独立规划垃圾焚烧发电项目，宜采用区域统筹方式；禽畜粪污为 17.4 万吨，主要分布于榆阳区、横山区、神木市、靖边县、定边县。

榆林市农林生物质资源条件一般，且相对分散，根据政策和技术条件，宜在资源较为集中区域发展热电联产，在资源较为分散区域，特别是针对沙柳、柠条等的平茬复壮利用，宜发展生物质颗粒燃料及生物质制气。

榆林市生活垃圾资源主要集中在榆阳区、神木市等主要城镇，按照处理能力不小于 300 吨/日的要求，进行区域统筹建设。

(4)水能。

榆林市水资源贫乏，可供利用的水资源较为短缺。榆林市水资源总量少，开发难度大。根据《榆林市"十四五"水利发展规划》，榆林市属黄河流域，黄河干流流经府谷、神木、佳县、绥德、吴堡、清涧 6 县(市)，流长 389 千米，多年平均过境水量为 245 亿立方米。榆林市多年平均降水量为 405 毫米，自产水资源量为 26.73 亿立方米，其中地表水资源量为 18.46 亿立方米，地下水资源量为 16.31 亿立方米，地表水和地下水资源重复量为 8.04 亿立方米，产水模数为 6.1 万米^3/(千米)^2；水资源可利用量总量为 9.4 亿立方米，其中地表水资源可利用量为 7.88 亿立方米，浅层地下水可开采量为 4.28 亿立方米，地下水和地表水可利用重复量为 2.76 亿立方米。榆林市属于黄河流域多沙粗沙区和粗泥沙集中来源区，地形支离破碎，水土流失严重，致使水资源开发利用难度较大，同时易造成河道、水库、塘坝、渠道淤积，降低了工程效益，加剧了洪涝灾害。

2. 一次能源生产

基于榆林市能源相关统计数据及调研数据，鉴于统计数据时间滞后性，本书核算并绘制了 2018 年榆林市能源流向图，具体见图 5.1。

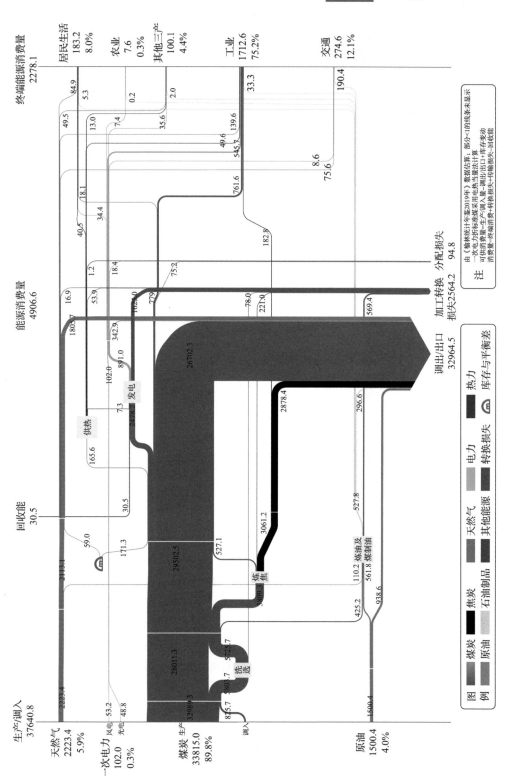

图5.1　榆林市2018年能源流向（单位：万吨标准煤）

2018 年，榆林市的原煤、原油、天然气产量分别达到 4.6 亿吨、1050 万吨和 167 亿立方米，分别占全国总产量的 11.6%、5.5% 和 11.2%。

1）煤炭生产

榆林市煤炭资源赋存条件好、地质构造简单、低瓦斯、埋藏浅、开采技术条件简单，适宜建设大型、特大型的现代化安全、高效矿井，拥有陕北煤炭基地的核心区和神东煤炭基地的一部分。陕北煤炭基地在榆林市的矿区主要由榆神矿区、榆横矿区组成，神东煤炭基地在榆林的矿区主要有府谷矿区、神府矿区。

截至 2020 年，榆林市有各类煤矿 253 处，总产能为 52340 万吨/年。在地区分布上，神木 115 处，产能为 29515 万吨/年，分别占全市的 45.5%、56.4%；府谷 77 处，产能为 8330 万吨/年，分别占全市的 30.4%、15.9%；榆阳 34 处，产能为 12350 万吨/年，分别占全市的 13.4%、23.6%；横山 23 处，产能为 1965 万吨/年，分别占全市的 9.1%、3.8%；子洲、米脂、吴堡共 4 处，合计产能为 180 万吨/年，分别占全市的 1.6%、0.3%，具体见图 5.2。

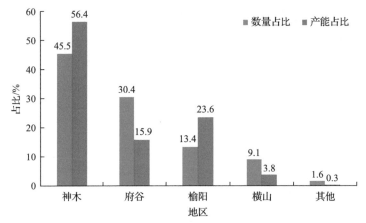

图 5.2　榆林各地煤矿数量、产能占比情况

从矿区分布看，全市共有已开发的国家批复矿区 7 处。其中，神府矿区煤矿 154 处，产能为 26485 万吨/年，分别占总数的 60.9%、50.6%；榆神矿区煤矿 53 处，产能为 17775 万吨/年，分别占总数的 20.9%、34.0%；榆横矿区煤矿 28 处，产能为 6010 万吨/年，分别占总数的 11.1%、11.5%；府谷矿区煤矿 8 处，产能为 1155 万吨/年，分别占总数的 3.2%、2.2%；其他煤矿 10 处，产能为 915 万吨/年，分别占总数的 4.0% 和 1.7%。

从生产结构看，大型煤矿 85 处，产能为 42500 万吨/年，分别占总数的 33.6%、81.2%；中型煤矿 134 处，产能为 8910 万吨/年，分别占总数的 53.0%、17.0%；小型煤矿 34 处，产能为 930 万吨/年，分别占总数的 13.4%、1.8%；其中，规模 1000 万吨/年及以上煤矿见表 5.3 和图 5.3。

表 5.3　规模 1000 万吨/年及以上煤矿

序号	煤矿名称	所属公司	状态	规模/(万吨/年)
1	国能锦界能源有限责任公司锦界煤矿	国家能源集团	生产	1800
2	中国神华能源股份有限公司大柳塔煤矿大柳塔井		生产	1800

续表

序号	煤矿名称	所属公司	状态	规模/(万吨/年)
3	中国神华能源股份有限公司哈拉沟煤矿	国家能源集团	生产	1600
4	中国神华能源股份有限公司大柳塔煤矿活鸡兔井		生产	1500
5	中国神华能源股份有限公司榆家梁煤矿		生产	1300
6	中国神华煤制油化工有限公司大保当煤矿		新建	1300
7	中国神华能源股份有限公司石圪台煤矿		生产	1200
8	陕西神延煤炭有限责任公司西湾露天煤矿		生产	1000
9	陕煤集团神木柠条塔矿业有限公司	陕西煤业化工集团有限责任公司	生产	1800
10	陕煤集团神木红柳林矿业有限公司		生产	1500
11	陕西陕煤曹家滩矿业有限公司		试生产	1500
12	陕西小保当矿业有限公司一号井		新建	1500
13	陕西小保当矿业有限公司二号井		新建	1300
14	陕煤集团神木张家峁矿业有限公司		生产	1000
15	榆林市榆神煤炭榆树湾煤矿有限公司	陕西榆林能源集团有限公司	生产	1000
16	陕西榆林能源集团郭家滩矿业有限公司		新建	1000
17	陕西未来能源化工有限公司金鸡滩煤矿	兖矿能源集团股份有限公司	生产	1500
18	陕西华电榆横煤电有限责任公司小纪汗煤矿	中国华能集团有限公司	生产	1000
19	中煤陕西能源化工集团有限公司大海则煤矿	中国中煤能源集团有限公司	新建	1500
20	陕西延长石油巴拉素煤矿	延长石油集团	新建	1000

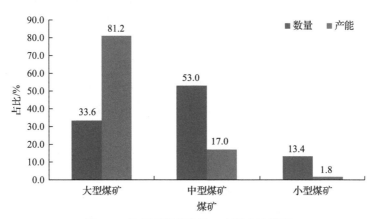

图 5.3 各井型煤矿数量、产能占比情况

如图 5.4 所示，近年来，榆林市煤炭产量从 2006 年的 1.1 亿吨增长到 2018 年的 4.6 亿吨，年均增长 13%。按照目前的开采强度，全市现有煤矿总剩余可采储量约为 390 亿吨，服务年限约为 60 年。

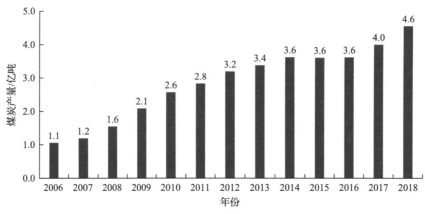

图 5.4　榆林市 2006～2018 年煤炭产量

已批复矿区的总面积约占辖区含煤面积的 90%，现阶段可供新建的井田 31 处、保有资源量约为 368.1 亿吨，勘查区 10 处、面积约为 1365.9 平方千米；后备资源主要集中在榆横矿区，可采煤层单一，煤层以薄煤层和中厚度煤层为主，加之矿区受村庄资源压覆现象普遍，加剧后续资源接续难度。未批复的矿区中，仅剩榆神矿区四期（约 2385 平方千米、占辖区含煤面积的 10%），且受红碱淖国家级自然保护区、神木臭柏自然保护区、瑶镇水库、秃尾河等环境敏感区影响，预期开发将有一定难度。

2) 油气生产

2018 年，榆林市全市生产原油 1050 万吨（折合 1500 万吨标准煤），占能源生产总量的 4%，占当年全国原油总产量的 5.5%。截至 2018 年，榆林市共有中国石油长庆油田分公司、中国石化华北分公司和延长石油集团等 3 家中央和省级油田开采企业，共有油井 23178 口，其中，中国石油长庆油田分公司拥有 9923 口，延长石油集团拥有 13045 口，中国石化华北分公司拥有 210 口。2018 年，中国石油长庆油田分公司生产约 745 万吨原油，延长石油集团生产约 302 万吨原油，中国石化华北分公司生产约 3 万吨原油。

2018 年，榆林市全市生产天然气 167 亿立方米（折合 2223 万吨标准煤），占能源生产总量的 5.9%，占当年全国天然气总产量的 11.2%。167 亿立方米天然气中，中国石油长庆油分公司生产 140 亿立方米，中国石化华北分公司生产 22 亿立方米，延长石油集团生产 5 亿立方米。榆林市历年油气产量和油气工业产值如图 5.5 所示。

3) 一次电力生产

榆林市是风能与太阳能的富集区域，但开发程度相对较低。"十三五"期间榆林新能源电力开发取得较大进展，截至 2018 年底，榆林市风力发电、太阳能发电装机量分别达到 389 万千瓦、432 万千瓦，占全市电力装机总量的 28%，发电量分别为 50 亿千瓦时、33 亿千瓦时，可再生能源发电总量 83 亿千瓦时（折合 102 万吨标准煤），占榆林一次能源生产总产量的 0.3%，总发电量的 10.3%。

4) 能源加工转换

2018 年，榆林加工转换部门投入总量为 1.36 亿吨标准煤，产出总量为 1.12 亿吨标准煤，平均加工转化效率为 82.4%。榆林市 2010～2018 年煤炭产量和煤炭工业产值如

图 5.6 所示。

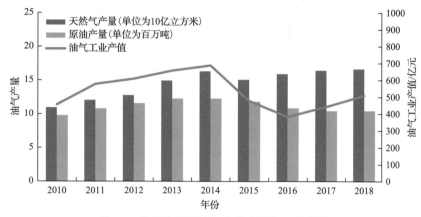

图 5.5　榆林市历年油气产量和油气工业产值

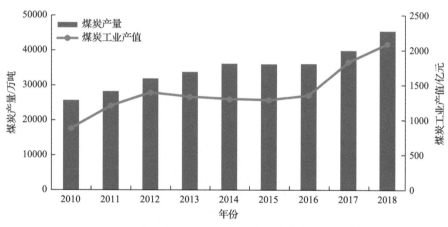

图 5.6　榆林市 2010～2018 年煤炭产量和煤炭工业产值

（1）煤炭加工转换。

2018 年，榆林市煤炭开采和洗选业累计完成产值 2095.22 亿元，同比增长 11.8%，占规模以上工业总产值的 47%。煤炭洗选过程投入原煤 8125 万吨（折合 5804 万吨标准煤），产出洗精煤 983 万吨，其他洗煤 5922 万吨，煤矸石 1597 万吨。

发电投入原煤、其他洗煤、煤矸石、煤制品 379 万吨和焦炉煤气 48 亿立方米，发电量为 725 亿千瓦时。

供热投入原煤 232 万吨，产出供热量为 3274 百亿千焦。

炼焦投入原煤、洗精煤、煤矸石合计 5370 万吨，产出兰炭 3151 万吨、焦炉煤气 52 亿立方米、其他焦化产品 202 万吨。

型煤加工投入原煤 2.9 万吨，产出煤制品 2.7 万吨。2018 年烯烃、甲醇、兰炭产量分别达到 246 万吨、227 万吨和 3151 万吨，占全国的比重分别达到 7.2%、4.8% 和 60%。

（2）原油和天然气加工转换。

延长石油集团榆林炼油厂是榆林市境内唯一的原油加工企业，是陕西省较大的炼油企业,加工能力为1000万吨/年。2018年,延长石油集团榆林炼油厂加工原油401万吨,油源全部为榆林市境内所产。炼油及煤制油投入原油393万吨、原煤420万吨、其他焦化产品114万吨,产出成品油286万吨、其他石油制品213万吨。

2018年,榆林市内天然气液化厂年处理能力为24亿立方米,天然气液化投入12.6亿立方米,产出85.9万吨。

(3)燃煤发电。

以煤电为核心的火力发电是榆林发电的主力。榆林是国家能源战略规划的大型煤电基地、西电东送基地。"十二五"以来,围绕"保障内需,扩大外送"的基本思路,榆林建成大批具有国际领先水平的煤电项目。另外,榆林本地的兰炭产业促生了大量利用兰炭尾气发电的电厂,多为单机容量为13.5万千瓦及以下的小机组。

截至2018年底,榆林电网全口径发电装机为2965万千瓦,其中水电为2万千瓦,火电为2142万千瓦、占比为72.2%,风电为389万千瓦、占比为13.1%,光伏发电为432万千瓦、占比为14.6%;30万千瓦及以上火电机组占比为78.2%。

榆林市2010~2018年发电量如图5.7所示,其中,火电稳步增长,发电量从2010年的356亿千瓦时增加到2018年的706亿千瓦时,年均增速达到8.9%。

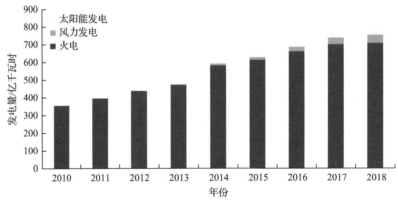

图5.7 榆林市2010~2018年发电量

不包括自备电厂等

2018年榆林市电源装机占陕西省发电总装机的50%左右,新能源装机占陕西省新能源总装机的比例超过60%。

3. 能源调出入

2018年榆林一次能源调出量为2.42亿吨标准煤,包括煤炭3.0亿吨、原油657万吨、天然气132亿立方米。此外,从外地调入原煤1156万吨。加工转换部门产出的二次能源除供本市消费外,其余调出市外,调出量分别如下:洗精煤942万吨、其他洗煤5898万吨,兰炭2963万吨,成品油146万吨、其他石油制品194.8万吨,液化天然气28.5万吨,电力279亿千瓦时,调出量合计8987万吨标准煤。

1)煤炭外运

长期以来,榆林铁路运力严重不足,大量榆林煤通过公路外运至下游市场。2018年榆林煤炭外运量约为 4.5 亿吨，其中铁路外运量约为 1.5 亿吨，公路外运量约为 3 亿吨。2017 年榆林公路煤流入较多的省份分别为山西、河北、陕西、内蒙古、山东、河南、宁夏、甘肃、湖北、四川等。

外输铁路中，神朔铁路是陕北煤炭东向外运的最佳路径，也是对终端用户来说最具比价优势的路径。神朔铁路通过朔黄铁路到黄骅港下水。未来神朔铁路还将进行扩能改造，深度挖掘增运潜力，运输能力有望达到 3 亿吨/年；同时，国家能源集团会增加对陕西地方煤炭的采购量，扩大其在神朔、巴准、包神等铁路的集运量，预测陕西煤炭通过神朔、朔黄铁路外运的煤量有望增加 0.8 亿吨左右。

陕北煤炭经过呼和浩特铁路局路段走大秦铁路、蒙冀铁路从环渤海港口下水。鉴于"公转铁"运输结构战略推进实施，原来公路运煤将大批量转为铁路运输，考虑到蒙西煤炭新增调出量有限，而蒙冀、准朔等新增铁路运煤能力大幅增加，预计陕北煤炭通过蒙冀铁路、大秦铁路外运量也会明显增加，预测通过呼和浩特铁路局外运的陕西煤炭有望增加 0.6 亿吨左右，其中多半由国家能源集团收购并组织外运。

此外，南下煤炭主要通过瓦日铁路和浩吉铁路运输。瓦日铁路运输中，煤炭经冯红铁路，自既有红柠铁路张家峁站南端引出，向东途经陕西省神木市、府谷县和山西省保德县，在兴保铁路冯家川车站接轨，并通过兴保铁路贯通瓦日铁路。瓦日铁路运输能力为 2 亿吨/年。陕北煤通过支线与浩吉铁路(2 亿吨/年)相连，直达两湖一江地区，也可通过包西铁路、西康铁路向南运到西南地区。

2)油气输送

(1)石油管网。

榆林市内的原油管道主要包括中国石油长庆油田外输管道和油田至榆林炼厂之间的管道，其中中国石油长庆油田外输管道包括长呼线(长庆油田—呼和浩特炼厂)，靖惠线(靖安油田—惠安堡)，油田至榆林炼厂的管道包括定靖一二三线，小河、天鹅湾—榆炼等管道，输送能力约为 1500 万吨/年，长度合计约为 500 千米。

榆林市内的成品油管道主要由榆林炼厂通往榆林市区，主要有榆炼—榆林及其复线两条，输送能力约 200 万吨/年，管道长度约 265 千米。

油库方面，榆林市拥有油房庄、定边、靖边等原油库，库容约 50 万立方米，具体见表 5.4。

表 5.4 榆林市主要原油库库容

序号	名称	库容/万米³	储罐
1	油房庄原油库	20	5 万米³×4
2	定边原油库	10	5 万米³×2
3	靖边原油库	20	5 万米³×4

(2)天然气管网。

榆林已建成西气东输、陕京、陕京复线、靖西、靖银等输气管线。榆林境内的过境天然气资源为中国石油西气东输一线管道天然气，以新疆塔里木盆地气田和乌兹别克斯坦、俄罗斯等境外天然气为主气源，以长三角、珠三角和中南地区的广大省份为主要目标市场，年设计输气规模为300亿立方米。目前建成投运的天然气外输管线有：陕京一线、陕京二线、陕京三线、陕京四线、西气东输一线、靖西、长宁、长呼、榆济、西复线等主线里程1500千米，支、单线里程3800千米。

（3）压气站。

榆林市内有西气东输靖边压气站和陕京榆林压气站。其中，靖边压气站是西气东输运行时间最长的场站，其管线"五进五出"，同时兼具向陕京系统转供的任务。2018年，靖边作业区累计分输天然气180亿立方米。其中，向陕京线转供天然气占89%，达到160亿立方米。

榆林压气站为"八进四出"工艺格局，其中"八进"是指接收西气东输靖边、长庆气田等八路的进气；"四出"是指向陕京一线、陕京二线、陕京三线和榆林分输管线等四路供气。其安装有三种类型的压缩机组13台，总功率为200兆瓦，是亚洲装机功率第二的压气站，设计年输气能力为350亿立方米，主要承担着向华北地区输送天然气的重要任务。

（4）地下储气库。

陕224储气库位于陕西省靖边县和内蒙古自治区乌审旗交界处，含气面积为19.3平方千米，地质储量为16.2亿立方米，动储量为10.4亿立方米，有效库容量为8.6亿立方米，工作气量为3.3亿立方米。2012年6月开工建设，2015年6月正式投运。

2021年，长庆油田成功实施陕224储气库自采自注改造项目和提压扩容工程，有效库容由8.6亿立方米提升至9.2亿立方米。2021年，全年累计注气3.4亿立方米，采气1.42亿立方米，冬季高峰期最高采气量每日达420万立方米，调峰能力全面增强。

根据《榆林市国民经济和社会发展第十四个五年规划和二〇三五年远景目标纲要》，"十四五"期间，榆林除了完善陕224储气库工程外，还将新建陕17储气库、榆林37储气库工程。

3）电力输送

榆林电网位于陕西电网北部，陕西电网位于西北电网东部末端。目前，榆林电网已形成330千伏主网架结构，最高电压等级为750千伏，榆林电网通过四回750千伏线路、四回330千伏线路与延安电网相连，并通过多回220千伏及110千伏线路与蒙西电网、山西电网和宁夏电网相连。

"十三五"以来，榆林电力外送也进入快速发展期，神府、榆横等大型"西电东送"基地加快建设，与河北、山东等省份的电力外送合作稳步推进。此外，在关中平原地区加大污染防治的背景下，榆林进一步承担起陕西省内"北电南送"的新使命，与关中地区已通过两回750千伏输电通道形成紧密联系。

截至2020年，榆林电力外送通道包括榆横至潍坊、陕北至湖北特高压输电工程，以及神木至河北南网、神府至河北南网500千伏输电工程。其中，榆横至潍坊1000千伏交流输电工程于2015年5月经国家发展改革委核准，已投运，输电能力为400万千瓦；陕北至湖北±800千伏直流输电工程于2019年1月经国家发展改革委核准，2021年8月投运，输电能力在"十四五"初期为400万千瓦（榆林配套电源项目332万千瓦）；神木至河北南网500千伏交流输电工程于2006年投运，目前送电能力为360万千瓦；神府至河北南网500千伏交流输电扩建工程于2016年12月经国家发展改革委核准，2020年11

月建成投运,输电能力为 264 万千瓦。上述输电工程全部投运后,榆林外送电能力将达到 1356 万千瓦。截至 2020 年,榆林电力外送工程情况如表 5.5 所示。

表 5.5 截至 2020 年榆林电力外送工程

项目名称	送电容量/万千瓦	项目进展
榆横至潍坊 1000 千伏交流输电工程	400	投运
陕北至湖北±800 千伏直流输电工程	332	在建
神木至河北南网 500 千伏交流输电工程	360	投运
神府至河北南网 500 千伏交流输电工程(扩建)	264	投运
合计	1356	—

4. 终端能源消费

2018 年,榆林终端能源消费量按电热当量法计算为 2293.7 万吨标准煤。

分品种来看[图 5.8(a)],电力消费占比为 28.1%,热力占比为 4.5%,煤炭占比为 42.1%,天然气和石油占比分别为 15.2% 和 10.1%。

从分部门结构来看[图 5.8(b)],工业仍然是榆林市能源消费的最主要部门,消费量合计 1713.9 万吨标准煤,占比为 74.7%;交通部门消费量为 288.9 万吨标准煤,占比为 12.6%;居民生活消费量为 183.2 万吨标准煤,占比为 8.0%;三产消费量为 100.1 万吨标准煤,占比 4.4%;农业消费量为 7.6 万吨标准煤,占比 0.3%。

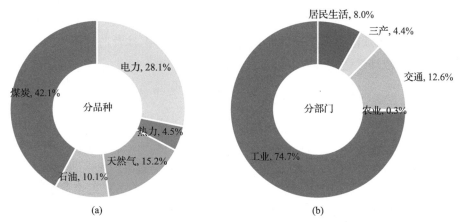

图 5.8 榆林市终端能源消费结构
2018 年,按电热当量法计算

2018 年榆林单位 GDP 综合能耗为 1.2 吨标准煤/万元,是全国平均水平(0.52 吨标准煤/万元)的 2 倍以上。人均能源消费量为 14 吨标准煤,是全国人均水平(3.3 吨标准煤)的 4 倍以上。

5. 能源消费相关二氧化碳排放量及碳汇量

2018 年榆林市能源相关二氧化碳排放总量为 1.27 亿吨。其中,发电供热排放量为 4660 万吨,占比为 37%;煤化工、炼焦煤制油分别占 20% 和 15%,其他终端部门的排放占 28%，如图 5.9(a) 所示。从分品种的排放结构来看[图 5.9(b)]，煤炭仍然是二氧化碳排放的主力，煤炭消费产生的二氧化碳排放占总量的 91%，天然气和石油分别占 5%和 4%。单位 GDP 的二氧化碳排放量为 3.3 吨/万元，是全国平均水平的 3 倍。人均二氧化碳排放量为 37.1 吨，是全国人均水平(7.2 吨)的 5 倍以上。

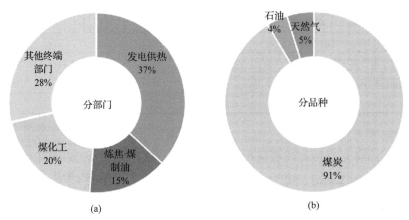

图 5.9　榆林市 2018 年能源消费相关二氧化碳排放量

截至 2020 年，榆林市碳汇林人工造林面积为 220 万亩[①]，碳汇林营造林面积为 900 万亩，年平均二氧化碳减排量为 200 万吨。

目前榆林市每年人工造林 10 万亩，营造林 100 万亩，到 2025 年，碳汇林人工造林面积达到 250 万亩，营造林面积为 1400 万亩，年平均二氧化碳减排量为 360 万吨。预计到 2030 年，榆林市碳汇林人工造林面积达 320 万亩，碳汇林营造林面积达 2000 万亩，年平均二氧化碳减排量达到 600 万吨。

5.2.1.2　地理区位与经济社会发展

榆林市位于陕西省最北部，地域东西长 385 千米，南北宽 263 千米，总面积为 4.3 万平方千米，占陕西土地面积的 20.9%。北部为风沙草滩区，南部为黄土丘陵沟壑区，分别占全市总面积的 42%和 58%。人均土地面积为 19 亩，是全省平均水平的 2.3 倍，全市自然保留地为 323.9 万亩，占全市总土地面积的 5%，特别是全市有 600 万亩黄沙地，是未来建设用地的后备资源。整体上榆林市土地资源充裕，优势明显。境内海拔 1000~1800 米，属干旱半干旱大陆性季风气候，年均气温为 10 摄氏度，年均降水 400 毫米左右。

区位上，榆林位于陕甘宁蒙晋五省区交界之处，是我国北方包西、青银两大通道的交汇处，居于国家规划的蒙陕甘宁能源"金三角"、陕甘宁革命老区和呼包银榆经济区的核心区域。

产业协同上，榆林发展的化工产业与陕西省已有产业具有较好的协同效果。陕西是丝绸之路经济带 13 个重点省市之一，还是高端装备制造业大省、第一军工大省，涉及航空、航天、汽车、输变电设备、机床工具、重型装备、工程机械、医药等多个产业集群。

———————————————————

① 1 亩 ≈ 666.7 平方米。

随着国家"一带一路"倡议的逐步推进，战略性新兴产业发展和供给侧结构性改革，将会极大地带动和促进陕西省制造业和经济的发展，其对化工新材料和高端化工产品的需求将快速增长。

2018 年，榆林市地区生产总值达到 3848.6 亿元(图 5.10)，同比增长 9.0%。年底总人口为 383.8 万人，常住人口为 341.8 万人，同比增长 0.4%。人均 GDP 达到 11.3 万元，居陕西省第 1 位，高于全国人均水平 75%。地方财政收入为 389.8 亿元，居民人均年可支配收入为 2.2 万元。

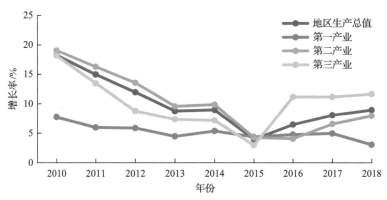

图 5.10　榆林市地区生产总值及三次产业增长率

5.2.1.3　产业发展基础

1. 产业布局

按照"煤向电转化、煤电向载能工业品转化、煤油气盐向化工产品转化"的"三个转化"战略，榆林市在大力推进煤炭、石油、天然气等一次能源开发的同时，着力转变能源产业发展方式，实施能源矿产资源的高效转化，经过近二十年的高速发展，已经形成了较为完善的化工产业体系，国家级现代煤化工产业示范区初具规模。

截止到 2019 年底，榆林市化工产业已经形成 1000 万吨/年炼油、180 万吨/年煤(甲醇)制烯烃、60 万吨/年催化裂解制烯烃、100 万吨/年煤间接液化制油、220 万吨/年煤制甲醇(不含煤制烯烃项目)、40 万吨/年乙酸、135 万吨/年聚氯乙烯、222 万吨/年煤焦油加氢、6934 万吨/年兰炭的产能规模。2019 年，烯烃、甲醇、兰炭、煤制油产量分别达到 257 万吨、242 万吨、3663 万吨、115 万吨，占全国比重分别达到 5.1%、5%、67.1% 和 12.6%。

进入新时代，榆林确立了"12363"煤化工产业高端化发展战略，将围绕转型升级、高质量发展这条主线；坚守环保、安全两条底线；着力补齐基础化工短板，提升规模优势，着力引进具有国际竞争力的企业、技术和产品，着力发展化工终端产品加工业；构建纵向关联、横向耦合、上下游协作配套的煤炭分质利用、煤制甲醇-烯烃及下游深加工、煤制芳烃-乙二醇-聚酯、煤制油、煤基高端化工、氯碱化工等六条产业链；实现从原料向材料转化、从大宗化学品向终端应用品拓展、从产业链中低端向高端迈进三个目标。

2. 产业发展基础

1）石油化工

延长石油集团榆林炼油厂是榆林市境内唯一的原油加工企业，目前拥有原油一次加工能力 1000 万吨/年，属于中等规模炼厂，配套 240 万吨/年催化裂化、100 万吨/年连续重整以及汽柴油加氢精制等装置，炼油配置相对完整，是较为典型的燃料型炼厂。因长期以来原油资源量短缺，装置开工率不高，近些年实际加工量一直维持在 400 万吨/年左右。此外，中国石油兰州石化公司利用长庆气田回收的乙烷为原料，在榆横工业区建设 80 万吨/年乙烷裂解制乙烯项目，下游配套 40 万吨/年高密度聚乙烯和 40 万吨/年全密度聚乙烯，该项目 2021 年建成投产。

2）传统煤化工

榆林市是我国兰炭产业的发源地和目前最大的生产基地，已成为承接原煤生产和煤化工及载能工业的重要媒介，下游延伸和关联电石、铁合金、金属镁等产业。2019 年，榆林市有兰炭生产企业 124 家，产能为 6934 万吨/年，产量为 3663 万吨，开工率为 52.8%，产能、产量均位居全国第一。榆林市兰炭产业主要布局在锦界、兰炭产业园和府谷高新技术产业开发区，已形成电石、铁合金、合成氨、陶瓷、清洁燃料油、金属镁等兰炭下游产业集群，原煤—兰炭—电石—聚氯乙烯、原煤—兰炭—硅铁—金属镁、原煤—兰炭—煤焦油—清洁燃料油、原煤—兰炭—荒煤气—发电、原煤—兰炭—荒煤气—合成氨、原煤—兰炭—荒煤气—陶瓷等六个产业链。除此之外，榆林市煤焦油加工能力为 222 万吨/年，产品以清洁燃料油和混合芳烃为主；副产煤气 170 亿立方米，主要用于发电或作为高载能产业燃料，焦炉气制甲醇和合成氨规模较小。

榆林市煤制甲醇主要有兖州煤业榆林能化有限公司 60 万吨/年煤制甲醇、陕西延长石油榆林凯越煤化有限责任公司 60 万吨/年煤制甲醇和陕西神木化学工业有限公司 60 万吨/年煤制甲醇等项目，另外，延长石油集团在榆横工业区建设有 40 万吨/年乙酸项目。

3）氯碱化工

依托丰富的岩盐资源和煤炭资源，榆林市的氯碱产业也已发展为特色产业。位于神木高新技术产业开发区的陕西北元化工集团股份有限公司（以下简称北元化工）是陕西省最大的氯碱和聚氯乙烯（PVC）生产企业，拥有全国单体规模最大的聚氯乙烯生产装置，已经形成了完整的循环经济产业链。截至 2019 年，北元化工有 110 万吨/年聚氯乙烯、88 万吨/年离子膜烧碱、4×125 兆瓦发电、220 万吨/年新型干法工业废渣水泥、50 万吨/年电石的生产能力，每年可转化原盐 135 万吨，直接和间接转化原煤 800 万吨。2019 年，北元化工生产聚氯乙烯 123.77 万吨、烧碱 83.96 万吨、水泥 206.55 万吨、发电 39.94 亿千瓦时、电石 46.26 万吨。

4）现代煤化工

经过多年的开发建设，榆林依托资源优势已成为国家重要的能源化工基地和现代煤化工产业基地。目前，已建成项目有陕西未来能源化工有限公司 100 万吨/年间接法煤制油项目，延长石油集团榆林能源化工有限公司生产 120 万吨/年烯烃的煤油气资源综合利用项目，中煤陕西能源化工集团有限公司 60 万吨/年煤制烯烃项目，国家能源集团榆神 60 万吨/年甲醇制烯烃项目、神华榆林循环经济煤炭综合利用项目(CTC 项目)一阶段工程(180 万吨/年甲醇、40 万吨/年乙二醇项目)，延长石油集团 50 万吨/年乙醇项目，陕煤集团榆林化学有限责任公司 180 万吨/年乙二醇项目，陕西延长中煤榆林能源化工有限公司一期启动项目填平补齐工程(煤气耦合 180 万吨/年甲醇、60 万吨/年 MTO)等。上述项目广泛采用了先进清洁的现代煤化工技术和石油化工技术，包括煤气化、合成气净化、甲醇合成、甲醇制烯烃、烯烃分离、低温费-托合成、煤气资源碳氢互补和节能节水技术等，在规模体量、技术水平和运营管理方面都居于世界先进水平。榆林市已成为我国现代煤化工产业技术路线和产业化最为集中的地区，正借助资源和现代煤化工技术及石油化工技术，通过煤炭资源的高效转化发展成为我国新的现代石化产品生产基地。

3. 产业结构

榆林市已成为我国优质煤炭供应的重要基地、全国重要的油气产区。2018 年榆林能源化工产业产值、税收占全市比重分别达到 90.2%、77.5%。以能源产业为主的第二产业占全市生产总值的 60%以上。2018 年，煤炭开采和洗选业、石油和天然气开采业分占全市工业总产值的 49%、12%。矿业也带动了相关产业的发展，炼油炼焦、化工、电力热力生产、金属冶炼加工分别占全市工业总产值的 12%、10%、8%、4%。

4. 产业优势

1) 资源优势

榆林市各种矿产资源富集，不但煤炭、天然气资源丰富，而且有储量丰富的石油、岩盐资源以及高岭土、铝土矿、石英砂等资源，发展化工产业具有得天独厚的资源优势。

2) 产业基础优势

榆林市既是国内最大的兰炭产业集聚区，也是炼油、煤制烯烃、煤制油以及烧碱/PVC、甲醇、合成氨、乙酸等基础能源化工产业集聚区，在建、拟建一批大型煤炭资源高效转化项目。榆林市已成为我国现代煤化工产业发展最为集中的地区之一，形成了规模化的产业基础，有利于后续延伸产业链，发展化工新材料和专用化工品等高端煤基产品，实现产品差异化、精细化、高端化和终端化。

5. 技术发展基础

榆林市是我国最早的能源化工基地和现代化煤化工产业示范区之一，承接和完成了多项国家级工业示范项目，形成了多项自主知识产权煤化工核心技术，在研、在试、在建多个国际国内首台(套)设施设备，初步形成了以大型能源企业为主体，重大项目为龙头，协同推进先进技术的研发、试验、工业化示范和产业化推广的全链条创新体系，人才集聚效应逐步显现。以煤、油、气、盐开发为基础，建立了以原煤—兰炭—煤焦油—高端油品、原煤—甲醇—烯烃(芳烃)—合成材料、原煤—煤液化—精细化学品等产业链，在粉煤热解、煤焦油加氢等一批关键技术上取得重大突破，达到了国际和国内领先水平。2018 年煤炭深加工企业装备自主化率达到 85%，其中，榆林版煤制油、煤制烯烃、百万吨煤间接液化、世界首套万吨级甲醇制芳烃、全球首个煤油混炼工业示范等一大批具有世界领先水平的能化装置落地。

5.2.2 化石能源与可再生能源多能融合示范的定位

探索以多能融合为特征，以能源技术革命为引领，协同推进能源生产、消费和体制革命的能源安全新战略落地的路径，为西部资源富集地区落实能源革命战略提供技术支撑和模式示范。

5.2.2.1 国家能源领域多能融合创新策源地

推动能源化工领域国家重大专项工程落地示范，引导国家能源化工领域科技战略力量和重要企业向榆林汇集，围绕《能源技术革命创新行动计划（2016–2030年）》和中国科学院战略性先导科技专项（A 类）"变革性洁净能源关键技术与示范"，建设一批能源创新中心、实验室和中试基地，推进技术集成创新，加快重大科技成果转化，推进多能融合新型能源系统示范，打造国家能源化工技术创新示范基地。

5.2.2.2 国家新型清洁能源供应基地

提高绿色智慧开采水平，做强国家重点煤炭基地；加强油气勘探开发，完善管网等基础设施布局，建设国家油气生产和输送枢纽基地；加快技术研发和推广应用，建成世界一流高端能源化工基地；发挥可再生能源资源优势，打造"可再生能源+"模式；推动风光火储一体化建设运行，提升外送电力的绿色度和稳定性，打造清洁电力外送基地。

5.2.2.3 国家煤制清洁燃料战略储备基地

通过集成创新，突破一批能替代、补充石油产品的煤基燃料关键技术，提升煤制燃料产业竞争力，形成支撑替代亿吨级石油当量的技术体系；通过重大示范工程建设，打造煤制燃料战略产能储备和特种油品生产基地，形成千万吨级煤基燃料产能。

5.2.2.4 高比例可再生能源城市样板

重点围绕大容量先进储能、氢能全产业链示范、可再生能源规模化应用、能源互联网等领域，加强大规模二氧化碳捕集、"液态阳光"、氢能城市等减碳技术的应用推广，提升清洁能源利用规模和水平，加速能源消费与碳排放脱钩，建成高碳城市低碳化转型样板。

5.2.2.5 能源资源要素市场化配置改革先行区

重点围绕科技体制创新、资源要素市场化配置改革，开展赋予科技人员职务科技成果所有权或长期使用权试点、矿产资源市场化配置、电力体制、油气开放体制、采煤沉陷区生态修复试点等改革，充分发挥市场配置资源的决定性作用，通过政府鼓励引导，率先建立产权有效激励、要素自由流动、价格反应灵活、竞争公平有序的资源要素市场化配置改革先行区。

5.2.3 榆林开展多能融合示范的重点举措

5.2.3.1 推进能源技术革命，打造全国能源科技创新策源地

面向清洁低碳安全高效能源体系建设需求，打造全国能源科技创新策源地，为国家提供能源安全技术支撑、清洁能源技术支撑、低碳能源技术支撑、智慧能源技术支撑。

1. 推进多能融合关键技术示范

围绕多能融合理念，推进化石能源清洁高效利用与耦合替代，可再生能源多能互补与规模化应用，低碳化、智能化多能融合与区域应用等领域的关键技术示范，为国家提高能源安全保障能力、提升应对气候变化能力提供技术支撑。

推进化石能源清洁高效利用与耦合替代的关键技术示范，具体见路线图 5.11。针对我国能源发展中的缺油少气问题，通过关键技术和设备创新，充分利用合成气/甲醇中间转化平台，开展煤制油、煤制化学品、低阶煤分质利用、煤炭和石油天然气综合利用等模式的升级示范。

稳步推进煤间接制油、煤制烯烃、煤制含氧化合物(乙二醇、乙醇)等技术的升级示范，以提高项目能效、降低资源消耗和污染排放、提高终端产品性能和附加值、加强体系优化集成、降低投资成本为目标，探索煤化工由战略储备转化为战略产业的技术方式和商业模式。

强化煤制化学品和煤制燃料生产的灵活调整技术，率先突破百万吨级低阶煤热解、50 万吨级中低温煤焦油深加工、焦粉气化、煤制芳烃、合成气一步法制烯烃/芳烃规模化放大、煤油共炼产业化、高端特色化学品生产、煤基化工新材料生产等技术，全面打通煤制"三烯、三苯"关键技术路线，大幅提升煤化工对石油化工产品的补充替代能力。

推进可再生能源多能互补与规模化应用的关键技术示范，具体可见路线图 5.12。针对可再生能源低能量密度、高波动性问题，通过系统优化和技术创新，促进可再生能源高效、高比例发展。研究更高效、更低成本的太阳能电池技术及产业化应用，研发基于大数据和云计算的陆上风电场集群运控并网系统，提高单位土地面积可再生能源发电效率。充分利用先进储能技术平台、风-光-光热-储一体化系统，推动可再生能源多能互补、高比例消纳。重点推进可再生能源+大规模储能综合示范，开展百兆瓦级全钒液流电池储能技术、百兆瓦级先进压缩空气储能技术、大规模储热供暖技术的示范应用，积极探索大规模储能应用的技术路径和商业模式。争取突破现代电网智能调控技术、镁基电池等新概念储能技术、低成本节地型跨季节储热技术。

推进低碳化、智能化多能融合与区域应用的关键技术示范，具体见路线图 5.13。针对化石能源利用的高碳排放难题，通过技术创新，充分发挥氢/低碳醇的能量和物质载体作用，促进化石能源与可再生能源能量流与物质流融合，提升碳资源利用效率。重点推进可再生能源大规模制氢、煤化工与氢能融合、氢能全链条综合利用示范。围绕氢能的生产、储运、消费及装备制造等全技术链和产业链，重点推进可再生能源大规模制氢、氢气储运材料、氢气纯化、加氢站建设与运维、高效氢燃料电池等技术和材料的研发与示范，探索氢能体系区域示范的技术路径与商业模式。面向碳达峰碳中和要求，超前布

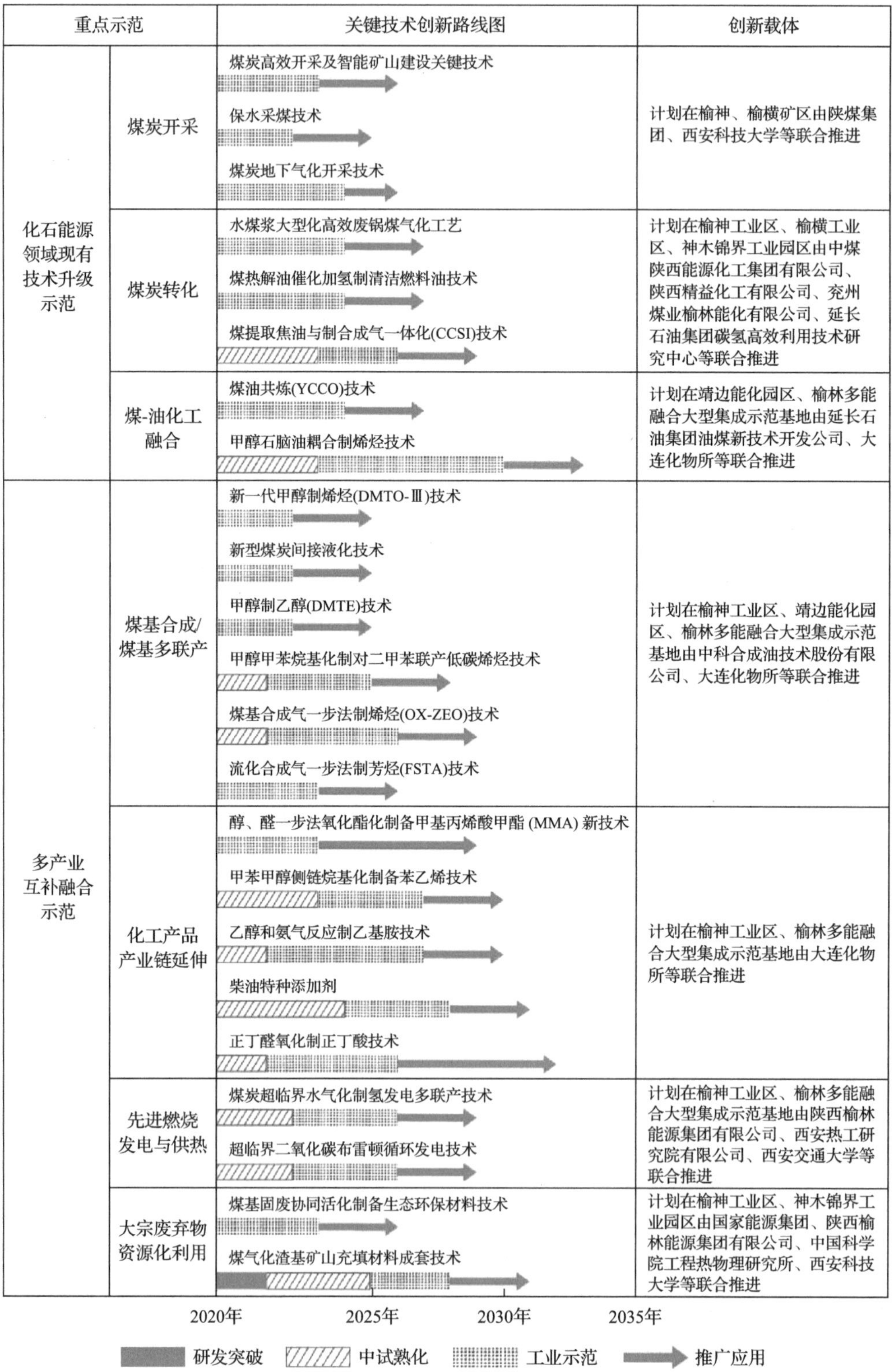

重点示范		关键技术创新路线图	创新载体
化石能源领域现有技术升级示范	煤炭开采	煤炭高效开采及智能矿山建设关键技术 保水采煤技术 煤炭地下气化开采技术	计划在榆神、榆横矿区由陕煤集团、西安科技大学等联合推进
	煤炭转化	水煤浆大型化高效废锅煤气化工艺 煤热解油催化加氢制清洁燃料油技术 煤提取焦油与制合成气一体化(CCSI)技术	计划在榆神工业区、榆横工业区、神木锦界工业园区由中煤陕西能源化工集团有限公司、陕西精益化工有限公司、兖州煤业榆林能化有限公司、延长石油集团碳氢高效利用技术研究中心等联合推进
	煤-油化工融合	煤油共炼(YCCO)技术 甲醇石脑油耦合制烯烃技术	计划在靖边能化园区、榆林多能融合大型集成示范基地由延长石油集团油煤新技术开发公司、大连化物所等联合推进
多产业互补融合示范	煤基合成/煤基多联产	新一代甲醇制烯烃(DMTO-Ⅲ)技术 新型煤炭间接液化技术 甲醇制乙醇(DMTE)技术 甲醇甲苯烷基化制对二甲苯联产低碳烯烃技术 煤基合成气一步法制烯烃(OX-ZEO)技术 流化合成气一步法制芳烃(FSTA)技术	计划在榆神工业区、靖边能化园区、榆林多能融合大型集成示范基地由中科合成油技术股份有限公司、大连化物所等联合推进
	化工产品产业链延伸	醇、醛一步法氧化酯化制备甲基丙烯酸甲酯(MMA)新技术 甲苯甲醇侧链烷基化制备苯乙烯技术 乙醇和氨气反应制乙基胺技术 柴油特种添加剂 正丁醛氧化制正丁酸技术	计划在榆神工业区、榆林多能融合大型集成示范基地由大连化物所等联合推进
	先进燃烧发电与供热	煤炭超临界水气化制氢发电多联产技术 超临界二氧化碳布雷顿循环发电技术	计划在榆神工业区、榆林多能融合大型集成示范基地由榆林能源集团有限公司、西安热工研究院有限公司、西安交通大学等联合推进
	大宗废弃物资源化利用	煤基固废协同活化制备生态环保材料技术 煤气化渣基矿山充填材料成套技术	计划在榆神工业区、神木锦界工业园区由国家能源集团、陕西榆林能源集团有限公司、中国科学院工程热物理研究所、西安科技大学等联合推进

2020年　　　　　2025年　　　　　2030年　　　　　2035年

▓▓ 研发突破　　▧▧ 中试熟化　　▒▒ 工业示范　　➤ 推广应用

图 5.11　化石能源清洁高效利用与耦合替代关键技术创新路线图

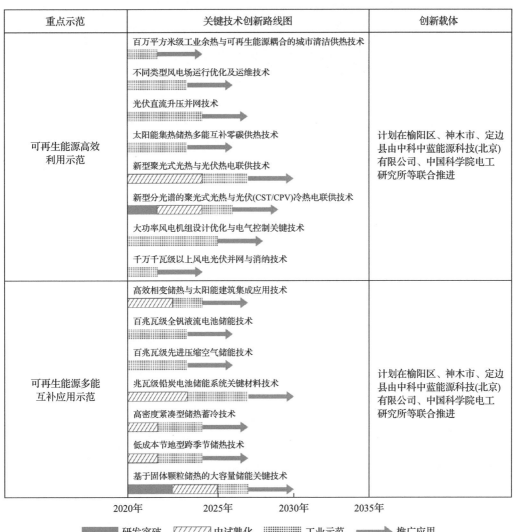

重点示范	关键技术创新路线图	创新载体
可再生能源高效利用示范	百万平方米级工业余热与可再生能源耦合的城市清洁供热技术 不同类型风电场运行优化及运维技术 光伏直流升压并网技术 太阳能集热储热多能互补零碳供热技术 新型聚光式光热与光伏热电联供技术 新型分光谱的聚光式光热与光伏(CST/CPV)冷热电联供技术 大功率风电机组设计优化与电气控制关键技术 千万千瓦级以上风电光伏并网与消纳技术	计划在榆阳区、神木市、定边县由中科中蓝能源科技(北京)有限公司、中国科学院电工研究所等联合推进
可再生能源多能互补应用示范	高效相变储热与太阳能建筑集成应用技术 百兆瓦级全钒液流电池储能技术 百兆瓦级先进压缩空气储能技术 兆瓦级铅炭电池储能系统关键材料技术 高密度紧凑型储热蓄冷技术 低成本节地型跨季节储热技术 基于固体颗粒储热的大容量储能关键技术	计划在榆阳区、神木市、定边县由中科中蓝能源科技(北京)有限公司、中国科学院电工研究所等联合推进

2020年　　　2025年　　　2030年　　　2035年

▓ 研发突破　▨ 中试熟化　▦ 工业示范　→ 推广应用

图 5.12　可再生能源多能互补与规模化应用关键技术路线图

局零碳、负碳技术,争取突破新一代大规模、低成本碳捕集与埋存,煤化工与绿氢耦合,"液态阳光"燃料先进能源系统产业化等技术,促进能源系统低碳化发展。

2. 建设能源技术创新基地

推进先进技术产业化示范基地建设。基于榆横工业园区,建立多能融合大型集成示范基地,加快首台(套)重大技术装备研发应用。基地以开放共享、多能融合、能源革命集成示范为目标,促进国际国内多能融合先进技术入场进行试验中试、成果转化、示范推广。成立专业的运营公司,建设科技创新公共服务平台,提供科技成果、产业服务、科技金融、市场应用等公共科技服务,积极运用引导基金、风险投资基金、风险补偿、科技保险、贷款贴息等金融方式支持创新,促进先进技术产业化、规模化应用,促进技术标准与服务机制制定。

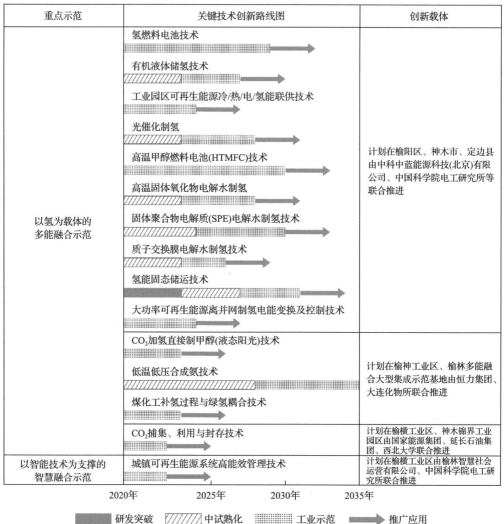

重点示范	关键技术创新路线图	创新载体
以氢为载体的多能融合示范	氢燃料电池技术 有机液体储氢技术 工业园区可再生能源冷/热/电/氢能联供技术 光催化制氢 高温甲醇燃料电池(HTMFC)技术 高温固体氧化物电解水制氢 固体聚合物电解质(SPE)电解水制氢技术 质子交换膜电解水制氢技术 氢能固态储运技术 大功率可再生能源离并网制氢电能变换及控制技术	计划在榆阳区、神木市、定边县由中科中蓝能源科技(北京)有限公司、中国科学院电工研究所等联合推进
	CO₂加氢直接制甲醇(液态阳光)技术 低温低压合成氨技术 煤化工补氢过程与绿氢耦合技术	计划在榆神工业区、榆林多能融合大型集成示范基地由恒力集团、大连化物所联合推进
	CO₂捕集、利用与封存技术	计划在榆横工业区、神木锦界工业园区由国家能源集团、延长石油集团、西北大学联合推进
以智能技术为支撑的智慧融合示范	城镇可再生能源系统高能效管理技术	计划在榆横工业区由榆林智慧社会运营有限公司、中国科学院电工研究所联合推进

2020年　　2025年　　2030年　　2035年

研发突破　　中试熟化　　工业示范　　推广应用

图 5.13　低碳化、智能化多能融合关键技术路线图

推进科研集成创新基地建设。依托榆林科创新城，建立多能融合集成创新基地，以科研项目为牵引，集聚中国科学院、重点院校、大型企业等战略科研力量，推进区域能源产业发展，在示范区集成创新、先行先试，为国家能源发展提供系统解决方案。到2025年建成5个以上省级重点实验室(工程技术研究中心)，力争建成1个国家级重点实验室(工程技术研究中心)，建成一批由大型央企、科研院所、高校组建的联合创新体，具备联合承担国家重大科技项目的能力。到2035年前力争建成10个以上省级/国家级实验室、工程技术研究中心，形成千人以上稳定的科研创新型人才队伍，万人以上的高水平应用型、技能型人才队伍，助推产学研深度融合。

推进科教融合基地建设。综合利用中国科学院大学、中国科学院洁净能源创新研究院的教学优势，榆林学院载体优势和集聚于榆林的企业的实践优势，建设科教融合基地，共同建设能源、化学、化工领域的特色专业和高水平学科，共同开展学生教育和科研工作，形成融理论、科研、实践于一体的贯通式人才培养机制，满足榆林能源革命创新示范过程中的产业化、工程化等多层次人才需求。

5.2.3.2　开展能源生产革命，打造全国清洁能源供应基地

面向国家能源安全供应和低碳化发展要求，促进煤炭绿色智能开采，稳定煤炭生产总量，减少煤炭开采对当地生态环境的影响；积极推进煤炭分级分质梯级利用，稳步开展煤制燃料和煤制化学品升级示范，提高煤炭资源利用效率，提升国家能源安全保障能力；大力发展可再生能源，实现可再生能源高效、高比例发展；提升外送能源的清洁水平；促进氢能绿色化生产。到 2025 年，能源供应总量占全国比重超过 10%，清洁能源占比超过 10%，可再生电力占发电量的比重超过 20%。到 2035 年，清洁能源占比超过 15%，可再生电力占发电量的比重超过 50%。

1. 促进煤炭绿色智能开采

推进煤炭绿色开采。重点开展适合西部沙化地区的保水开采、充填开采、无煤柱连续开采、地下气化、煤系共伴生资源综合开发利用等绿色开采技术的研发突破和规模化推广，打造"产煤不见煤、产矸不排矸"的新型绿色矿区，做好因煤炭开采引起的地表沉降、塌陷和地下水破坏等生态环境问题的预防和治理。加快绿色矿山建设，加快现有煤矿改造升级，新建煤矿全部满足绿色矿山标准。

促进煤矿智能高效开采。加快煤矿智能化建设，加强人工智能、虚拟现实、大数据平台、物联感知等智能技术的应用，推进煤炭生产方式少人化、无人化，搭建智能生产、安全保障和经营管理等信息融合共享一体化管控平台，重点危险岗位实现机器人作业，实现生产经营管理智能化，建成智能感知、智能决策、自动执行的煤矿智能化体系，以技术创新支撑本质安全矿井建设，提高煤炭智能化安全开采水平。实施透明矿井示范工程。

到 2025 年，力争绿色矿山数量达到 50 处，产能为 3 亿吨/年，占总产能的 60%；大型煤矿及其他具备条件的煤矿基本实现生产经营管理智能化，创建 5 个以上国家级智能化示范煤矿。到 2035 年，全部煤矿达到绿色矿山标准，全面完成各类煤矿智能化建设工作。

2. 积极推进煤炭分级分质梯级利用

针对榆林煤炭富油的特点，全力打造"用煤先取油"的煤炭利用新模式。依托千万吨级低阶煤分质利用工业示范项目，率先突破百万吨级低阶粉煤中低温热解、50 万吨级煤焦油加氢制芳烃技术、焦粉气化技术，加强系统优化和集成，开展油、气、化、电多联产，促进煤炭分质利用、清洁高效转化，提升煤炭利用价值。大力推进兰炭产业升级改造，实现大型化、规模化、清洁化生产。促进兰炭产业与镁铝等有色金属制造业上下游产业的一体化发展，充分利用煤焦油、煤气等副产品向中高端领域拓展，提高资源利用效率及兰炭产业整体竞争力。

到 2025 年全面打通"用煤先取油"煤炭利用模式的堵点，实现千万吨级以上的工业示范。到 2035 年，进一步提升"用煤先取油"煤炭利用模式的经济性和环境性，使之成

为我国富油煤利用的基本模式。

3. 稳步开展煤制燃料、煤制化学品升级示范

积极采用现代煤化工绿色创新技术，形成煤电化热一体化发展模式，提高煤炭清洁低碳利用水平，重点突破煤制芳烃产业化生产瓶颈，推动合成气一步法制烯烃产业化，推进新一代甲醇制烯烃、烯烃制高端专用聚烯烃、煤制乙醇和煤制聚酯级乙二醇等产业升级示范，实现煤基化学品向下游工程塑料、聚氨酯、特种纤维等高端化学品和新材料延伸，建成煤炭—基础化学品—高端化学品—化工新材料高端化产业链。加快煤制燃料、煤制化学品产业链向高端化、终端化延伸，论证煤化工产业由战略储备转向战略产业的技术及产业模式。加强系统集成优化，促进单位产品综合能耗、原料煤耗、新鲜水耗以及能源转化效率达到国际先进水平。充分发挥煤基液体燃料的特性，打造高能量密度、耐高寒的特种油品生产基地。强化能化结合，先行先试煤制燃料项目联产高附加值精细化学品、煤制化学品项目快速转产煤制燃料的技术和方式，推动煤制化学品与煤制燃料生产过程的灵活调整，提高煤化工产业保障国家能源安全和市场竞争的能力和韧性。强化煤化工低碳化发展要求，推进煤化工高浓度 CO_2 捕集、煤化工与可再生能源制氢耦合、"液体阳光"燃料等低碳、减碳技术的工程化、规模化和产业化。

到 2025 年，完成一批重大关键技术突破与首台（套）示范，形成能实现亿吨级油气当量替代的技术储备体系；超前布局煤化工低碳发展技术路径。到 2035 年，建成以绿色低碳为特征的高端能化基地，形成千万吨级煤制燃料和煤基化学品生产规模；形成煤化工低碳发展的技术体系与方案，带动煤化工产业碳排放总量下降 20% 以上。

4. 推动油气稳定高效开发

采取多种措施保持原油稳产。加强老油区扩边勘探和精细勘探，加快查找新层系，充分挖掘资源潜力。加强精细注水工程及二氧化碳驱油等二次、三次采油先进技术应用，在实现碳封存的基础上不断提高采收率。到 2025 年，实现原油稳产 1100 万吨，2035 年，实现原油稳产 1200 万吨。

实现天然气快速上产。强化靖边气田、榆神气田老气区及新层系的精细勘探开发，实现储量、产量稳步增加。围绕致密砂岩气勘探开发，突破致密砂岩气藏精细描述和低渗透储层开发技术瓶颈。研发深部煤系"三气"（煤层气、页岩气、致密砂岩气）共采关键技术。到 2025 年，天然气产量达到 200 亿立方米；到 2035 年天然气产量达到 240 亿立方米。

5. 加快可再生能源高效规模化发展

大力推进风电规模化智能化发展。在风能资源及建设条件较好的定边、靖边、神木、横山等区域规划建设百万千瓦级风电大基地，采用统一集中开发、共用公共设施的方式开展项目建设；推动低效风电机组"上大替小"，以规模化效应推动度电成本下降。依托榆林市较好的风能资源特性，以大容量、高塔架、轻量化、智能化风电机组为突破方向，有效提升机组风能获取效率。基于大数据和云计算技术，开展风电大基地集群优化运行控制，实现运营阶段持续降本。到 2025 年风电装机规模达到 1300 万千瓦，2035 年达到 2800 万千瓦。

大力推动光伏复合化发展。依托榆林市丰富的太阳能资源储量，应用高转化效率新型电池技术，提升单位土地面积的光伏发电效率。深化光伏复合发展，在榆阳、神木建设百万千瓦级"牧光互补"示范项目，在定边、靖边建设百万千瓦级"光伏+荒漠化土地生态恢复"示范项目，在神木建设百万千瓦级"光伏+矿区生态治理"示范项目。因地制宜地采用"风光同场""风光火储""风光热"等形式，加速推进一体化多能融合开发模式。在锦界、榆横、榆神等工业园区，市区公共建筑，农村等地，充分利用建筑屋顶建设分布式光伏项目，提高就地消纳比例。到2025年光伏发电装机规模达到2400万千瓦，2035年达到7000万千瓦。

实现可再生能源高比例消纳。加快推进现有煤电机组深度调峰改造，新建机组实现30%的调峰能力，提高电力系统的灵活性。在定边、靖边、神木、榆阳等新能源聚集区和用能负荷较高的工业园区，通过百兆瓦级液流储能电池、百兆瓦级压缩空气储能等示范，打造国家级储能示范园区。探索电力系统灵活调节资源的多样化应用方式，在定边、榆阳开展"光伏+风电+储能""光伏+风电+光热"等一体化多能互补项目示范。到2025年可再生电力占总发电量的比重超过20%；2035年可再生电力占总发电量的比重超过50%。

6. 建设清洁能源外送基地

保障优质煤炭外运规模。依托北煤南运大通道包西铁路、浩吉铁路，推进靖神铁路、榆横铁路与已有铁路公路网互联互通，扩大煤炭供给辐射范围。加快推进"公转铁"，引导企业建设煤矿到转运中心的铁路，大幅降低公路运煤比重，提升煤炭外运能力和效率。到2035年，保障每年外调3亿吨优质煤炭产品。

打造油气输送枢纽。优化原油和成品油储运系统，打造面向能源丝绸之路的石油储备基地。加强榆林市内输气管网与省内和国家管网互联互通，构建联通西气东输、陕京线两大输气系统的天然气枢纽。新建陕17、改造陕224等储气库，推进LNG液化、调峰、集输项目建设，增加天然气应急调峰能力。到2025年，储气调峰能力占外输气量的比重超过10%，达到国家储备要求；到2035年，该比重进一步提升至15%。

打造清洁电力外送基地。积极推进陕北到湖北及其他电力外送通道相关工作，推动风电、光伏发电与清洁煤电一体化建设运行，建设国家级"风光火储一体化"电力外送基地，促进电力系统高质量发展。争取2025年外送能力达到2200万千瓦，新增电力外送通道新能源发电量占比达到50%。2035年外送能力达到2700万千瓦，新能源发电量占外送电量的比重进一步提高。

7. 促进氢能绿色化生产

优化化工副产氢利用。近期充分发挥化工副产氢资源优势，依托兰炭尾气、中国石油兰州石化公司乙烷裂解制烯烃项目的副产氢气资源，在榆横、榆神、锦界工业园区围绕氢能源产业链培育一批骨干企业，推进副产氢的纯化与综合利用，推动储氢、用氢环节的技术研发及装备制造，探索外输氢产业模式。

促进源端绿色化。近期，紧随可再生能源大规模发展趋势，研发突破大规模、低成本电解水制氢技术与装备，加快在定边、靖边等新能源富集区布局可再生能源大规模制氢产业，提高绿色氢能源占比。中远期，以提升本地新能源消纳能力为目标，大力发展可再生能源电解水制氢，推动光催化制氢产业化，促进氢能成为本地可再生电力消纳存储的重要手段，建成我国西部地区绿色氢能生产基地。

到 2025 年，制氢总量达到 20 万吨，绿氢占比近 50%；到 2035 年，制氢总量超过 200 万吨，绿氢占比提升到 60%。

5.2.3.3 推动能源消费革命，打造高比例可再生能源示范城市

面向化石能源富集地区能源消费低碳化需求，打造高比例可再生能源示范城市。完善能源消费双控制度，开展碳排放达峰行动，大力推进工业节能，促进居民、交通绿色低碳转型，推进氢能区域利用综合示范，推广智慧用能新模式。

1. 完善能源消费总量和强度双控制度

强化能源消费总量和强度指标对发展的约束性作用，建立指标分解落实机制，扭转能源消费粗放的增长方式。完善煤化工产业原料煤能耗统计与考核方式。完善纳入国家规划、承担国家重点科技攻关任务的重大工程项目的能耗指标考核方式。加强工业园区能效管理，在榆横工业园区建立由政府主导的园区综合能源服务平台，统一建设公用工程岛，对企业用电、用热、用冷、用气实施"打包"供应，实现能源的梯级利用。加强重点行业能耗、能效管理，强化企业能耗"双控"主体作用，开展重点用能单位"百千万"行动，夯实政府能耗"双控"领导责任。

到 2025 年全市能源消费总量控制在 8500 万吨标准煤以内。2025～2035 年，能源消费粗放增长趋势得到遏制，能源消费年均增速低于 1.5%。

2. 开展碳排放达峰行动

锚定国家 2030 年前碳排放达峰目标，开展碳排放达峰行动。强化城市碳排放清单编制工作，提高碳排放治理能力。大力发展可再生能源，建立高比例可再生电力系统，推进区域内能源结构低碳转型。大力推进煤化工、煤电等高碳排放行业低碳化改造，试验示范 CCUS、煤化工与可再生能源制氢技术耦合、"液态阳光"燃料体系等深度减碳技术规模应用的技术、产业与模式，为碳中和背景下高碳排放行业低碳发展提供解决方案。大规模建设碳汇林，推进采煤沉陷区生态恢复，提升生态系统碳汇能力，到 2025 年，碳汇林人工造林面积达到 250 万亩，碳汇林营造林面积为 1400 万亩，年均碳汇为 360 万吨。到 2030 年，碳汇林人工造林面积达 320 万亩，碳汇林营造林面积达 2000 万亩，年均碳汇为 600 万吨。从源-汇两端，推进全市碳排放总量尽早达峰。

3. 促进居民生活的低碳转型

积极推进清洁供暖。到 2025 年全面取缔散煤燃烧供暖，在城区利用热电联供、工业余热供暖、分散天然气供暖、电供暖等多种方式基本实现清洁供暖。充分利用丰富的工业余热资源供暖，就近发展区域供热，余热供暖、电供暖等低碳能源供暖面积达到 500 万平方米，占全市中心城区建筑面积的 1/10 左右。到 2035 年进一步优化供暖能源结构，在农村及城镇边远地区，积极推进包括电(蓄)热锅炉、熔盐蓄热清洁供暖、空气源热泵、地源热泵、生物质颗粒燃料等方式的可再生能源清洁电力供暖，提高可再生能源供暖比

重，开展规模化跨季节储热集中供暖示范。

实施农村清洁能源替代。引导经济条件较好的农村地区改用燃气或电取暖设施，暂不具备清洁能源替代条件的散煤取暖区域，利用"洁净型煤+环保炉具""生物质成型燃料+专用炉具"等模式进行替代。充分利用农村丰富的土地空间资源，在建筑屋顶、农畜业设施表面，以及不能耕作的空地上，建设分布式光伏发电设施，推广分布式发电、分布式蓄电、就地用电新模式。利用光伏电加热储热技术、太阳能直热储热技术、空气源热泵技术和生物质颗粒燃烧技术、风电供热技术等，开展散户农村清洁取暖改造示范应用。

提高建筑能效水平。持续推动老旧建筑节能改造，提高建筑被动式节能水平。持续提高建筑本体节能保温水平，并通过被动式建筑节能措施，以及装备式建筑节能构件，降低建筑本体能耗。至2025年，老旧民用建筑达到65%的节能标准，新建民用建筑达到75%的节能标准。推动新能源与建筑本体有机结合与应用，进一步降低建筑主动式供能系统能耗，鼓励新建建筑达到近零能耗建筑技术标准。

4. 实施绿色交通替代工程

深入推进公共交通电动化。引入特来电新能源股份有限公司等新能源企业，加快建设充电桩、站等智慧新基建充电网设施，创新商业模式，打造"充电网、车联网、互联网"三网融合的新能源互联网。到2025年公共充电桩与电动汽车比例不低于1/10；引入价格机制和智能充放电策略，引导电动车参与需求侧响应和电网调峰，通过群管群控、智能调度、削峰填谷，实现能源的双向流动。到2025年，全市公共交通中新能源汽车占比达到30%；到2035年，公共交通实现100%非燃油化，新能源汽车占全部车辆的比重提升至40%。

加快氢能在交通领域的应用。按照由点及面、由专用向公用、由城市向城际发展的思路，在榆林市形成"人"字形氢能产业带，布局加氢站和燃料电池汽车运营项目。全面推广轻卡车、重卡车和乘用车氢能应用。到2025年，公交车、专用车和重型卡车等氢燃料电池汽车总数超过2000辆，配套建设20个1000千克/天级或同等规模加氢能力的加氢站；到2035年，在榆林科创新城推广氢燃料电池汽车高比例发展，在区域内建成便捷化加氢基础设施体系。

5. 推进氢能综合利用示范

探索氢能多场景综合利用。依托榆林科创新城建设氢能综合利用示范城，开展公交系统、物流系统、环卫系统氢燃料电池汽车和加氢站示范，建设氢能热电联供系统，开展燃气混氢输送和应用示范。建立多元化、规模化储氢体系，近期构建成熟可靠的高压气态储氢设施，并积极推动低温液态储氢、固体储氢和有机液体储氢等先进储氢技术的研发与示范；远期择优扩大各类储氢装置的规模，满足多元的储氢需求。探索管道输氢模式，近期依托现有天然气管道，完成天然气-氢气混输管道适用性验证，形成混输管道应用标准；远期探索绿色纯氢管道输送技术与基础设施建设。推进绿色氢气与传统能源系统的融合。

到2025年，建设成为西北地区国家氢能燃料电池汽车示范城市群的核心区，形成较完整的氢能产业链。到2035年，氢能利用规模与水平进一步提升，氢能产业成为区域新兴战略产业。

6. 推广智慧用能新模式

打造低碳智慧型能源城市。通过5G、大数据、云计算、人工智能、物联网等现代信息技术与能源行业的深度融合，推进智慧矿井、数字油气田、智慧风电场、智慧光伏电站、智能电网等的建设。构建统一能源数字基础设施，建成覆盖煤炭、油气、煤化工、发电、电网企业和主要用户的能源互联网，实现"煤电风光储""源网荷储"一体化运行，提升能源系统效率。建设榆林能源大数据平台，打破行业、企业壁垒，实现能源数据集中管理和智能分析，实现能源规划、行业监管、生产调度、应急指挥、综合展示等功能，提升能源治理能力和水平。

在榆神工业园区、榆林科创新城等地开展智慧用能的区域试点，探索通过多能互补微电网、综合能源系统等推动多种能源的综合、梯级利用，提高能源利用效率。提倡科学用能，鼓励引导工商业和居民用户开展用能设备智慧化发展和智能化改造，辅助源网荷联动，增强用户参与能源供应和平衡调节的灵活性和适应能力。

5.2.3.4 推进能源体制革命，打造能源资源要素市场化配置改革先行区

围绕榆林服务国家能源安全、先行先试低碳发展的需求，在能源科技管理体制机制创新、电力体制改革、矿产资源市场化配置、油气体制和能源环境协调发展机制方面推进能源体制改革，充分发挥市场对能源资源要素配置的决定性作用。

1. 促进能源科技管理体制机制创新

推进科技创新服务体系建设。建设知识产权价值评估、交易平台，科技成果转移转化平台，形成知识产权交易服务体系。推进科技创新与金融资本融合，鼓励设立知识产权基金以引入风险投资，以市场化方式为能源革命技术创新注入活力。建设开放运营服务的中试平台，开展中试熟化与产业化开发，为创新技术从实验室走向首台(套)提供全链条解决方案及保障资源。

推进科技支撑体系建设。创新能源科技研发管理体制，建立"基地+研发"的科研模式，推进"政产学研用"五位一体的全方位合作机制。建立健全有利于吸引、激励和留住人才的体制机制，探索实施人才柔性工作支持政策，允许国有企事业单位专业技术和管理人才按有关规定在西部地区兼职并取得合法报酬。鼓励多样化科研体系融合发展，开展赋予研发人员职务科技成果所有权或长期使用权试点，建立适应不同类型科研活动特点的管理体制和运行机制，支持科学家和民间资本参与或领衔组建新型科研机构、牵头开展研发应用，形成技术创新合作网络和科技成果共享机制。

2. 深化电力体制改革试点

厘定榆林网间输配电价。调整和理顺榆林两网输配电价，全面取消趸售电价，实现市域范围内两网之间变趸售关系为输配关系。扩大电力交易范围和规模，准许符合产业政策、能耗达标的全部公网电厂和经营性电力用户全电量参与电力直接交易。鼓励新能源企业参与交易，探索平价上网时期新能源电力参与交易的市场运行机制。积极推进源网荷储一体化建设，依托榆神工业园区、神木"飞地经济"示范园等增量配电改革试点

项目，探索市县级、园区级源网荷储一体化发展模式，提高区域可再生能源消费比例。

加快电力市场化改革步伐，通过市场手段，经济高效地配置电力辅助资源，促进各类市场主体积极参与电力辅助服务，扩展储能在电力系统发输配用各端的应用场景，进一步拉大峰谷价差，建立健全碳排放权、绿色电力证书等市场机制。逐步建立电力系统对可再生能源制氢提供辅助服务的市场机制，解决可再生能源制氢中的稳定性问题。

3. 持续推进矿产资源市场化配置改革

以资源配置方式转变推进资源深度转化。针对煤炭资源占而不采、采而不转的突出问题，按照尊重历史、分类施策、合法依规的原则，通过市场引导和经济激励的手段，引导企业加快转化项目建设，进一步优化煤炭资源配置。

4. 积极推进油气体制改革

按照国家油气体制改革要求，完善并有序放开油气勘查开采体制，实行勘查区块竞争出让制度和区块退出机制，允许符合准入要求并获得资质的市场主体参与常规油气勘探开采。探索油气央企与榆林市联合开发机制和模式，促进储量动用和增产稳产。鼓励矿权人划出一定规模的储量或矿区面积，与本地企业合作，成立合资公司，并在本地注册。

5. 完善能源环境协调发展机制

完善资源环境承载力精细化管理。建设榆林市资源环境承载力平台，探索"标准地"资源承载力核算、新增承载力和已有承载力置换路径，创新环境污染考核制度，建立以环境资源承载力为核心的综合评估考核体系。实行全域企事业单位污染物排放总量控制制度，实现污染物排放由行政区域总量控制向企事业单位总量控制转变，推动排污权市场化交易。

建立能源开发生态补偿机制。全面建立横向纵向生态补偿机制，提高煤炭资源税费征收标准，建立石油、天然气生态补偿机制，争取落实能源输入地向输出地进行生态补偿，提高税费向生态受损地区返还的比例。建立市域一体化生态建设机制，以市为单元打捆使用生态建设资金，推进一批区域性重大生态战略工程建设，完善采煤沉陷区综合治理体系。结合羊子"双千万"工程，探索破解塌陷区土地属性限制，在确保生态效益的前提下因地制宜地推进生态修复，实施土地整理和林草种植，争创国家黄河流域矿区污染治理和生态修复试点市。

5.2.3.5　深化国内国际区域间合作，提升能源治理能力

1. 深化能源区域合作机制

深度融入西部大开发、黄河流域生态保护和高质量发展等国家战略，加强省际区域高水平合作，统筹规划生态环境共建共保、基础设施互联互通等项目建设，探索建立跨地区重大基础设施、公共服务和生态环境建设项目成本分担机制。围绕清洁能源开发和利用、资源型经济转型、城市能源变革等主题，与周边地区开展深度合作，加快共建陕蒙合作试验区，加强在光伏新材料研发制造、镁铝生产及综合开发利用等领域的合作。将榆林能源化工交易中心打造成"服务榆林，辐射周边，具有国际影响力的现代能源化工产品交易中心"，全面加强区域能源贸易合作。

2. 加强能源国际交流合作

拓展能源领域国际交流与合作。以榆林国际煤博会为基础，举办以榆林能源革命为主题的年度国际会议，吸引国内外智库、技术开发机构、绿色投资金融机构等参与，构建对外合作平台窗口，积极推进能源企业参与"一带一路"国际合作。推动能源技术、装备和服务"走出去"。推动优势企业开展煤化工、新能源装备领域产品和技术的国际合作，扩大对外合作规模。支持能源企业对外开展设计、工程技术服务等业务，带动能源服务领域向外拓展。

5.2.4 榆林开展多能融合示范的关键技术分析

1. 推进现代煤化工与石油化工的互补融合示范

针对我国石油对外依存度高所导致的能源安全问题，推进煤炭与石油的互补融合。战略上，注重煤炭弥补石油资源的不足；市场上，注重煤化工弥补石油化工的不足，重点关注烯烃、芳烃等大宗化学品及特种油品（如高端润滑油、大比重航煤、高原用燃料等），特别关注煤化工在合成含氧化合物方面的特殊优势，在巩固甲醇优势的同时，注重各种用量大的小分子含氧化合物，如乙醇、乙二醇等；技术上，重点关注具有变革性意义的煤基气化技术，突破煤制芳烃的规模化放大，粉煤热解，气液固分离，合成气一步合成乙醇、乙二醇、对二甲苯（PX）、烯烃等技术。

2. 推进能源化工产业的全链条融合示范

针对能源富集地区高度依赖资源开发、产品附加值低、同质化竞争严重、产业链延伸关键技术缺乏等问题，推进能源化工产业的全链条延伸、多产业融合，推进能源化工产品终端化、精细化、差异化、绿色化发展。重点关注煤基聚酯新材料、腈纶纺织产品、工程塑料、聚氨酯材料、特种纤维、液晶屏材料、风电叶片材料等高端材料的项目示范及产业发展，以及煤矸石综合利用、粉煤灰综合利用、化工渣综合利用、工业废弃料综合利用等的项目示范及产业发展。

3. 推进可再生能源与储能的融合示范

针对能源富集地区低碳化转型发展的需求，结合区域风能、太阳能资源丰富的条件，推进可再生能源与储能的融合发展，着力解决可再生能源大规模发展中供应与消费的时空错配问题。推动可再生能源与高载能产业在规划布局、生产运行等方面的融合发展。积极示范和推广可再生能源大规模发电、先进光热技术，完善并推广应用需求侧互动技术、电力虚拟化及电力交易平台技术，构建"互联网+"电力运营新模式。实现千万千瓦级风光互补基地示范工程，提升可再生能源在能源消费中的比重，降低城市综合能源系统的碳强度。

4. 推进以氢/低碳醇为载体的多能融合示范

针对国家未来能源体系全面低碳化、绿色化发展的需求，抢占以氢/低碳醇为载体的未来能源体系的科技前沿，突出氢作为终端用能和煤化工、生物质及可再生能源的连接载体作用。基于能源"金三角"地区氢资源多元丰富、可再生能源规模大、管网基础设施较完善等优势，抢抓氢能源产业市场化的战略性机遇，重点发展制氢、输氢、加氢、燃料电池等氢能产业链关键环节，全面推动氢能与煤化工的融合发展及氢能全链条区域综合应用示范，建设具有全国影响力的氢能示范地区、国内领先的技术创新和产业孵化平台。围绕煤化工产业二氧化碳排放集中的特点，开展氢气与二氧化碳合成制低碳醇/燃料等领域的研究与示范，打造"液态阳光"能源体系雏形。

榆林低碳醇产业发达，甲醇、乙醇原料富集，探索开展乙醇燃料的区域综合应用示范，为我国液体燃料补充替代战略提供多元选择。尤其在煤制乙醇燃料方面，随着 50 万吨级煤制乙醇项目建成投产，可在地区内先行先试煤制乙醇燃料的区域综合应用，探索在生物质资源匮乏地区发展乙醇燃料产业的可行性。

5. 推进智能技术为支撑的智慧融合示范

针对能源产业数字化、智能化发展需求，推进以智能技术为支撑的先进能源系统构建，推进综合能源系统管理平台及虚拟工厂等的建设。一方面，基于对能源系统内的设备运行、介质流动状态的准确感知计量，实现对各品种能源生产、加工转换、运输、存储、消费等各环节的全流程追踪与监测，同时融合气象数据、经济数据和城市运行数据，实现对能源系统、经济系统、生态系统、社会系统的多维度分析、模拟和预测，从而能从区域能源利用效率、经济成本、环境成本、安全保障等角度进行评估、优化。另一方面，通过区域综合能源系统的智能化，提升城市能源监控和管理水平，提升城市用能的科学化、精细化水平。

6. 推进园区级化石能源与可再生能源的低碳融合示范

针对高碳能源结构低碳化发展的需求，基于我国已经积累的一批先进融合能源技术条件，在典型园区打造低碳排放的多能融合示范工程。通过园区级系统规划与设计，借助技术创新、工艺创新和系统集成创新，打破园区系统间的壁垒，实现物质流、能量流、信息流的多流融合，提升能量利用效率和原子利用率，实现园区级以低碳生产为目标的多种能源、多条路线耦合利用的新模式。重点探索煤化工补氢过程与可再生能源制氢过程的耦合集成，为煤化工低碳化发展探索技术路径。

5.2.5 榆林多能融合示范效果分析

5.2.5.1 分析方法与工具

本节构建了榆林能源系统模型，并应用该模型对榆林中长期能源发展与碳排放展开了预测和情景分析。研究中基于榆林统计数据和调研数据，对榆林宏观经济社会发展、主要能源相关部门规划、能源利用效率等进行量化，在对未来能源发展宏观形势进行判断的基础上，通过模型仿真计算，在可预计的边界条件下对榆林市能源中长期发展，包括能源的生产、转换、消费进行了综合分析。

本节构建的模型基于国际通用的长期能源替代规划系统(long-range energy alternatives planning system, LEAP)模型(图 5.14)，涵盖了榆林市能源主要加工转换环节和终端消费部门，是一个闭合、平衡的能源系统。LEAP 模型是一个基于情景分析的自底向上的能源-环境核算工具，由斯德哥尔摩环境研究所与美国波士顿大学共同开发。

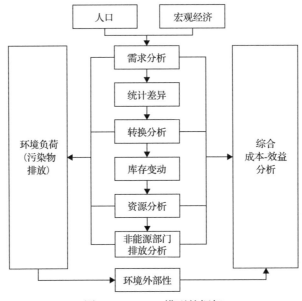

图 5.14 LEAP 模型的框架

LEAP 模型的能源系统主体由需求、转换、资源三大核心模块构成。其中，"需求"包括国民经济系统中各终端消费部门对能源的需求品种和数量；"转换"包括发电供热，炼油炼焦等一次、二次能源的加工、转换、运输、储存、分配等中间环节；"资源"供应包括各种一次、二次能源的生产和调出入等。LEAP 模型拥有灵活的结构，使用者可以根据研究对象的特点、数据的可得性、分析的目的和类型等来构造模型结构和数据结构，可以用来分析不同情景下的能源消耗和温室气体排放，这些情景是基于能源如何消耗、转换和生产的复杂计算，综合考虑关于人口、经济发展、技术、价格等一系列假设。

国内外能源-环境研究者已广泛采用 LEAP 模型进行能源需求分析。该模型主要可用于国家和城市中长期能源环境规划，可以用来预测不同驱动因素的影响下全社会中长期的能源供应与需求，并计算能源在流通和消费过程中的温室气体以及大气污染物排放量。

本节基于榆林统计数据和调研数据构建的榆林能源系统模型，涵盖了榆林市煤炭、油气生产等一次能源供给部门，煤电、风电、光伏发电等发电部门，兰炭、煤制油等主要加工转换部门，以及包括工业(分主要行业)、交通运输(分主要类型交通工具)、商业、居民等的终端消费部门，通过与经济社会发展(GDP、人口等)、各部门的主要活动指标(产量、产值、车辆数量等)的连接，量化了各个部门的包括煤炭，油气，风能、太阳能等可再生能源，电力，氢能，煤炭制品，石油制品等主要类型的能源的投入、产出，以及过程中伴随的二氧化碳排放等，整合性地分析了各部门之间的能源传输，形成了一个闭合、平衡的能源系统。

本节应用该模型，对榆林宏观经济社会发展、煤电、可再生能源发电、煤化工等主要能源相关部门的规划、能源利用效率等进行量化，对未来煤化工、发电、交通等主要部门的发展、多能融合的主要方式的进展等进行分析，在设定发展情景的基础之上，通过模型仿真计算，对榆林市能源中长期发展与碳排放开展预测和情景分析，系统地比较了不同情景下的能源生产、转化和消费的结构，定量分析了多能融合的进展对能源系统和碳排放等的影响。

5.2.5.2　分析的关键假设

1. 经济社会和产业发展

根据《榆林市经济社会发展总体规划(2016—2030 年)》，榆林处于工业化和城镇化的稳步提升期、资源型城市转型攻坚期，也是经济发展迈向中高端的历史转折期，未来经济社会发展将呈现转型和提质的总体特征。榆林将继续发挥自身的资源禀赋优势，紧抓新常态下的新机遇，大力发展质优价廉低排放的能源产品产业链，发展煤炭清洁高效利用产业以及国家级能源化工基地；同时发挥榆林独特的地域优势和人文优势，发展新常态下的文化旅游和特色农业等非煤产业；积极培育新兴产业，推动经济发展。

参考全国、陕西省中长期发展态势，以及榆林市近年的发展情况、已有规划和研究成果，本节对榆林市到 2035 年的宏观经济社会发展作出了如下设定。

2018 年榆林市常住人口为 342 万人，人口缓慢增长。参考人民大学课题组的预测，设定 2030 年榆林市常住人口将增至 379 万人，2035 年达到 388 万人。

2018 年榆林市人均 GDP 约 11.3 万元，是全国平均水平的 1.7 倍左右。2010～2018 年榆林 GDP 年平均增速达到 9%，在煤炭等矿产资源的开发趋于饱和的同时，榆林市将大力推进高端煤化工等产业的发展，提高资源利用率和附加价值，新兴产业、服务行业将得到进一步发展，预计 GDP 将保持 5%～8%的增长速度，到 2035 年 GDP 总量将突破万亿元大关。同时，产业结构进一步优化，到 2035 年，第二产业占比逐步降至 55%，第三产业占比增至 40%左右(图 5.15)。

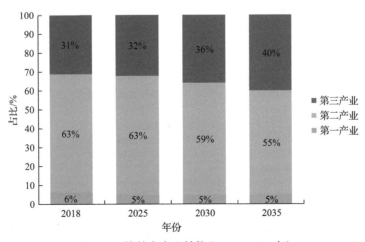

图 5.15　榆林市产业结构(2018～2035 年)

2018 年榆林市城镇化率约为 59%，与全国平均水平持平。从全国来看，众多研究表明中国将在 2030 年以后进入城镇化的平台期，2035 年城镇化率达 74%左右。预计未来榆林市的城镇化速度将比全国稍快或基本持平，到 2035 年城镇化率达 75%左右。

2. 情景设定

为了定量分析能源革命对榆林的能源供需和碳排放的影响，本节开展了情景分析，设置了两个情景，即参考情景和多能融合情景。

情景设定中，两个情景关于经济社会的宏观发展方面采用了相同的设定。两个情景的主要不同点是：参考情景是按照当前规划推进大型煤化工项目；电源建设中继续建设火电，匹配较大规模的风电、光伏等可再生能源发电，发展大规模电力外送。多能融合情景是在同样开展上述能源项目建设的同时，通过大规模储能、氢能等关键环节技术的创新，实现化石能源系统与可再生能源系统的融合，进一步加快发展可再生能源，提高本地消纳能力，发展大规模电解水制氢、"液态阳光"（二氧化碳加氢制绿色甲醇），同时加强副产氢的利用，在煤化工、交通、热电联产、天然气掺氢等领域广泛开展氢能的利用，促进能源结构深度低碳化，实现区域更高质量的发展。

参考情景和多能融合情景的具体设定如表 5.6 所示。

表 5.6　参考情景和多能融合情景的主要异同点

对比项		参考情景	多能融合情景
经济社会发展		相同设定 GDP：2018~2035 年平均增速为 5.9%，2035 年超过 1 万亿元 第三产业占比：2035 年达到 40%左右 人口：2018~2035 年平均增速为 0.8%，2035 年达到 388 万人	
化石能源生产		相同设定 煤炭产量：2025 年 55000 万吨；2030 年 55000 万吨；2035 年 50000 万吨 原油产量：2025 年 1100 万吨；2030 年 1200 万吨；2035 年 1200 万吨 天然气产量：2025 年 200 亿立方米；2030 年 240 亿立方米；2035 年 240 亿立方米	
电力	煤电	相同设定 装机：2025 年 3800 万千瓦；2030 年 4800 万千瓦；2035 年 4700 万千瓦	
	电力可再生能源发电	快速发展 风电装机： 2025 年 1200 万千瓦 2030 年 1700 万千瓦 2035 年 2300 万千瓦 光伏装机： 2025 年 2050 万千瓦 2030 年 2900 万千瓦 2035 年 4500 万千瓦	进一步加快发展 风电装机： 2025 年 1400 万千瓦 2030 年 2000 万千瓦 2035 年 2900 万千瓦 光伏装机： 2025 年 2200 万千瓦 2030 年 4200 万千瓦 2035 年 7500 万千瓦
煤炭加工与转化		按规划发展 2035 年产量： 煤制烯烃 500 万吨 煤制油品 1000 万吨	相同产品产量；积极利用氢能、绿色甲醇，推进热能综合利用 氢能化工利用量： 2025 年 20 万吨 2030 年 64 万吨

续表

对比项	参考情景	多能融合情景
煤炭加工与转化	煤制甲醇 300 万吨 煤制乙二醇 320 万吨 煤制芳烃 150 万吨 煤制乙醇 200 万吨 兰炭 5000 万吨	2035 年 75 万吨 绿色甲醇产量： 2025 年 10 万吨 2030 年 50 万吨 2035 年 300 万吨
电力消纳	照常发展	增加本地消纳，发展电解水制氢、"液态阳光" 电解制氢用电： 2025 年 50 亿千瓦时 2030 年 150 亿千瓦时 2035 年 250 亿千瓦时 "液态阳光"用电： 2025 年 10 亿千瓦时 2030 年 50 亿千瓦时 2035 年 300 亿千瓦时
氢能制备与利用	无进展	大力发展电解水制氢、"液态阳光"、副产氢提纯； 推进煤化工、交通、热电联产、天然气掺氢等领域 的氢能利用
其他	交通运输以燃油车为主 电动车：2035 年 1160 辆	交通运输在发展氢燃料电池汽车的同时，大力发展 电动车 电动车：2035 年 47.61 万辆

5.2.5.3 各情景下的能源发展和碳排放

1. 一次能源生产和发电

在参考情景和多能融合情景中，关于化石能源生产，采用了相同的设定，具体见表 5.7。2018 年，榆林原煤产量为 46184 万吨。除已建成煤矿产能外，核准、在建及取得路条的井田规模为 8500 万吨/年，规划配套煤矿产能为 4200 万吨/年，再考虑已有煤矿产能的逐步提高，到 2025 年原煤产量将提高到 5.5 亿吨。2030 年之后随着国内外碳减排力度加大，煤炭需求减少，煤炭生产逐步回落到 5 亿吨。油气生产方面，根据榆林市能源生产相关规划，天然气产量达到并保持在 240 亿立方米，原油产量达到 1200 万吨并保持稳定水平。

表 5.7 榆林市化石能源生产量(各情景共通)

能源品种	单位	2018 年	2025 年	2030 年	2035 年
原煤	万吨	46184	55000	55000	50000
天然气	亿米^3	167	200	240	240
原油	万吨	1050	1100	1200	1200

随着我国东部地区以及陕西关中地区受到越来越严格的环保制约，榆林作为国家重要的煤电基地，在满足自用的基础上，将建设一定规模的电源项目扩大外送电规模。此

外，榆林市风能、太阳能资源丰富，新能源开发潜力较大，是陕西省"十三五"时期风电、光伏等新能源产业建设的主要区域。

电力发展方面，基于榆林电力发展"十四五"规划的研究成果，在参考情景下，煤电装机预计从 2018 年的 2142 万千瓦增至 2025 年的 3800 万千瓦，之后因外送电规模扩大，到 2030 年煤电装机规模进一步扩大到 4800 万千瓦，之后略有减少。榆林市可再生能源装机将持续增长。风电装机由 2018 年的 389 万千瓦，逐步增至 2025 年 1200 万千瓦、2030 年 1700 万千瓦、2035 年 2300 万千瓦。同期，光伏装机由 2018 年的 432 万千瓦逐步增至 2050 万千瓦、2900 万千瓦和 4500 万千瓦。榆林计划新增的发电装机量的半数以上属于外送电力，外送规模到 2035 年规划达到 6700 万千瓦。具体请见表 5.8。

表 5.8　榆林电力装机规模和外送规模（参考情景）　　（单位：万千瓦）

能源品种	装机规模				外送规模		
	2018 年	2025 年	2030 年	2035 年	2025 年	2030 年	2035 年
合计	2965	7067	9462	11652	4400	6100	6700
煤电	2142	3800	4800	4700	2000	2700	2700
风电	389	1200	1700	2300	800	1200	1500
光伏	432	2050	2900	4500	1600	2200	2500

注：装机规模"合计"项除煤电、风电、光伏之外，还包括垃圾发电、水电和储能电力等（这里没有列出来）。

到 2035 年，榆林可再生能源发电将大幅增长，风电、光伏发电量将分别增长至 506 亿千瓦时、630 亿千瓦时，可再生能源发电总量将达到 1194 亿千瓦时。

从发电装机结构来看，可再生能源占比将逐步提高，到 2035 年将达到 59.7%，发电量达到 42%左右。而随着可再生能源发电比例的提高，煤炭作为调峰电源的角色将初步增大，发电小时数逐渐减少。基于对煤电发电小时数和煤耗的设定，预计榆林市发电用煤炭消费量在 2025 年、2030 年、2035 年将分别为 5963 万吨、7195 万吨和 6922 万吨。榆林市燃煤发电相关指标请见表 5.9。

表 5.9　榆林市燃煤发电相关指标（各情景共通）

指标	2025 年	2030 年	2035 年
发电小时数/(时/年)	4300	4300	3800
发电量/(亿千瓦时/年)	1374	1713	1705
平均发电煤耗/(克标准煤/千瓦时)	310	300	290
煤炭消费量/万吨	5963	7195	6922

在多能融合情景下，作为联结可再生能源和化石能源的纽带，氢能的制取和利用将取得较大进展，可再生能源电解水制氢规模到 2025 年达到 9 万吨，到 2035 年持续扩大

到 45 万吨，消费电力 250 亿千瓦时，具体请见表 5.10。利用可再生能源电解水制氢，进而通过二氧化碳加氢制绿色甲醇的"液态阳光"产量预计到 2025 年达到 10 万吨，到 2035 年达到 300 万吨，消耗电力 300 亿千瓦时，减少 413 万吨二氧化碳排放。这将推动可再生能源发电的加速发展，到 2035 年与参考情景相比，风电和光伏发电的装机容量分别进一步增加 600 万千瓦和 3000 万千瓦，增加的 550 亿千瓦时发电量全部用于电解水制氢和"液态阳光"。两种情景下，榆林市发电结构如图 5.16 所示。

表 5.10　多能融合情景下的可再生能源发电和电力消纳

发电装机及电力消纳		单位	2025 年	2030 年	2035 年
风力发电		万千瓦	1400	2000	2900
光伏发电		万千瓦	2200	4200	7500
电解水制氢	制氢量	万吨	9	27	45
	用电量	亿千瓦时	50	150	250
"液态阳光"	绿色甲醇产量	万吨	10	50	300
	用电量	亿千瓦时	10	50	300

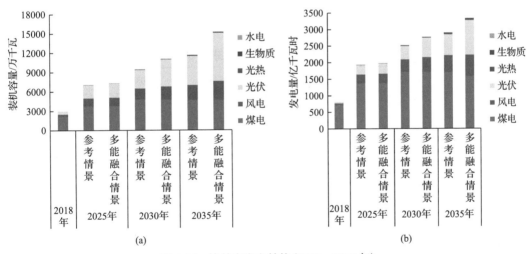

图 5.16　榆林市发电结构（2018～2035 年）

2. 煤化工产业发展

未来煤化工产业高端化发展进程下，榆林将建设成世界一流高端能源化工基地，本节关于主要煤化工产品产量和耗煤量的预测详见表 5.11。榆林市煤化工产品产量在 2030 年前将持续快速增长，之后除煤制芳烃外，主要煤化工产品产量基本保持同等规模。参考情景下，煤化工耗煤量到 2030 年将达到 12754 万吨，之后由于技术进步带来的能效改善等，总体耗煤量基本保持不变。

在多能融合情景下，在实现与参考情景相同的产品产量的同时，可再生能源电解水

表 5.11   榆林主要煤化工产品产量和耗煤量（参考情景）   （单位：万吨）

产品种类	产量				耗煤量			
	2018 年	2025 年	2030 年	2035 年	2018 年	2025 年	2030 年	2035 年
煤制烯烃	120	360	500	500	790	2312	3137	3070
煤制油品	80	500	1000	1000	533	2906	5678	5557
煤制甲醇	227	300	300	300	499	642	628	614
煤制乙二醇	—	260	320	320	0	1453	1748	1710
煤制芳烃	—	100	100	150	0	918	896	1316
煤制乙醇	—	50	200	200	0	175	667	653
合计	—	—	—	—	1822	8406	12754	12920

制氢、工业副产氢所产生的氢气将大规模用于煤化工中来补氢调节碳氢比，从而降低作为原料的煤炭的消费量，加氢量到 2025 年、2030 年、2035 年分别达到 20 万吨、64 万吨和 75 万吨。同时通过强化热能的综合管理和工厂间融通，可进一步降低煤化工产业的燃料用煤。另外，来自"液态阳光"的绿色甲醇（2035 年为 300 万吨）也可替代煤制甲醇，从而降低煤炭需求。总体上，与参考情景相比，煤化工用煤到 2035 年将减少近 1350万吨。

未来榆林兰炭年产量将增加到 5000 万吨左右，耗煤量约为 8000 万吨，具体见表 5.12。

表 5.12   榆林市兰炭产量及耗煤量（各情景共通）

指标	单位	2018 年	2025 年	2030 年	2035 年
产品产量	万吨	3151	5000	5000	5000
单位产品能耗	吨煤/吨产品	1.68	1.60	1.60	1.60
耗煤量	万吨	5281	8000	8000	8000

3. 终端能源消费

伴随着经济增长、产业发展和人民生活水平的提高，榆林市的终端能源消费将持续增加（图 5.17），到 2025 年、2030 年、2035 年逐步扩大到 2929 万吨标准煤、3364 万吨标准煤和 3650 万吨标准煤（按电热当量法计算），2018～2035 年年均增长率为 3.0%。其中，受制造业、第三产业和生活消费等的牵引，电力和天然气消费将大幅增加，到 2035年分别达到 1189 亿千瓦时（折合 1461 万吨标准煤，按电热当量法计算）、50.2 亿立方米（折合 667 万吨标准煤），2018～2035 年年均增长率达到 4.9%、3.9%。随着交通运输需求等的扩大，石油消费将从 231 万吨标准煤增加到 407 万吨标准煤，年均增长率为 3.4%。而受煤转气、煤转电等政策因素驱动，榆林市的终端煤炭消费增长相对缓慢，到 2035 年增至约 1000 万吨标准煤，年均增长率为 0.7%。

未来，随着榆林市终端能源消费的电气化程度逐步提高，电力占终端消费的比重由2018 年的 29.1% 提高至 2035 年的 40.0%（按电热当量法计算）。同时，煤炭的占比持续下降，将由 40% 下降至 27% 左右（图 5.18）。

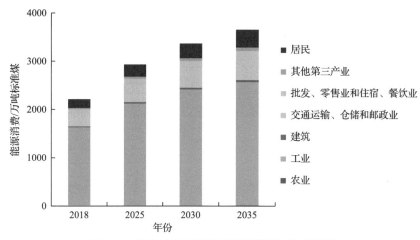

图 5.17　榆林市分部门终端能源消费（参考情景）

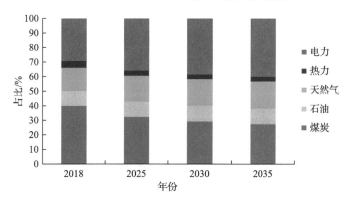

图 5.18　榆林市终端能源消费结构（参考情景）

　　多能融合情景下，榆林市在交通、热电联产、天然气掺氢等领域广泛开展氢能的利用，到 2035 年燃料电池热电联产达到 10 万千瓦，各种燃料电池汽车达到近 15 万辆，天然气掺氢达到 11 万吨，加上煤化工用氢，氢能利用总量达到 100 万吨，多能融合情景下榆林燃料电池应用情况请见表 5.13。而氢能的供给主要来自于电解水制氢和乙烷裂解、氯碱、兰炭工业的副产氢，多能融合情景下榆林氢能供需见表 5.14。

表 5.13　多能融合情景下的榆林燃料电池应用

燃料电池利用		单位	2025 年	2030 年	2035 年
燃料电池热电联产		万千瓦	0.3	2	10
燃料电池汽车	大巴	辆	600	2000	3500
	出租车	辆	500	1500	2500
	私家车	辆	100	8000	80000
	重卡	辆	500	8000	30000
	轻卡	辆	500	10000	30000

表 5.14 多能融合情景下的榆林氢能供需   （单位：万吨）

氢能供给和消费		2025 年	2030 年	2035 年
氢能供给	乙烷裂解副产氢	7	14	14
	氯碱副产氢	5	5	5
	兰炭副产氢		25	35
	电解水制氢	9	27	45
	合计	21	71	100[a]
氢能消费	燃料电池热电联产	0.1	0.5	3
	交通	0.4	3.4	11
	天然气掺氢	0.4	3.2	11
	煤化工加氢	20.3	64	75

a 上面四项相加和与 100 略有出入，是四舍五入引起的。

此外，在交通领域，大力发展电动车，到 2035 年，电动汽车达到 47.61 万辆，其中大巴车 0.36 万辆、出租车 0.75 万辆、私家车 41.0 万辆、轻型卡车 5.5 万辆，榆林市不同情景下不同燃料类型汽车的数量见图 5.19。

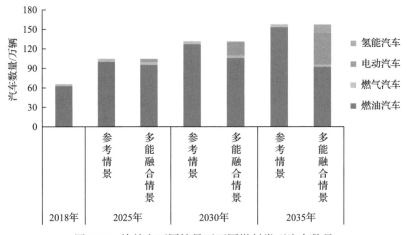

图 5.19 榆林市不同情景下不同燃料类型汽车数量

多能融合情景下，通过高效氢能的利用和低能耗的非燃油汽车的发展，到 2035 年榆林市终端能源消费量为 3555 万吨标准煤，与参考情景相比下降 95 万吨标准煤，降幅为 2.6%。

4. 能耗强度、碳排放量等主要指标

参考情景下，榆林市的综合能源消费量到 2025 年、2030 年、2035 年分别达到 1.00 亿吨标准煤、1.31 亿吨标准煤、1.37 亿吨标准煤，年均增长率达到 6.6%，单位 GDP 能耗从 2018 年的 1.21 吨标准煤/万元到 2030 年上升到 1.57 吨标准煤/万元，之后转为下降，2035 年降为 1.35 吨标准煤/万元。

由于发电、炼焦、煤化工等耗煤产业的快速扩张，榆林市短期内能源相关二氧化碳排放量将会出现大幅增长，到 2025 年、2030 年分别达到 2.73 亿吨和 3.46 亿吨。2030 年以后，二氧化碳排放进入平台期，缓慢下降，到 2035 年下降到 3.39 亿吨。其中，煤炭利用产生的碳排放占到碳排放总量的 95% 以上。单位 GDP 二氧化碳排放量先增后降，在 2025 年增至 4.2 吨/万元之后，到 2035 年下降到 3.3 吨/万元，与 2018 年持平。

多能融合情景下，以煤化工产业为主，氢、绿色甲醇和热能综合利用降低了煤炭的消费量，但如果计入追加投入的可再生能源发电，以发电煤耗法计算的话，综合能源消费总量到 2035 年为 1.39 亿吨标准煤，与参考情景基本相当。

而二氧化碳排放方面(图 5.20)，可再生能源电解水制氢、"液态阳光"的发展，燃料电池汽车、天然气掺氢等的应用，将会降低能源相关的二氧化碳排放，二氧化碳排放总量在 2030 年左右达到 3.2 亿吨的峰值，之后转为下降，到 2035 年降为 2.9 亿吨，与参考情景相比，二氧化碳排放量减少 4885 万吨(约 14%)，单位 GDP 二氧化碳排放量下降至 2.9 吨/万元。

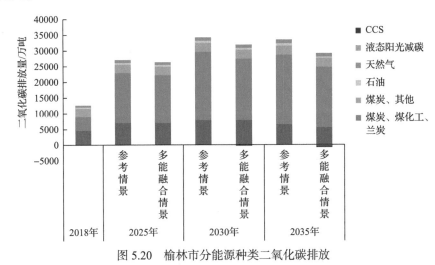

图 5.20　榆林市分能源种类二氧化碳排放

综合上述分析，榆林多能融合场景下能源供需与碳排放数据见表 5.15。

表 5.15　榆林多能融合情景下能源供需与碳排放数据总表

指标		单位	2018 年	2025 年	2030 年	2035 年
经济社会	GDP	亿元	3849	6532	8337	10143
	人口	万人	342	369	379	388
	人均 GDP	万元	11.3	17.7	22.0	26.1
能源供需	原煤生产量	万吨	46184	55000	55000	50000
	原油生产量	万吨	1050	1100	1200	1200
	天然气生产量	亿立方米	167	200	240	240
	火电装机量	万千瓦	2142	3800	4800	4700
	风电装机量	万千瓦	389	1400	2000	2900

续表

指标		单位	2018 年	2025 年	2030 年	2035 年
能源供需	光伏发电装机量	万千瓦	432	2200	4200	7500
	综合能源消费量	万吨标准煤	4639	9927	13035	13936
	可再生能源消费占比	%	6.1	6.3	11.0	22.2
	清洁能源消费占比	%	13.7	11.3	15.5	26.6
主要能源碳排放指标	人均能源消费量	吨标准煤/人	13.6	27.0	34.7	35.2
	单位 GDP 能耗量	吨标准煤/万元	1.21	1.52	1.57	1.35
	能源利用产生的 CO_2 排放量	亿吨	1.27	2.65	3.20	2.90
	单位 GDP CO_2 排放量	吨/万元	3.3	4.1	3.8	2.9
	人均 CO_2 排放量	吨/人	37.1	71.7	84.6	74.7

注：人口预测数据基于榆林市统计数据，并参考了中国人民大学"榆林人口发展战略研究"报告。

5.3 张家口可再生能源多能融合示范发展

5.3.1 可再生能源多能融合示范发展的基础与优势

5.3.1.1 发展基础及优势

1. 基础条件

河北省张家口市位于我国"三北"交汇处，是"一带一路"中蒙俄经济走廊重要的节点城市，是京津冀地区重要的生态涵养和国家规划的新能源基地之一。全市总面积 3.68 万平方千米。2014 年，全市总人口为 453 万，地区生产总值为 1359 亿元，财政收入为 231 亿元，城乡居民人均可支配收入分别为 21651 元和 7462 元，全社会能源消费总量为 1780 万吨标准煤，全年用电量为 135 亿千瓦时。2014 年底，张家口市风电并网装机 660 万千瓦，光伏发电并网装机 40 万千瓦，秸秆生物质发电装机 2.5 万千瓦，全年可再生能源发电量为 151 亿千瓦时(折合 499 万吨标准煤)，占全社会能源消费总量的 27%[①]。

张家口拥有"国家风光储输试验中心"、全国首个风电研究检测试验基地以及风机总装、叶片制造等生产企业，初步形成了涵盖开发应用、装备制造、科技研发、技术服务等相对完善的可再生能源产业体系。依托张家口的独特优势开展可再生能源应用综合示范，对引领可再生能源创新发展、推动能源革命、促进经济落后地区转型升级、推进生态文明建设具有重要意义。

2. 区位优势

张家口是京津冀地区向西北、东北辐射的链接点，与北京接壤，地处首都北京的上风上水位置，涿鹿、怀来、赤城三县与北京交界线达 230 千米。境内拥有 5 条超高压骨

---

① 参考资料：河北省张家口市可再生能源示范区发展规划. 人民日报，2015-08-28(10)。

干输电通道和规划的特高压通道，是我国重要的电力输送通道节点，是全国输送可再生能源条件最好的地区之一。

张家口作为京津冀地区的生态涵养区、我国重要的可再生能源生产基地和电力输送通道节点，具备电力体制改革先行先试的良好条件。张家口清洁电力可便捷地输入京津电网，对"京津冀一体化"绿色发展战略起重要支撑作用。由于两地距离较近，北京的技术和人才优势又可以方便地为张家口的产业升级提供支撑。

3. 可再生能源资源丰富

张家口是我国华北地区风能和太阳能资源最丰富的地区之一。风能资源可开发量达4000 万千瓦以上，太阳能发电可开发量达 3000 万千瓦以上，赤城、怀来等县的地热资源蕴藏丰富，各种生物质资源年产量达到 200 万吨以上，尚义、赤城、怀来等县具备抽水蓄能电站建设条件。

4. 可再生能源产业基础

张家口已具备可再生能源应用、产业、工程技术和人才基础。2009 年国家电网公司在张北建立了"国家风光储输试验中心"和全国首个风电研究检测试验基地。国家风电研究检测中心试验基地具备风电仿真研究、风电预测和风电调度控制的研究和试验能力，以及国际标准的风电机组认证和风电并网检测能力。中国华能集团有限公司、中国大唐集团有限公司、中国华电集团有限公司、国家能源集团、国华能源投资有限公司、中国广核集团有限公司等 30 多家大企业在张家口已建成风电场 75 个。

据张家口市发展和改革委员会提供的数据，截至 2013 年底，全市风电装机容量达到600 万千瓦(6 吉瓦)，并网 561 万千瓦(5.61 吉瓦)，成为名副其实的全国风电第一市；太阳能光伏发电 4 万千瓦，全部并网；秸秆生物质发电并网也达到了 2.5 万千瓦。张家口市还建立了一批风电和光伏制造企业，初步形成了风电机组总装、风机叶片和塔筒制造等风电配套产业。已建 3 家风机总装厂，年产能为 135 万千瓦；2 家风机叶片制造厂，年产能为 400 套；4 家风机塔筒制造厂，年产能为 1200 套。

5. 发展市场空间巨大

京津冀地区是全国重要的电力负荷中心，2020 年全社会用电量约为 6000 亿千瓦时，而煤电是其电力的主要来源。电力替代，特别是清洁电力替代化石燃料是解决京津冀区域能源及环境问题的根本途径，而张家口市可再生能源电力的近距离外供是京津冀最好的清洁能源替代来源。

按照《国务院关于印发大气污染防治行动计划的通知》(国发〔2013〕37 号)的总体要求，京津冀地区要实现煤炭消费总量负增长，未来可再生能源发展需求迫切，这为示范区可再生能源发展提供了巨大的市场空间。

5.3.1.2　发展目标及现状

1. 发展目标

2015 年 7 月 28 日国家发展改革委发布的《河北省张家口市可再生能源示范区发展规划》中，对张家口 2020 年、2030 年可再生能源的消费量、装机量、替代减排量、科技创新、产业建设等均明确提出了目标定量值(具体见表5.16)。自国务院批复设立张家口可再生能源示范区以来,张家口市在可再生能源应用方面取得了 10 余项国内外"第一"。截至 2020 年底,张家口市可再生能源装机规模突破 2003 万千瓦,成为全国非水可再生能源第一大市。

表5.16 主要指标概算一览表

类别	指标	2014 年	2020 年	2030 年
可再生能源指标	风力发电装机/万千瓦	660	1300	2000
	太阳能光伏发电装机/万千瓦	40	600	2400
	太阳能光热发电装机/万千瓦	0	100	600
	生物质发电装机/万千瓦	3	8	23
	可再生能源生产总量/(万吨标准煤/年)	500	1400	3300
	区域可再生能源消费量占终端能源消费总量比例/%	7	30	50
节能减排指标	替代化石能源/(万吨标准煤/年)	500	1400	3300
	二氧化碳减排/(万吨/年)	1300	3600	8500
	二氧化硫减排/(万吨/年)	13	35	84
	氮氧化物减排/(万吨/年)	2	6	14

2. 发展现状

"十三五"期间,张家口可再生能源示范区建设成效显著。全部冬奥会配套电网工程建成投运,冬奥会场馆用上绿色电力,兑现绿色冬奥庄严承诺。示范区可再生电力总装机超过 2300 万千瓦。新能源汽车应用量超过 4000 辆。"四方协作机制"累计交易 44 次、交易电量超过 30 亿千瓦时。光伏产业带动 14.25 万户建档立卡贫困户稳定脱贫。以可再生能源为代表的战略性新兴产业增加值占规模以上工业增加值的比重达到 40%。张家口已成为我国可再生能源开发应用的典范。"十四五"开局以来,张家口市继续全力推进风光、氢能和先进储能等领域的项目建设,充分发挥示范区"四方协作机制"优惠电价优势,围绕风光、储能等领域建设,引进先进适用技术和行业龙头企业,打造新型能源产业聚集区。

1)能源生产

自 2015 年印发《河北省张家口市可再生能源示范区发展规划》以来,截至 2022 年底,张家口市可再生能源装机规模为 2647 万千瓦(其中,风电 1795.1 万千瓦,光伏 845.4 万千瓦,生物质 6.5 万千瓦),占全域电力总装机的 81.7%。可再生能源发电量达到 457 亿千瓦时(其中,风电 344.4 亿千瓦时,太阳能发电 112.6 亿千瓦时),占全市总发电量的 63.5%。现阶段,张家口可再生能源开发利用水平位居全国前列,已经初步形成了规模化建设、产业化发展、多元化应用的良好格局。

2)能源输送

"十四五"开局之年,在国家政策支持下,张家口可再生能源示范区面向京津冀绿色电力能源需求,积极开展先行先试,大力推进智能电网建设,加快建设清洁能源外送通道,提高示范区绿色电力外输能力。目前,世界首个柔性直流电网——张北柔性直流电网试验示范工程在示范区组网成功,为破解可再生能源规模化开发利用贡献"中国方案"。雄安新区第一条清洁能源通道——张北至雄安 1000 千伏特高压输电工程建成投产，有力支撑了京津冀绿色电力互联互通。

3）能源消纳

可再生能源规模化消纳取得积极成效。2015 年至 2021 年 9 月，示范区电供暖总面积超过 1400 万平方米，新能源汽车应用量超过 4000 辆，可再生能源消费占比达到 30%，完成了"十三五"发展目标任务。"四方协作机制"依托京津冀绿色电力市场化交易累计交易 37 次、交易电量近 20 亿千瓦时，从单一居民供暖，逐步应用于大数据中心、奥运场馆建设用能等领域。光伏扶贫、光伏农业、"互联网+智慧能源"等新模式广泛应用。可再生能源应用处于全国先进行列，能源本地消纳进展显著。

4）产业发展

2015 年以来，张家口可再生能源高端装备制造聚集区不断向纵深发展，风能、太阳能、储能、氢能产业链条不断健全，按照"强链、延链、补链、扩链"的全产业链发展思路，强风光链、延氢能链、补储能链、扩服务链，高质量有侧重地发展新型能源装备制造产业。

"十三五"期间，可再生能源装备制造企业发展到 23 家、产值达到 75 亿元[①]。截至 2021 年，张家口已引进 20 多家可再生能源高端装备制造企业，涵盖了智能风机、高效光伏组件、氢燃料电池发动机等上下游产品，形成了以金风科技股份有限公司、中环(河北雄安)科技有限公司和北京亿华通科技股份有限公司等为代表的风电、光伏、氢能三大产业链，以新能源为主的高新技术产业增加值全面攀升，占规模以上工业增加值比重达到 39.2%[②]。一批技术先进、示范性强、带动作用大的可再生能源重点项目加速推进，高端装备制造业集聚发展效应凸显[③]。

5）成果转化

示范区与中国科学院、清华大学、国际可再生能源署、国家电网公司等国内外知名机构、高校、企业深化合作，推动先进理念和技术在示范区开花结果。目前，示范区建成了张家口氢能与可再生能源研究院等一批新能源产业创新平台，研发了氢燃料电池、多能互补等一批先进能源技术，建设了大容量储能、高效光伏电池等一批重大示范项目，柔性直流、虚拟同步电站、智能风机、跨季节储热等一大批国际领先技术得到示范应用。未来将不断深化科技创新合作，着力提升创新能力，积极推动先进技术研发和成果转化，不断夯实可再生能源创新发展基础。

5.3.2　张家口可再生能源多能融合示范的定位

张家口紧紧围绕能源生产和消费革命，采用科学的理念、灵活的机制、先进的技术成果，将示范区建设成可再生能源电力市场化改革试验区、可再生能源国际先进技术应

---

① 资料来源：2021 张家口市政府工作报告. (2021-01-28). https://www. zjkrd. gov.cn/article/93/1664. html.

② 资料来源：河北新闻网. 见证！兑现绿色冬奥承诺　张家口可再生能源示范区发展走笔. (2022-01-20). https://hebei. hebnews. cn/2022-01/20/content_8713501.htm.

③ 国家发展改革委. 我委支持张家口可再生能源示范区"十三五"建设成效系列之六：可再生能源产业集聚效应凸显. (2021-09-24). https://www.ndrc.gov.cn/fzggw/jgsj/gjss/sjdt/202109/t20210924_1297489.html。

用引领产业发展先导区、绿色转型发展示范区、京津冀协同发展可再生能源创新区，为我国可再生能源健康快速发展提供可复制、可推广的成功经验。

坚持市场导向，率先开展电力市场化改革试验。充分发挥市场配置资源的决定性作用，创新电力市场化发展机制，探索建立适合可再生能源发展的管理模式、市场机制、政策环境，形成适应可再生能源综合应用的体制机制改革新经验。

坚持创新引领，率先实现先进技术应用。全面实施创新驱动发展战略，以科技创新推动产业升级，强化可再生能源前沿技术研究，加大科技成果转化应用力度，形成国际一流的可再生能源技术试验田和产业发展先导区。

坚持低碳发展，率先探索新型绿色转型路径。通过可再生能源高比例、高质量的开发应用，打造可再生能源生态文明先行示范区，培育绿色能源新业态，带动产业转型升级，形成绿色经济发展新典范。

坚持协同推进，率先构建绿色能源区域联动体系。切实贯彻《京津冀协同发展规划纲要》要求，统筹张家口可再生能源资源优势和京津冀地区能源需求密集状况，推动区域发储输用融合，加快能源消费变革，形成京津冀能源协同发展新模式。

5.3.3 张家口可再生能源多能融合示范的重点举措

张家口着力推进体制机制、商业模式、技术三大创新进程。同时，针对可再生能源发储输用四大环节，组织实施规模化开发、大容量储能应用、智能化输电通道建设和多元化应用示范四大工程，全力打造五大功能区。

自 2015 年获国务院批准设立国家级可再生能源示范区以来，张家口就肩负起保障绿色冬奥和为全国先行探索绿色发展道路的双重使命。示范区充分利用先行先试的政策优势，强力推进示范区建设实现从无到有、从小到大的发展，取得国内外诸多"第一"，建设成果被列入国务院新闻办公室《新时代的中国能源发展》白皮书，为我国可再生能源开发应用提供了有益的探索实践[1]。

5.3.3.1 坚持创新引领，率先实现先进技术应用

示范区以推动能源技术革命为指导，集中导入国际、国内创新资源和创新力量，加速推动示范区可再生能源技术创新发展。通过大力发展分布式光伏发电、风光互补、大功率光热技术；在城区全面实行绿色建筑标准，积极发展被动式超低能耗绿色建筑技术；着力推广太阳能光伏农牧业，实现"光农""光牧"互补等先进技术的应用，全力推进可再生能源先进技术的应用。

(1)高标准建设千万千瓦级风电基地。重点在坝上地区和坝下适宜地区建设百万千瓦级风电基地三期、四期工程，力争 2030 年风力发电装机规模达到 2000 万千瓦。

(2)因地制宜发展太阳能光伏(热)开发应用技术。在怀来至崇礼高速公路沿线两侧建设百万千瓦级光伏廊道，利用荒山、荒坡推进一批大型地面电站的建设，力争 2030 年光

---

① 张家口新闻网. 将"金字招牌"越擦越亮——张家口可再生能源示范区发展纪实.(2022-04-07). http://www.zjknews.com/news/nengyuan/202204/07/368421.html。

伏发电装机规模达到 2400 万千瓦。在坝上地区和崇礼县重点发展推进一批光热发电示范项目建设，力争 2030 年大功率太阳能光热发电装机规模达到 600 万千瓦。

(3) 推动生物质能综合利用。推动生物质热电联产，有序建设垃圾焚烧发电项目，鼓励生物质固体燃料生产利用，适时推进建设燃料乙醇项目。同时充分利用张家口京津地区畜产品重要生产供应基地优势，进行规模化生物天然气工程示范，力争到 2025 年生物沼气、天然气年产 1 亿立方米及以上，形成本地收集、本地生产、本地消费的市场化格局。

(4) 推进可再生能源多元化供热技术应用。积极推进风电、太阳能、地热供暖技术应用，加快普及推广太阳能热水系统规模化应用，注重"冷热电气"联供系统及技术的开发应用，实现跨季节储热技术的应用，充分发挥中低温地热资源清洁无污染、持续性好、应用面广等优势，做好示范工程的建设。

(5) 推进绿色建筑一体化技术应用。在各类产业聚集区，以及公共建筑、商业楼宇、居民社区、农村等区域，大力发展分布式光伏发电、风光互补，在城区全面实行绿色建筑标准，积极发展被动式超低能耗绿色建筑。

(6) 加快大容量储能开发应用。针对可再生能源大规模高比例发展所面临的消纳难问题，张家口大力推广应用储能新技术，重点加大压缩空气储能、大容量蓄电池储能、飞轮储能、超级电容器储能等技术的研发力度，开展规模化储能试点。

(7) 完善智慧化清洁能源供给基地及输送通道建设。结合新开发风电、光电送出和就地消纳需求，依托中国科学院、中国电力科学研究院有限公司等科研机构和高等院校，创新可再生能源电力送出方式，开展智能化输电技术试点。同时，建设智能电网，提高示范区自身的消纳能力。

推进智能化精准调控及系统集成优化技术应用。依托中国科学院战略性先导科技专项（A 类）"张家口黄帝城小镇 100%可再生能源示范"项目，推进交直流源-荷-储-网集成与控制系统、零碳供热集成控制系统、生物质燃气制-储-配全过程集控管理系统、100%可再生能源供能系统综合设计与集成管控应用，为区域 100%可再生能源利用提供系统解决方案。

5.3.3.2　坚持市场导向，率先开展体制机制改革试验

可再生能源作为能源系统的新生力量，其大规模高比例发展将对先行体制机制产生重大冲击。张家口作为可再生能源示范区，在电力交易、资源开发管理、招商管理、考核评估等体制机制等方面进行探索与创新。示范区首创"政府+电网+发电企业+用户侧"的"四方协作"机制，并形成推进氢能产业发展的"1+N"政策体系，探索突破可再生能源大规模高比例发展面临的体制机制障碍的改革手段与政策设计，为能源体制革命走深走实提供集中示范。

5.3.3.3　坚持示范建设，率先打造多元化应用工程

示范区在供热、市政照明、居民生活、工业、农业、农村、交通、建筑等领域，打造多元化就地消纳示范样板工程，大力推进用能方式改革，促进可再生能源高效利用。

首先，积极推进风电、太阳能、地热供暖示范项目建设，到 2030 年可再生能源供暖面积达 9000 万平方米以上。其次，将示范区可再生能源推广应用与产业结构升级结合起来，提高产业准入门槛，加快淘汰落后产能，大力发展低能耗、低排放的清洁型产业，建设消纳示范工程，推进大数据中心建设，优化完善可再生能源综合利用产业链。再次，加快构建示范区可再生能源交通网络，实现可再生能源交通网络全覆盖。最后，建设分布式供能样板工程，在奥运场馆、标志性建筑等场所率先建成一批分布式供能样板工程，2030 年在此基础上再新增 30 万千瓦分布式发电装机。

5.3.3.4 坚持产业前瞻布局，推动绿色氢能产业体系建设

示范区瞄准风光电装备发展前沿领域，充分利用张家口绿色氢能优势，在张家口经济开发区规划建设绿氢产业链装备产业园。以国内一流的氢能城市和国际知名的氢能之都为目标，张家口高水平规划、高标准建设、高效率推进，加速构建氢能全产业链，不断提升氢能创新能力，加快引导氢能源重大科技项目和科技成果的转移转化，重点发展并网智能控制设备、新能源汽车、高转换率光伏组件、太阳能热电聚光器、制氢设备、氢燃料电池等绿氢产业链高端装备制造业，提升产业发展层次和水平。

示范区积极推进产学研用一体化建设，创建张家口氢能与可再生能源研究院，成为张家口市氢能产业发展的重要智库。注重氢能产业多元化应用，积极推动氢能在交通领域的示范应用，推进制加储氢设备及燃料电池、氢能整车制造产业发展，加快构建氢能全产业链发展格局。同时通过体制机制创新，有效降低制氢成本，支持绿色氢源基地建设。坚持协同推进，率先构建绿色能源区域联动体系。

发挥首都"两区"和国家级可再生能源示范区先行先试的政策优势，释放本地资源禀赋，围绕"一城一区多点"的产业发展格局，打造贯通高端装备制造、资源开发利用、协调创新支撑和国际交流合作的国际一流新型能源产业生态体系。在中心城区高规格打造装备制造产业体系、高标准打造协同创新支撑体系，在崇礼区高起点打造国际交流与合作体系，在各区县因地制宜地打造资源开发利用体系。

加快京张同城化发展进程，探索建立以能源为纽带、以跨区交易的清洁电力作为载体的利益补偿机制。探索在张家口市设立可再生能源电力交易中心，在京津地区开展有价格差异的可再生能源电力市场化交易。推动将张家口市纳入全国碳交易试点城市，将张家口的可再生能源项目优先纳入京津冀企业碳交易市场。

5.3.4 张家口可再生能源多能融合示范关键技术分析

在示范区发展中，张家口和中国科学院以先导项目为连接，引入多类可再生能源技术落地示范应用。从单项能源技术到综合能源系统技术，紧扣示范区重大战略需求，侧重于突破战略高技术、关键共性科技问题，产出重大战略性技术和系统解决方案，促进技术变革和新兴产业的形成发展，以科技创新助力示范区建设工作。

5.3.4.1 可再生能源规模化发展技术

本节主要以中国科学院先导项目"张家口黄帝城小镇 100% 可再生能源示范"为案例

进行技术分析①。如图 5.21 项目布局与目标所示，示范项目围绕可脱网运行的 100%可再生能源供能目标的实现，重点从能源系统、热、电、气四方面开展研究。

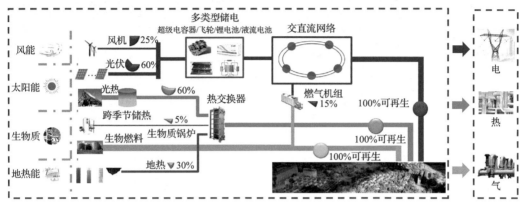

图 5.21　项目布局与目标

通过中可再生能源互补综合设计与调控技术、大功率光伏与风电高效变换器及系统控制技术、太阳能集热储热多能互补零碳供热、生物燃气分布式能源系统技术等的运用，张家口因地制宜布局太阳能、风能等各类分布式电源，建设新能源微电网示范工程，加强能源终端使用需求侧管理，以电力消费为核心，充分结合冷、热、电三联供等技术，实现多能协同供应和能源综合梯级利用。

5.3.4.2　多能源系统的综合设计与集成管控技术

多能源系统的综合设计与集成管控技术主要开展交直流系统保护控制集成、集热器热性能控制系统、优化生物燃气综合管理平台与安全监控、多能源管控系统集成等方面的研究；完成各系统控制逻辑与控制策略的优化设计；完成各系统现场集成调试，实现区域可再生能源供能系统试运行，小镇运行总览如图 5.22 所示。

现阶段，已完成 2 兆瓦光伏直流变流器、500 千瓦交直流变流器、交直流供电源网荷集成控制系统、生物质制气集成控制系统、零碳供热集成控制系统等关键设备的研制工作，完成了系统部署与联调。所研发的能源网关在现场部署了 70 余套，监测点 2000 余个，实现了黄帝城用能监测的全面覆盖。截至 2022 年底，100%可再生能源综合管控系统通过协调电、热、气能源系统的多能互补转化与优化运行调度策略，实现了不同场景下能量流的优化调控，包括能源供需预测、运行场景生成与系统综合风险分析、多能互补优化调度、电/热/气多能源脱网运行控制等功能，保障了总体 100%可再生能源供能的稳定、高效、优化运行。

2020～2022 年，中国科学院电工研究所和齐鲁中科电工先进电磁驱动技术研究院销售交直流微网变流器近 200 套、综合能源管控技术服务近 10 项，累计合同额达到 1193 万元。技术相关研究成果应用于张家口崇礼 5 兆瓦风光氢储直流微电网、广东博罗欣旺

---

① 本节资料均来源于中国科学院战略先导科技专项(A 类)"变革性洁净能源关键技术与示范"项目五"张家口黄帝城小镇 100%可再生能源示范"。

图 5.22　小镇运行总览

达工业园综合能源系统与澳大利亚维多利亚州光储分布式能源边云管控系统等地。

"规模化分布式光伏友好接入与广域聚合调度关键技术装备"通过中国电工技术学会鉴定，专家组认为成果在分布式能源的聚合管控、精益运维等方面达到国际领先水平。

成果"分布式可再生能源交直流高效集成与互联关键技术、装备及应用"获得 2020年度北京市科学技术进步奖一等奖，在用户低压 380 伏侧的模块化、组合式高效高功率密度能量路由器、低压直流网络稳定控制等方面达到国际领先水平。

5.3.4.3　太阳能集热储热多能互补零碳供热

中国科学院电工研究所与达华工程管理(集团)有限公司合作设计建设了黄帝城太阳能跨季储热供热项目。采用塔式太阳能集热器、平板太阳能集热器和跨季储热技术结合为张家口黄帝城 30 万平方米建筑供热。2000 平方米塔式聚光吸热示范系统、1.26 万平方米平板集热跨季储热供热示范系统见图 5.23。

图 5.23　2000 平方米塔式聚光吸热示范系统、1.26 万平方米平板集热跨季储热供热示范系统

项目分为三期：一、二期示范工程总计 1.56 万平方米太阳能集热器，2.6 万立方米跨季储热；三期定日镜 0.85 万平方米，4.6 万立方米水体，可满足张家口达华建国酒店19 万平方米建筑采暖热量的 60%，跨季节储热水体效率为 65%，2022 年已示范运行。

三期建设规模 0.96 万平方米采光面积塔式集热器+4 万立方米储热水体，可实现 12 万平方米建筑采暖，定日镜在二期基础上进行了改进和重新设计，工程已经于 2022 年 10 月开工，2023 年 3 月，三期完成所有采购及主体建设，具备 12 万平方米建筑供热能力。

该示范工程是国内首个十万平方米级别太阳能跨季节储热多能互补零碳供热系统，所涉及的核心技术全部采用自有知识产权，包括适用于严寒地区的高效太阳能塔式聚光吸热技术、大容量跨季节储热体低热损与斜温层设计与控制技术、源荷协同全系统智能化调控技术。目的是在确保室温舒适的基础上，实现技术经济合理的零碳供热模式。该示范工程的实施，验证了技术的可行性和适用性，形成了以太阳能光热为主的零碳供热系统全套解决方案。经过对一、二期运行和投资数据的核算，供热成本为 0.25 元/千瓦时，仅为当地电采暖价格的 40%、天然气采暖价格的 42%，经济效益和社会效益明显，为下一步规模化推广集中型太阳能热站奠定了坚实的技术基础。

5.3.4.4 可再生能源交直流混合供电技术

可再生能源交直流混合供电技术围绕可再生能源交直流混合供电，对大功率光伏与风电高效变换器和系统控制技术、高效率电能路由和多类型混合储能关键技术、复杂地形条件下大型风电叶片先进设计技术、配电网多站融合关键技术等进行研究。具体见图 5.24 和图 5.25。

图 5.24 交直流混合供电系统 　　图 5.25 光伏直流并网变换器

截至 2022 年底，交直流混合供电系统通过自主研制的多端口电能路由器、光伏直流升压变换器、多类型混合储能系统等关键装备，配合智能微网综合管控系统，实现达华建国酒店分布式光伏发电稳定供电。同时多站融合示范系统实现了变电站、柔性多状态开关站、光伏站和充电站等功能站的高度集成和协同运行，也提高了交直流混合供电系统运行可靠性。

5.3.4.5 大功率光伏与风电高效变换器及系统控制技术

大功率光伏与风电高效变换器及系统控制技术重点研究基于宽禁带功率器件的光伏直流升压变换器关键技术以及风电高效发电控制及变换关键技术，研制大功率光伏高效直流并网变换器和适合接入可脱网系统的风电机组控制与变流装置，实现关键设备的示范运行。

基于宽禁带器件的光伏直流升压变换器攻克了大功率、高变比光伏直流升压变换技术难点，优化了光伏直流升压变换器拓扑与控制策略，研究了直流变换模块和变换器的设计、控制技术以及变换器测试技术。中国科学院电工研究所研制完成中压光伏直流变换器，实现直流 5 千伏并网运行，最大容量为 1 兆瓦，其具有宽输入范围，输入电压范围为 450～850 伏，变换器最大效率达 98.66%；针对示范现场运行时发现的多模块不均流问题，提出了基于多模块均流的电流型最大功率点追踪(MPPT)的算法，实现了多模块输入均流并且可以快速稳定地追踪最大功率点。

大功率风电智能控制系统及变流装置已实现现场运行，累计运行时间超过 3 个月，各种工况运行稳定，已通过第三方检测，最大转换效率为 98.15%，总谐波畸变率(THD)<3.8%。并且，针对系统脱网模式下的弱电网特性，研究团队提出了基于多谐振控制器的低频谐波抑制控制技术和基于虚拟阻尼的高频谐振抑制控制技术，以及基于虚拟同步机的辅助电网支撑技术。针对现场多种复杂运行工况及电网故障工况，提出了工况细分协同控制、复合故障穿越等技术。

基于已有研究，主控系统从陆上 2～3 兆瓦等级向陆上 5～6 兆瓦等级发展；主控核心处理器从进口可编程逻辑控制器(PLC)转向硬件国产化，PLC 底层软硬件和主控整体100%国产化；主控与变流研究从常规机组升级到 3 兆瓦级海上新型风电，未来将面向 20兆瓦级海上新型风电。截至 2022 年底，2 兆瓦风电控制与变流装置在内蒙古克什克腾旗华能风电场累计示范运行超 9 个月，示范运行期间在各种风况、电网工况下均能保证正常运行。

5.3.4.6 复杂地形条件下大型风电叶片先进设计技术研究及工程示范

复杂地形条件下大型风电叶片先进设计技术研究及工程示范针对我国内陆风电场地形复杂的特点，重点围绕复杂地形条件下低载、高效、变工况气动设计，叶片结构布局优化，高精度气弹稳定性评估及被动耦合降载等新一代关键技术进行研究，并以各项关键技术的研究成果与集成为基础，构建大型风电叶片高效气动、结构优化布局、被动耦合降载、气弹稳定性分析一体化的先进设计技术体系。通过 2 兆瓦级叶片的设计、研制与挂机示范，对研究成果予以验证。所开展的研究工作可提升我国大型风电叶片的设计水平，进一步降低成本，提高效率及可靠性。

截至 2022 年底，实现了构建复杂地形条件下大型风电叶片先进设计技术体系，完成 2 兆瓦级叶片设计与研制(具体见图 5.26)，设计气动效率系数≥0.49，相比同容量同长度商业叶片，设计年发电量提高≥2.0%、重量降低≥5.0%、叶片根部设计极限载

图 5.26 2 兆瓦级叶片样片

荷降低 ≥3.5%。并完成 2 兆瓦级叶片挂机调试、示范运行与现场测试。测试表明，叶片重量相比同类叶片轻 9.0%，与行业同功率同长度叶片相比，年均风速标准韦布尔分布下设计年发电量提高 3%，叶片挂机测试的整机及关键部件运行良好。

5.3.4.7 配电网多站融合关键技术研究

该项技术主要围绕应用场景和价值拓展研究、互补及耦合利用技术、新型高效拓扑研究、分级供电协调控制及模块化集成与调试技术展开，以实现多种功能站高度集成与融合，并完成新型多站融合系统的集成示范验证，具体见图 5.27。

图 5.27 多站融合现场

现阶段，以柔性多状态开关作为多站融合单元的关键集成装备，利用柔性节点组成蜂巢状网格结构，多网络柔性互联构成多站融合系统，并基于地区资源禀赋特点在部分蜂巢状网格内耦合氢能源流，实现氢能源流和电能源流的深度融合与交互，提升配电网综合性能，提高分布式电源消纳能力和系统供电可靠性。为了实现多站融合单元可靠性灵活性的提升，研究人员研究了新型多站融合单元结构、单元功率平衡约束和柔性多状态开关控制模式切换过程；同时研究了氢电耦合结构和氢电转换协调控制策略，以解决氢能深度应用问题；提出柔性储能电站概念，通过容量共享和灵活的潮流调度，可促进储能容量的全面释放。通过双层运行优化研究，柔性储能电站所需的容量仅为传统储能电站的 70%。

示范区建设中，多站融合系统同时实现柔性多状态开关站、光伏站、储能站、变电站和充电站等功能站的高度集成和协同运行，当系统处于稳定运行状态时，多站融合系统可以实现对 100%可再生能源系统关键装备的保供电，提高了系统运行可靠性，同时实现了多站融合系统潮流调控、分级供电等多种功能，实现了系统多站合一、一站多用、一机多能、空间融合、多能源融合、信息能量流融合。不仅提升了多能源站综合效能,更为多能源融合及可再生能源应用提供了可复制可推广的新模式。截至2022年底,该项技术针对分布式发电和电动汽车快速发展带来的过压、过载和三相不平衡问题,提出基于柔性多状态开关集成的多站融合方案和协调控制系统,实现了分布式光伏和电动汽车柔性接入运行,同时保证系统内敏感负荷高质量供电。同时,基于柔性多状态的开关技术也运用于漯河多站融合系统建设中,该系统集成与融合了十二大类近二十种功能站。针对碳减排和源荷平衡问题,把电动汽车作为柔性可调负荷,利用有序充电模块优化设计电动汽车充电功率,设计储能充放电控制策略,实现了本地光伏的100%消纳,同时实现了峰值负荷平移。设计了碳流优化实施方案,通过柔性开关站能量调度,实现低碳势点向高碳势点转移功率,实现多站融合系统低碳优化运行。漯河基于柔性互联技术的十二站融合系统实现了信息流与能源流融合、一次与二次融合、碳流优化与新能源消纳融合等多种功能。

5.3.4.8 规模化生物燃气分布式能源系统

规模化生物燃气分布式能源系统根据张家口黄帝城小镇的区位特点和生物质资源禀赋,集成了木质纤维素类原料低能耗高效预处理、多原料混合厌氧发酵、净化提纯制生物天然气、剩余物好氧堆肥等关键技术,在多原料营养复配、高负荷发酵失稳预警和调控、产品高值转化和利用等方面形成适合规模化工程应用和推广的系列化技术成果,实现黄帝城小镇示范区有机废弃物污染治理和资源化利用。

在示范工程方面,中国科学院广州能源研究所完成了张家口黄帝城小镇 20000 米^3/天生物燃气示范工程建设和调试(具体见图5.28),截至2022年底,已稳定运行1年,技术成果推广应用于张家口沽源县鑫华农业科技发展有限公司沼气工程(规模为 2 万米^3/天);在产品应用方面,实现了工程燃气管道与当地天然气管网的对接,形成对大酒店、新民居等终端用户的分布式生物天然气脱网供气,同时,工程配套了生物燃气发电机和沼渣制备有机肥系统,实现了气热电肥联产的运行模式;在科技创新方面,针对寒区气

图 5.28 规模化生物燃气示范工程现场

候特点，重点开发了冻融预处理技术和低温产甲烷菌剂，突破了低温环境下高效厌氧工程启动与运行过程生物强化关键技术，实现 20 摄氏度与中温（35 摄氏度±2 摄氏度）条件下的产气效果相当，能够有效降低冬季系统能耗并缩短发酵周期，产气量较对照组反应器提升 3.3～4.7 倍。示范工程冬季调试期间，使产气 CH_4 含量在 50 天内由 0%提升到 55%以上，启动时间较正常情况缩短约 1/3。

5.3.4.9　高效率电能路由及多类型混合储能关键技术

高效率电能路由及多类型混合储能关键技术主要针对可再生能源交直流混合供电系统核心装备关键技术，实现多类型源-荷-储电能的高效灵活路由和高效混合存储，研制高效率兆瓦级多端口电能路由器样机和多类型混合储能系统样机，具体见图 5.29。

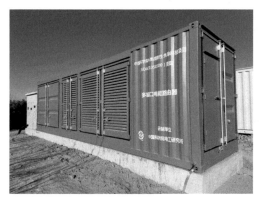

图 5.29　多端口电能路由器现场示范运行

多端口电能路由器在可再生能源交直流混合供电系统中实现不同交直流电压等级的电源和负荷灵活接入及能量自由分配控制的功能，是构造智能电网和能源互联网的基础和关键设备。多端口电能路由器 5 千伏直流端口连接光伏设备，±1500 伏直流端口连接储能设备，在示范运行过程中各直流端口电压稳定。高效率电能路由技术研究突破了多端口电能路由器并网和离网条件下的协调控制技术、并离网平滑切换控制技术及间接矩阵谐振型电能路由器输出侧短路故障穿越运行和器件故障容错运行技术，经第三方检测，多端口电能路由器容量为 1 兆瓦，额定工况效率达到 97.67%。为提高电能路由器功率密度，在实验室内研制了单相 5.77 千伏（线电压 10 千伏）间接矩阵谐振型电能路由器样机，样机体积 90 升，体积功率密度 0.3 千瓦/升，是现有电能路由器体积功率密度的 2 倍以上，质量 70 千克，重量功率密度比传统工频变压器提升 50%以上。

多类型混合储能系统的±1500 伏直流端口通过多端口电能路由器向达华建国酒店供电（具体见图 5.30）。基于锂电池（能量型储能）的储能系统可解决可再生能源间歇性引起的源荷不匹配问题。超级电容储能（功率型储能）可解决可再生能源波动性引起的电压/频率波动以及稳定性问题，保证酒店负荷稳定、可靠供电。

多类型混合储能系统方面突破了多类型混合储能系统模块化并联及协调控制技术、多类型储能变换器系统高效变换技术。多类型混合储能系统样机通过第三方检测，最大效率达到 98.6%。

(a) 多类型混合储能设备外观   (b) 锂电池储能本地和多功能汇流箱

(c) 锂电池变流柜

图 5.30 多类型混合储能示范现场

5.3.4.10 风热机组关键技术研究及示范

风热机组关键技术基于风热机组数学模型，开发兆瓦级风热机组动态仿真平台，研究风热机组制热量随滑阀、转速、转矩及桨距角等参数变化的规律，获得复杂工况下风热机组控制策略，形成兆瓦级风热机组一体化设计理论与方法，推动非电技术在风能领域中的应用，开拓风能利用新方向，最终研制出适合我国北方地区冬季供暖的高效、高可靠性、低成本风热机组样机，并在张家口涿鹿县黄帝城小镇完成兆瓦级风热机组供暖示范验证。

2022 年底研制完成的百千瓦级风热机组工程示范和兆瓦级风热机组样机研制(具体见图 5.31、图 5.32)实现了三项"突破"：①突破 2 兆瓦级风热机组整机设计关键技术，形成兆瓦级风热机组设计能力，处于国际领先水平；②突破基于风能的高效热泵循环技术，使热泵机组具有响应大范围风速波动(3～9 米/秒)的能力；③突破兆瓦级风热机组智能控制关键技术，完成控制系统样机研制，获得风热机组全时段最大热能输出。

可再生能源的规模化发展需要诸多技术作为基础。未来，在示范项目中可将新型城镇高比例可再生能源供热/供冷综合示范、工业园区可再生能源冷/热/电联供技术、大功率可再生能源离并网冷/热/电/氢能变换及控制技术等作为科技支撑，将先进技术率先应用到示范项目中，积累建设经验。

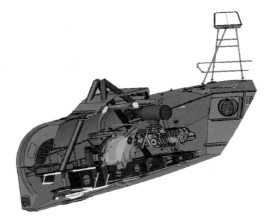

图 5.31　黄帝城小镇风热机组工程示范　　　图 5.32　2 兆瓦风热机组机舱布置

5.3.5　张家口可再生能源多能融合示范效果分析

5.3.5.1　"可再生能源+"供热应用

在清洁能源供热技术领域，太阳能集热储热多能互补零碳供热技术解决了太阳能集热与建筑用热的季节性不平衡以及年有效利用时数、长期储热效率低的关键问题，实现高比例太阳能区域规模化供热，改变以煤为主的供热能源结构。

张家口可再生能源示范区积极推进可再生能源在清洁供暖、大数据、公共交通等领域的应用，张家口市也成功入选国家北方清洁供暖试点城市。目前，示范区电供暖总面积超过 1400 万平方米。未来，将继续推进可再生能源电力供暖，奥运专区——崇礼区全域实现清洁取暖率 100%（其中 96%以上为电采暖），探索与被动建筑技术相结合的供暖示范项目，有序推进热电联产的光热发电开发建设，尝试分散式风电供暖，推动张家口-北京可再生能源清洁供热示范建设。

5.3.5.2　"可再生能源+"建筑应用

建筑能耗在我国能耗结构中已占越来越大的比重，现阶段太阳能利用技术与建筑一体化技术日益完善，采用高效相变储热与太阳能建筑集成应用技术能够提供紧凑的且独立运行的热能存储系统，重点解决太阳能驱动建筑的供暖能源平衡问题。利用相变储能建筑材料可有效利用太阳能来蓄热或利用电力低谷时期的电力来蓄热，提高光伏系统自发自用率，降低建筑供暖成本。

5.3.5.3　"可再生能源+"交通应用

推动交通行业绿色低碳发展，构建能源交通融合发展新形态，是顺应国内外发展环境和技术经济条件变化，实现碳达峰碳中和目标的重要途径。其中储能单元/装置/系统是新型零碳能源系统和能源交通融合网的关键技术体系。

2021 年起，张家口加快构建覆盖全市域的充电设施基础网络，重点实现冬奥核心区、交通枢纽和主干道、重点旅游景区、公共停车场、政企单位"五个全覆盖"，围绕服务京津冀交通一体化，优先推进张家口与京津连接高速公路、国道、省道等沿途的城际快速充电网络建设；推进充电基础设施和充电智能服务平台深度融合，充分利用互联网、物联网、智能交通、大数据等技术，提高充电服务智能化水平。截至 2023 年 2 月，已累计建成电动汽车公共充电桩 5500 余个，实现了冬奥核心区、交通枢纽和主干道、重点旅游景区、公共停车场、政企单位五大区域"全覆盖"。到 2025 年，全市建成配套充电桩 6000 个以上，新能源汽车数量与公共充电桩的车桩比达到 3∶1，可满足 2 万辆以上电动汽车的用电需求。

5.3.5.4 "可再生能源+"氢能应用

张家口依托可再生能源资源优势，以冬奥会为契机，打造氢能从生产消费到产业发展的生态体系，积极推进可再生能源+制氢一体化项目，推进可再生能源+氢能融合技术示范。为助力"绿色办奥"，张家口市不断加速建设氢能综合利用产业体系，先后培育和引进 18 家氢能领域企业，初步形成制氢、加氢、储氢、氢能产业装备制造、燃料电池核心零部件制造、氢能整车制造等全产业链，全面满足冬奥会氢燃料汽车的保障要求。

截至 2022 年底，张家口市累计引进涉氢项目 40 项，完成投资 38.4 亿元，海珀尔制氢、沽源风电制氢等多个可再生能源电解水制氢项目在张家口落户，已建成制氢项目 5 个，制氢产能达到 17 吨/天，建成加氢站 9 个，加注能力达每 12 小时 7.9 吨。截至 2023 年 2 月，张家口市已投运氢燃料电池公交车 444 辆，首批氢能源公交车已完成载客量超 8070 万人次、运行超 2700 万千米，已成为国内氢燃料电池公交车运行数量最多、最稳定的城市之一。

未来，张家口将着力推进沽源风电制氢综合利用示范项目、崇礼风光耦合制氢项目、康保风电光伏发电综合利用制氢项目等重大项目的建设，到 2025 年制氢规模达到 100 万千瓦，制氢能力达到 2.5 万吨。建成加氢站 58 座，累计推广氢燃料电池公交车 2000 辆。备用电源累计推广量达到 2100 千瓦，分布式热电联供规模达到 50 兆瓦。

5.3.5.5 可再生能源保障绿色奥运

2015 年 11 月，习近平总书记对北京冬奥会工作作出重要指示，强调"办好 2022 年北京冬奥会，是我们对国际奥林匹克大家庭的庄严承诺，也是实施京津冀协同发展战略的重要举措"[①]。在 2015 年国家发展改革委发布的《河北省张家口市可再生能源示范区发展规划》中也明确提出，张家口可再生能源示范区将打造"低碳奥运专区"作为"着力打造五大功能区"的重点任务之一，低碳奥运专区主要从科技创新支撑、低碳场馆建设、低碳交通保障等多个方面推进实施。本节从可再生能源保障绿色奥运的视角，总结了以下 4 个方面。

---

① 新华网. 习近平对办好北京冬奥会作出重要指示.(2015-11-24). http://www.xinhuanet.com/politics/2015/11/24/c_1117249109.htm。

1. 加快清洁能源开发与利用

借助绿色奥运契机，立足张家口市丰富的可再生能源资源，扎实推进风力发电、光伏发电等规模化、基地化发展，大力提升可再生能源的开发利用程度，着力推动新型电力系统的构建。截至 2023 年 6 月，张家口市累计完成可再生能源装机规模约 2830 万千瓦，成为全国非水可再生能源装机规模最大的城市。依托张家口市张北可再生能源柔性直流电网试验示范工程，利用风电、光伏、储能等多种能源的互补性，克服可再生能源发电间歇性等问题，将张家口大规模、不稳定的可再生能源进行多点汇集，形成稳定可控的电源，经张北、康保换流站接入，丰宁站调节，送至北京站，接入北京负荷中心。该项工程具备每年向北京地区输送约 140 亿千瓦时的清洁能源的能力，输送电量约占北京市用电量的 10%，相当于减少燃烧标准煤 490 万吨，减排二氧化碳 1280 万吨。

2. 实现低碳场馆建设与运营

北京冬奥会高度重视场馆的低碳建设与运营。在《北京 2022 年冬奥会和冬残奥会低碳管理工作方案》中，北京冬奥会组委明确提出积极打造低碳场馆，建设超低能耗低碳示范工程，推动场馆低碳节能建设与改造，加强建筑材料低碳采购和回收利用，推进场馆运行能耗和碳排放智能化管理等具体任务。奥运工程建设过程中，采用了最先进的可再生能源技术，使用节能、节水设计和环保材料，使其更符合持续发展的要求。2021 年 6 月，北京市重大项目建设指挥办公室公布，经北京冬奥会组委与国际奥委会确定，北京 2022 年冬奥会的 11 个冬奥场馆全部通过绿色建筑认证。同时，针对雪上场馆的绿建设计问题，创新制定了《绿色雪上运动场馆评价标准》（DB11/T 1606—2018）。在场馆运营过程中，通过建立跨区域绿色电力交易机制，实现北京、延庆和张家口赛区所有场馆的照明、运行等常规用电都由张家口市的光伏发电和风力发电保障。这是奥运历史上首次实现所有场馆赛时常规电力需求 100% 由可再生能源供应，同时也整体提升了京张地区的可再生能源利用水平。与此同时，奥运村、崇礼县城、主要风景区和周边农村采暖全部采用可再生能源。其中，奥运村和崇礼县城按照集中为主、分散为辅的方式，供暖主要采用太阳能、地热等热源，其他区域利用分布式太阳能方式供热。

3. 构建低碳交通体系

依托北京和张家口新能源汽车和可再生能源发展优势，构建低碳交通体系，推进清洁能源车辆的规模化应用。对于冬奥会服务车辆，根据"平原用电、山地用氢"的原则，在北京赛区内主要使用纯电动、天然气车辆；延庆和张家口赛区内主要使用氢燃料车辆。在充电站建设方面，国家电网公司在延庆赛区建成国内首座"发充储放"一体化充电站，内设 6 个直流充电桩和 4 个交流充电桩，可同时为 10 辆电动汽车提供充电服务；在冬奥场馆周边及冬奥沿线京礼高速公路北京段，建成充电站 12 座、充电桩 383 个，支撑便捷的绿色充电和出行体验。在加氢站建设方面，延庆赛区的庆园街、王泉营、金龙和燕化兴隆站 4 座冬奥配套加氢站投入冬奥保障工作，平均每日加氢量为 3 吨左右，赛时最大加氢量为 5 吨左右。张家口赛区设置太子城服务区加氢站、太子城服务区撬装站、崇礼南加氢站、崇礼南撬装站、崇礼北加氢站 5 座加氢站，按照 18 小时运营时长，累计日加氢能力为 6.12 吨；设置纬三路、创坝 2 座加氢站，日加氢能力为 3 吨，满足氢能供应需求。在清洁能源用车规模方面，赛事交通服务用车中氢燃料车 816 辆，纯电动车 370 辆，天然气车 478 辆，混合动力车 1807 辆，传统能源车 619 辆，共计 4000 余辆。节能与清洁能源车辆在小客车中占比为 100%，在全部车辆中占比为 85.84%，为历届冬奥会最高。其中，张家口赛区投入使用氢燃料电池车辆共计 710 辆，累计加注氢气 94.3 吨，实现减排约 1414.5 吨。

4. 科技创新支撑绿色冬奥

2016 年在北京冬奥组委统筹协调下，科技部会同国家体育总局、北京市、河北省等有关部门和地方制定了"科技冬奥（2022）行动计划"，该专项共安排部署 80 个科研项目，共有 212 项技术在北京冬奥会上落地应用。其中，北京冬奥会在奥运历史上首次实现了所有场馆 100% 绿色电力覆盖，首次大规模使用碳排放趋近于零的二氧化碳制冷剂。在绿色电力保供方面，张北可再生能源柔性直流电网试验示范工程的竣工将张家口地区的新能源成功接入北京电网。该供电工程以柔性直流电网为中心，通过多点汇集、多能互补、时空互补、源网荷协同，可以实现新能源侧自由波动发电和负荷侧可控稳定供电。示范工程采用我国原创、领先世界的柔性直流电网新技术，创造了 12 项世界第一，为破解新能源大规模开发利用的世界级难题提供了"中国方案"。在低碳制冰技术方面，北京冬奥会在国家速滑馆、首都体育馆、首体短道速滑训练馆、五棵松冰上运动中心等 4 个冰上场馆创新采用二氧化碳跨临界直冷制冰技术，实现此项技术在全球首次应用于冬奥会比赛场馆。与传统制冷方式相比，该项技术不仅减少了传统制冷剂对臭氧层的破坏，而且大幅降低制冷系统能耗，与传统制冷方式相比，可实现节能 30% 以上，碳排放趋近于零，受到国际奥委会和国际滑冰联盟的高度评价。

5.4 甘肃武威核能与可再生能源多能融合示范发展

5.4.1 甘肃武威发展核能与可再生能源多能融合的基础与优势

核能、可再生能源与化石能源并列为当今世界的三大骨干能源。目前我国一次能源结构以煤炭等化石能源为主，大气污染、温室气体排放等问题日益突出。党的十九大报告明确提出"推进能源生产和消费革命，构建清洁低碳、安全高效的能源体系"，为核能和可再生能源的多能融合发展提出了明确要求。

甘肃是我国经济落后的省份之一，但同时在我国能源安全领域发挥着重要的屏障作用。能源历来是甘肃省重要的支柱产业之一。甘肃作为国家重要的综合能源基地和陆上能源输送大通道，在国家能源发展战略中占有重要地位，并在全产业链培育、新能源开发和利用、清洁能源跨省（自治区）外送及电力现货市场等方面发挥了重要的示范作用。但放眼全国来看，甘肃能源总体仍处于全要素生产率低、环境代价高、部分领域和环节不协调的粗放型发展阶段。

甘肃的能源结构"富煤、贫油、少气、风光丰富"特点突出，其中风能、太阳能资源分别位居全国第四、第五，具备基地化、规模化、一体化开发的优越条件，并已建成酒泉千万千瓦级风电基地和张掖、金昌、武威、酒泉四个百万千瓦级光伏发电基地。甘肃煤炭资源较为丰富，分布广泛，探明资源储量为 291.74 亿吨，保有储量为 278.34 亿吨，主要集中在平庆地区，尽管平庆地区煤炭未开发量占全省保有量的 90%，但 87% 的煤炭埋深在 1000 米以下，开采难度大、成本高。甘肃石油预测资源量为 36.6 亿吨，其中探明地质储量为 20.4 亿吨，占全国的 5.4%，主要分布在玉门和庆阳。2019 年勘探发现的庆城油田储量为 10 亿吨级，但属于极难开采开发的页岩油。目前全省经济可开采石油量约为 3.83 亿吨。甘肃天然气探明储量为 1796.3 亿立方米，占全国的 4%，剩余技术可采储量为 581.05 亿立方米。同时，甘肃是西北油气通道的必经之地，目前省内已建成西气东输、兰成渝、兰郑长等 17 条油气输送管道干线，总里程 8093 千米。甘肃境内河流众多，分属黄河流域、长江流域和河西内陆河流域。全省水资源技术可开发量为 1205.1 万千瓦，其中黄河流域 742.3 万千瓦、长江流域 257.8 万千瓦、河西内陆河流域 205 万千瓦。甘肃风能资源丰富，技术可开发量为 5.6 亿千瓦，全国排名第四，可装机容量约为 8200 万千瓦，全省可有效利用的风能资源由西北向东南逐渐减少。甘肃地势海拔相对较高，阴雨天气少，日照时间长，辐射强度大，大气透明度好，太阳能资源非常丰富，光伏技术可开发量在 95 亿千瓦以上，全国排名第五，其中河西走廊太阳能资源丰富，平均太阳辐射量在 6100 兆焦/米^{2}以上，多年平均日照时数为 3300 小时。

5.4.1.1　甘肃武威可再生能源资源基础与发展潜力

武威市太阳能、风能资源丰富，土地资源广阔，有大量未开发利用的土地及沙漠化土地，光伏、风力及太阳能热发电等新能源开发条件较好。武威市太阳能资源属一类资源，年平均日照时数为 3000~3500 小时，属于太阳能资源较丰富区，理论储量在 1 亿千瓦以上，可开发利用面积 2300 平方千米以上。武威市民勤县和天祝藏族自治县为风能丰富区，年风能有效利用小时数在 2200 小时以上，风能资源可开发量在 2600 万千瓦以上，可开发利用面积 4000 平方千米以上。武威市人民政府对外印发《武威市国民经济和社会发展第十四个五年规划和二〇三五年远景目标纲要》，指出在强化能源支撑保障方面，将推进新能源可持续发展和传统能源清洁化利用，全面提升能源支撑保障能力，逐步建立多元、低碳、安全、高效的能源供应体系，努力构建产业布局合理、能源结构优化、效益稳步增长的能源开发利用新格局，并指出加快推进光热示范项目建设，实现光热发电与风光电协同无补贴发展。到 2025 年，可再生能源发电装机总量达到 900 万千瓦以上，占全市电力总装机的 90% 以上。

武威市民勤县地处甘肃省河西走廊东北部，石羊河流域下游，南依凉州区，西毗镍都金昌，东北和西北面与内蒙古的左、右旗相接，东西长 206 千米，南北宽 156 千米，总面积为 1.58 万平方千米。民勤县为风能丰富区，年风能有效利用小时数为 1800~2000 小时，风能资源可开发量达 2600 万千瓦以上，可开发利用面积在 4000 平方千米以上。综合来看，民勤县太阳能、风能资源丰富，位于武威市前列，地理位置优越、土地广阔，有大量未开发利用的土地及沙漠化土地，光伏、风力及太阳能热发电等新能源开发条件较好。

武威市在"十四五"期间规划发展包括光伏、风电、先进核能、氢能在内的新能源产业，民勤县红沙岗工业区建有多家用氢企业，民勤县已经初步具备了以光伏发电、风电、先进核能、光热熔盐储能及电解水制氢为元素的多能互补基地项目条件。

5.4.1.2 甘肃武威发展核能的优势

甘肃一直高度重视核能发展，2017 年中国科学院上海应用物理研究所落地甘肃，建设先进核能研究基地，甘肃省委省政府给予高度重视和大力支持，2017 年双方签署了战略合作协议支持钍基熔盐堆项目建设。2017 年《甘肃省"十三五"西部大开发实施意见》提出积极争取国家布局建设大型商用核乏燃料后处理和核电站项目，推进核能开发利用。甘肃武威"风光核氢储"一体化示范基地规划建设内容为："十四五"期间建成 2 兆瓦钍基熔盐实验堆项目，建设 10 兆瓦熔盐储能、2 兆瓦高温制氢项目。建设钍基熔盐研究堆项目，建成世界首座 10 兆瓦小型模块化钍基熔盐研究堆。

钍基熔盐堆发电技术是比以往的核电技术都安全的核能发电技术，它基本不会出现高温烧毁，并且正常情况下钍基反应堆产生的核废料很少。因为其堆芯燃料是溶解到氟化盐中的钍铀混合物，熔盐熔点、沸点高，可以实现常压高温，所以可以得到更高的热电转换效率。

5.4.2 甘肃武威发展核能与可再生能源多能融合的定位

甘肃武威的风能和太阳能资源优势突出，发展清洁能源潜力很大，但风能和太阳能等可再生能源具有显著的间歇性和波动性，其大规模并网对电力系统安全稳定和供需平衡将带来很大挑战，同时受当地清洁能源就地消纳不足、能源电力盈余较大、"窝电"现象严重（全省电力总体上供大于求，年均富余电量已超过 300 亿千瓦时，并逐年增加）等因素影响，一段时期以来甘肃地区弃风、弃光现象较为普遍，清洁能源不能得到有效消纳。

实际上，不同类型的能源间存在着巨大的多能互补空间，如风光互补、风储互补、电热互补等，利用对传统发电技术的改进，推动新型能源利用技术的变革，加强智能电网等能源输配网络的建设，推动多种类型能源间的相互补充，突出构建现代能源多元供给体系，能够促进能源生产和供给的稳定性，有效降低弃风、弃光比例。发展综合能源对甘肃省实现绿色清洁能源产业高质量发展、推动能源结构的优化转型有着重要的现实意义。

"十四五"期间，武威市民勤县要打造新能源产业基地，但由于风电、光伏发电都存在出力不稳定和间歇性等特点，这些电源的大规模并网也给电力系统运行稳定性带来新的问题。为了解决这些问题，需要结合风电、光伏、熔盐储能及电解水制氢等各类电源及负荷的特性，研究各类电源和负荷的合理配置，优化电源结构，以达到既能更多地开发利用清洁能源，就地消纳清洁能源，又能保障电力系统安全稳定运行的目的。

5.4.3　甘肃武威风光核氢储多能融合的重点举措

　　风光核氢储多能融合涵盖风电、光伏、光热、核能等多种一次能源，以热能、电能和氢能为纽带，通过多能源协调规划、优化运行、协同管理、交互响应，形成"源-网-荷-储"协调发展、集成互补的能源互联网，提升能源综合利用效率，提高可再生能源利用水平，如图 5.33 所示。

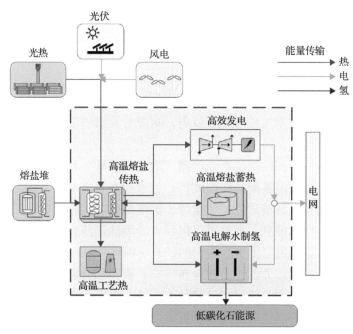

图 5.33　风光核氢储多能融合

　　发展风光核氢储多能融合可有力推动能源供给革命。多能融合涵盖可再生能源和核能，统筹集中式与分布式能源类型，可实现多元能源供应的充分互补，以智能电网为基础，实现与热电氢等多种类型网络的互联互通，发挥储电、储热、制氢等储能灵活资源的调节能力，有效调动需求侧资源的响应潜力，可实现多能源系统的横向多能互补与纵向协调发展，从而构建能源多元供应体系，推动能源供给革命。

　　发展风光核氢储多能融合可有力推动能源消费革命。通过构建面向园区、工厂、社区、楼宇等用能对象的综合能源系统，推进多种能源服务，培育虚拟电厂、负荷聚集商等综合能源新型主体，应用大数据、云计算、5G 等数字信息技术，满足用户的智慧用能需求，实现多种能源的优化配置、优势互补，可有效提升用户能效，控制能源消费总量，从而推进能源消费革命，形成能源节约型社会。

　　发展风光核氢储多能融合可有力推动能源技术革命。在技术创新方面，发展多能融合将有力推进多种能源耦合调控技术，以及智慧用能等技术的创新发展；在产业创新方面，将有力激发核心设备制造、能源服务等新兴产业的创新发展；在商业模式创新方面，将有力推动能源定制化服务、绿色能源服务、点对点微平衡交易、负荷聚集商、虚拟电厂等新型商业模式与市场主体的涌现。因此，发展风光核氢储多能融合可全面带动产业升级，推动能源技术革命。

发展风光核氢储多能融合可有力推动能源体制革命。以电和氢为核心建设能源互联网，构建多能融合的综合能源系统，可全面推进多种能源的互补融合，打破能源体制壁垒，形成涵盖电力市场、碳交易市场、绿色配额交易市场、电氢联动机制等的多类型市场机制，通过市场竞争的方式还原能源商品属性，进而推动我国能源体制革命。

对甘肃武威而言，打造风光核氢储多能融合的综合能源基地的重要现实意义还表现在下面三方面。

一是全面提升甘肃武威的清洁能源发展竞争力。甘肃武威虽处于可再生能源全国第一梯队，但因为基荷电源不稳定、外输通道不足和电力市场不完善等各方面原因，未能将风光资源充分转化。借助综合能源示范基地打造，充分抢抓"双碳"等重要机遇，突破清洁能源发展的各类技术瓶颈与发展障碍，对提升甘肃清洁能源产业竞争力、促进甘肃高质量发展具有重要意义。

二是助力把握清洁能源发展的产业机遇。随着"双碳"目标的深入推进，全国产业结构转型升级和生产力布局将面临深度调整。甘肃武威可借助综合能源示范基地建设和产业发展的历史机遇，打好清洁能源关键牌，实现绿色低碳新发展，促使其在"双碳"目标的实现方面走在全国前列，而且可以以巨大的清洁能源发展优势赢得现代化发展的新空间，为甘肃高质量发展提供更为强大的产业支撑。

三是形成甘肃武威清洁能源开发建设新格局。依托综合能源示范基地建设推动政府和市场出台更好的政策引领，提供成熟的技术支持，促进甘肃其他综合能源供应基地建设，为钢铁、化工、设备制造等传统产业提供巨大的发展机遇，带动氢能产业、高端装备制造基地等布局建设。依托甘肃正在开展的风光水火核多能互补、发输储用造一体发展的开发建设格局，清洁能源产业有望成为甘肃高质量发展的真正标志性产业，促进甘肃成为全国的清洁能源中心。

5.4.4　甘肃武威风光核氢储多能融合的关键技术

5.4.4.1　熔盐堆技术

熔盐堆（MSR）是核裂变反应堆的一种，其主冷剂由熔融状态下的铀、钍、钠、锆等氟化盐组成，主冷剂既作为核燃料，还作为载热剂，在设计上与其他反应堆明显不同。

熔盐堆技术不存在燃料熔化问题，易裂变材料存量少，裂变产物放射性总量相对较低；并且其热力学效率高，能明显提高核燃料资源的利用率，可持续性强。熔盐堆技术具有以下特点：①高温下熔盐化学上很稳定，传热系统简单，可以达到较高的热力学效率；②熔盐堆利用高温耐熔盐腐蚀的结构材料可以将出口温度提高到 850 摄氏度，可以用于热力化学方法制氢；③熔盐堆内没有我们平时理解的核燃料棒，它的燃料是溶解在冷却剂中的铀，这种堆的冷却剂是熔盐，而不是水，是一种高温低压的液体熔融物，没有高压，也就消除了爆炸的可能，所以熔盐堆具有良好的安全性；④熔盐中允许加入不同组成的锕系元素的氟化物，形成均一相的熔盐体系，可用于嬗变，另外核燃料具有很强的增殖能力，能明显提高核燃料资源的利用率。

熔盐堆的概念最早由美国橡树岭国家实验室提出，其还开发了一座军用核动力实验熔盐堆。我国 20 世纪 70 年代开展了钍增殖动力堆研究工作，之后相关研究工作停止了很长时间。2011 年，中国科学院承担了"未来先进核裂变能——钍基熔盐堆核能系统"的工程探索研究。2017 年，甘肃省武威市与中国科学院签订了在该市民勤县建设钍基熔盐堆核能系统项目的战略合作框架协议，该项目于 2018 年开工建设，主体工程于 2021 年完工。目前，该实验堆已获得由国家核安全局颁发的运行许可证，是全球唯一运行的钍基熔盐实验堆。

5.4.4.2　高温熔盐储能技术

高温熔盐储能技术是利用高温熔盐(通常是钾盐或钠盐)作为储能介质，通过加热和释放热量的方式进行能量的存储和释放的技术。熔盐储能技术的基本原理是将太阳能、风能等可再生能源通过一定方式转化为热能储存在高温熔盐中，再利用高温熔盐的热能发电，具有非常重要的应用价值和发展前途。

目前，熔盐储能技术主要应用于集中式太阳能发电、风能发电等可再生能源的储能系统，以及智能电网等领域。这种储能方式具有储量大、转化效率高、系统稳定性强、环保节能等优点。

高温熔盐储能技术涉及化学、材料、机械、电力等多个学科，还将带动熔盐制备和净化技术，材料和腐蚀控制技术，超高温熔盐回路及设备的设计、制造技术，系统集成技术等多种高技术和设备产业化的发展。高温熔盐储能技术作为一项变革性的技术，可将核能、光热、风电等存储在工作温度≥700 摄氏度的熔盐系统之中，结合高温制氢和高效布雷顿循环发电技术，实现能量的大规模高效存储与转换，构建多能融合的核能-可再生能源复合能源系统。

5.4.4.3　光热储能技术

太阳能热发电作为太阳能利用的重要方式，在现阶段可再生能源开发利用中占有越来越重要的地位。目前太阳能热发电主流为聚光类太阳能热发电，其又大致可分为四大类：槽式聚光太阳能热发电、菲涅尔式太阳能热发电、塔式聚光太阳能热发电和碟式聚光热发电。

光热储能技术是在太阳能光热发电技术的基础上改进的一种新技术。鉴于单回路热发电系统与两回路热发电系统的技术风险，该技术选用两回路热发电系统，并且为获得较高品质的二回路蒸汽参数，选用熔盐作为一回路的载热传热介质和蓄能储热介质，采用双热罐、双冷罐方案，熔盐储罐以及熔盐不仅是光热电站的储换热系统，同时也可以将不上网的风电以及光伏通过电加热实现储能，最终通过熔盐与水换热产生过热蒸汽，推动汽轮机并网发电。

5.4.4.4　高温固体氧化物电解水制氢技术

高温固体氧化物电解水制氢过程是目前发展的固体氧化物燃料电池的逆过程，采用固体氧化物作为电解质材料，在 400~1000 摄氏度高温下工作，可以利用热量进行电氢转换。从热动力学观点来看，高温有利于水的分解、加速反应速率、减少了电极极化产生的能量损耗、降低阻抗、提高传质效率。

高温固体氧化物电解水制氢过程需要在高温高压条件下进行，水分子分解释放出氢气和氧气，理论效率可达 100%，具有能量转换效率高，且不需要贵金属催化剂等优点。电解时需要外部提供热源，可利用核电站、太阳能热或地热作为高温电解的热源。从核反应堆的角度来看，超高温气冷堆系统、熔盐堆、气冷快堆系统、铅冷快堆的出口温度都超过 700 摄氏度，所提供的工艺热都可以满足高温固体氧化物电解水制氢过程。从核能高温固体氧化物电解水制氢技术的特点和优势可见，核能高温固体氧化物电解水制氢适用于要求氢气集中式、大规模、无排放的应用场景。

5.4.5 甘肃武威风光核氢储多能融合示范的效果分析

中国科学院上海应用物理研究所联合武威市共同提出建设风光核氢储一体化多能融合示范项目，规划为光伏装机 2700 兆瓦、风电装机 800 兆瓦、光热熔盐储能装机 200 兆瓦、电解水制氢装机 100 兆瓦。电解水制氢、高温熔盐储能技术可有效平抑大规模可再生能源发电接入电网带来的波动性，促进电力系统运行的电源和负荷的平衡，提高电网运行的安全性、经济性和灵活性。经制氢、储能缓解调峰后的理想送电曲线如图 5.34、图 5.35 所示。经调

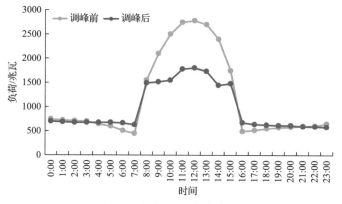

图 5.34 冬季调峰前后对比图

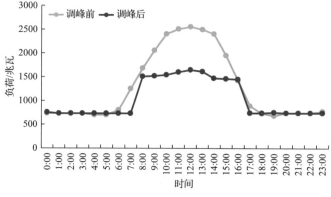

图 5.35 夏季调峰前后对比图

峰后，发电曲线明显缓和，光热、制氢对风电、光伏发电出力的调峰具有一定的平衡作用。

由夏季数据图形可知，全天 7:00～16:00 光伏出力较大时，电解水制氢功率调整最大，减少弃电，不足部分由储能补充；在 10:00～14:00 通过光热蓄热储能系统将风电、光伏发电的多余出力进行储存，此时储存水量最大，在其他光伏不发电时段光热持续发电，对假定的目标电力输出起到一定的补充作用。由冬季数据图形可知，全天 10:00～14:00 光伏出力较大时，电解水制氢功率调整最大，光热蓄热储能系统将风电、光伏发电的多余出力进行储存，此时储存量最大，减少弃电；在其他光伏不发电时段光热持续发电，对假定的目标电力输出起到一定的补充作用。

由图 5.36 和图 5.37 可知，由典型日逐时数据分析，经过调峰后，风电、光伏、制氢、储能组合发电出力在 11:00～14:00 大于目标用电负荷，将会产生弃电现象；16:00 至次日 10:00 组合发电出力基本与目标用电负荷相同，冬季稍有缺电现象存在。氢能电力系统的应用，大大减少了风力发电和光伏发电的弃电量，熔盐储热和核能发电系统的引入，会进一步优化发电侧电力品质，作为基核能源，核能系统增加了熔盐储热功能，具备了调峰功能。从风电、光伏与电解水制氢、光热电站互补后，实现了供电质量明显提高、弃电量明显减少的目标。

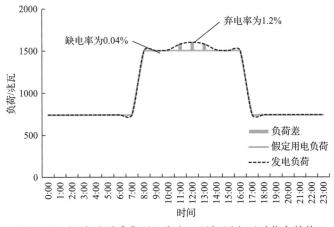

图 5.36　调峰后夏季典型日发电：目标用电逐时分布趋势

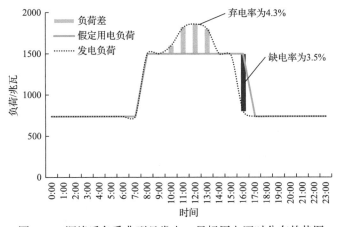

图 5.37　调峰后冬季典型日发电：目标用电逐时分布趋势图

5.5 山东省工业流程再造多能融合示范发展

工业部门是二氧化碳的排放大户，2020 年其二氧化碳排放占全国总排放量的 68%，主要包括钢铁、建材、化工、有色等领域。要实现这些领域的"双碳"目标，就必须对现有的工业流程进行低碳/零碳再造[3]。

山东省是我国传统工业强省，已建成门类齐全的现代工业体系，同时全省工业部门中"两高"（高耗能、高排放）行业企业数量众多，是二氧化碳排放的主要来源，这使山东省成为我国能源消耗和碳排放量排名第一的大省。山东省的经济结构、产业结构和能源消费结构与全国相似度高，典型示范性强，2018 年，国务院批复山东省建设新旧动能转换综合试验区，其是全国第一个以新旧动能转换为主题的区域发展战略，山东省的工业部门也自此开启了新旧动能转换的新篇章，通过在化工、钢铁、建材（水泥）、有色等行业实施工业流程再造的多能融合示范，以技术突破与行业间的协调、融合来实现"两高"行业的低碳零碳流程再造，促进化石能源和二氧化碳的资源化利用，以新动能的全面培育和快速成长，实现能源绿色低碳转型与生态环境保护协调共进，为全国新旧动能转换先行先试、提供示范。

5.5.1 山东省工业流程再造多能融合示范的基础与优势

在实现"双碳"目标和推进能源革命的双重挑战下，山东省将依托资源优势和雄厚的产业基础，通过调整优化用能结构，推动工业用能电气化，拓宽电能替代领域，利用非化石能源发电实现节能降碳；同时，充分利用山东省大规模可再生能源、核能制氢能力和副产氢资源，推动可再生能源、核能无碳化制绿氢，绿氢与煤化工、钢铁、水泥等行业耦合发展的工业低碳/零碳流程再造示范，为化石能源与可再生能源体系融合、工业低碳/零碳流程再造提供探索[36]。

5.5.1.1 资源基础

化石能源资源富集。山东省油气资源丰富，累计探明石油地质储量 55.3 亿吨，居全国第二位，形成了以胜利油田和中原油田为主的油气勘探开发主体；煤炭种类多，煤质优，累计查明煤炭资源储量 330 亿吨，鲁西煤炭基地是国家 14 个大型煤炭基地之一；化石能源呈集中式分布，有利于技术及产业的大规模示范。

可再生能源资源丰富、开发潜力大。山东省的光能、风能、生物质能技术可开发量约为 4 亿千瓦，目前开发比例为 10% 左右。截至 2020 年底，光伏发电装机约为 2272 万千瓦，生物质发电装机约为 365 万千瓦，风能装机约为 1400 万千瓦，山东省光伏和生物质能装机规模居全国第一，风电装机规模居全国第五。预计到 2025 年，可再生能源发电装机规模达到 8000 万千瓦以上，其中光伏发电装机规模达到 5700 万千瓦，风电装机规模达到 2500 万千瓦，生物质发电装机规模到 400 万千瓦[①]。

---

① 资料来源：山东省能源发展 "十四五" 规划. (2021-08-09). www.shandong.gov.cn/art/2021/8/13/art_307620_10331955.html。

核能综合利用领域走在全国前列。山东省围绕新旧动能转换任务，已将核能作为提升能源发展质量的主攻方向，全省共有烟台海阳核电站、威海荣成石岛湾核电站、烟台招远核电站 3 个核电厂址列入国家能源"十三五"规划，规划装机总规模为 2290 万千瓦。到 2025 年，核电在运装机规模达到 570 万千瓦，山东省将着力发展核能供热、制氢、海水淡化等多种应用，打造千万千瓦级沿海核电基地、形成数千万平方米核能供热能力、建成年产亿吨的海水淡化工程、培育核能高端装备产业集群，有效减少煤炭等化石能源的消耗。

5.5.1.2　产业发展基础

按照国民经济行业分类，山东省的工业在采矿业、制造业、电力燃气及水的生产和供应业 3 大门类、41 个大类和 197 个中类中均有分布，其中化工、钢铁、水泥、铝产业等工业行业在全国均位居前列，集聚分布优势明显。

化工产业。山东化工产业基础雄厚、产业集群已具规模，2020 年全省规模以上化工企业 2844 家，实现营业收入 1.9 万亿元，占全国石油和化工行业的 17.1%，经济总量保持全国首位。原油加工、轮胎、化肥、农药、烧碱等产品产量位居全国前列，产品门类齐全，重点产品竞争力不断增强。营业收入过百亿元的企业有 43 家[①]。目前已初步形成以鲁北高端石化产业基地为主体，以半岛东部化工新材料、鲁中高端盐化工、鲁南现代煤化工三大产业集聚区为支撑，以鲁西北化工企业转型示范区、黄海临港石化原料集散区为补充的"1+3+2"高端化工产业发展格局。到 2025 年，化工产业产值达到 2.65 万亿元左右，产业规模保持全国首位，基本建成化工强省，在国内率先形成现代化工产业体系，建设世界级绿色化工产业集群。

钢铁产业。山东是全国重要的钢铁生产基地。截至 2020 年底，山东省钢铁产能为 9300 万吨，产量为 7994 万吨，居全国第三位，实现产值约 5000 亿元。山东钢铁企业的工艺装备水平不断提升，产业链条逐步完善，产品结构不断优化，板材和型钢占据重要地位，截至 2020 年底，板材型钢产能为 4200 万吨，占比约为 45%；建筑钢材产能约为 2800 万吨，占比约为 30%；特钢产能为 1700 万吨，占比约为 19%；其他产能占比约为 6%[②]。已初步形成日-临沿海先进钢铁制造产业基地、莱-泰内陆精品钢生产基地，以及日照先进钢铁制造产业集群、临沂临港高端不锈钢与先进特钢制造产业集群、莱芜精品钢和 400 系列不锈钢产业集群、泰安特种建筑用钢产业集群。到 2025 年，钢铁冶炼压延及深加工配送产业总产值突破 1 万亿元，短流程炼钢占比达到 20% 左右，钢材精深加工率达到 25% 左右，废钢在钢铁原料中的占比达到 30% 左右，沿海钢铁产能占比达到 70% 以上。

水泥产业。山东省是水泥生产和消费大省，2020 年水泥产量为 15768 万吨，居全国第二位[③]，其中总部位于山东的山东山水水泥集团有限公司(以下简称山水集团)水泥熟料产能居全国第八。山东省近年来通过采取错峰生产、产能置换、提升工艺能效和装备水平等措施，使水泥产业的污染物和碳排放浓度大幅降低，部分企业实现了超低排放。同

---

① 资料来源：山东省工业和信息化厅. 山东省化工产业"十四五"发展规划. 2021-11-08。
② 资料来源：山东省工业和信息化厅. 山东省钢铁产业"十四五"发展规划. 2021-11-08。
③ 资料来源：山东省工业和信息化厅. 山东省建材工业"十四五"发展规划. 2021-11-17。

时智能化生产水平不断提升，全国首条世界级低能耗新型干法水泥全智能生产线落户泰安中联水泥有限公司(以下简称中联水泥)，成为水泥行业智能制造示范引领基地。未来山东省仍将延续整合退出低效产能，拓展延伸"砂石骨料+水泥制造+预拌混凝土(预拌砂浆)+装配式建筑部品部件"全产业链条，加快发展特种水泥，加大对大宗固废、生活垃圾和城市污泥的协同处置力度等，推进实施智能化生产线改造和原燃料替代，实现水泥产业碳减排的重大突破。

铝产业。山东省铝产业规模位居全国前列，产业链优势显著，发展态势良好。截至2020年底，全省氧化铝企业5家、产能2670万吨，电解铝企业4家、产能845.5万吨，铝材加工重点企业70余家、加工能力1200余万吨，产能均居全国第一位[①]。电解铝产能高度集中，并在铝加工材、包装铝材、汽车铝材、轨道交通铝材、航空航天铝材等领域具备一定竞争优势，形成了山东魏桥创业集团有限公司、山东信发希望铝业有限公司、山东南山铝业股份有限公司等一批铝加工骨干企业。到2025年，铝产业产值达到8000亿元，终端高附加值产品占比达到60%以上，铝材产量与电解铝产量比率高于全国平均水平，达到2.5∶1，发展成为具有国内外重要影响力的铝产业集聚区。

5.5.2 山东省工业流程再造多能融合示范的定位

山东省传统产业基础良好，但产业结构总体偏重，传统产业占工业比重约为70%，重化工业占传统产业比重约为70%，化石能源消耗总量、主要污染物排放总量均位居全国前列，节能降碳的任务艰巨；另外，山东省可再生资源丰富，核能产业发展突出，可通过非化石能源的补充与规模化应用，优化能源供给结构，构建多能融合体系，推进工业低碳/零碳流程再造。

2018年1月，国务院批复了《山东新旧动能转换综合试验区建设总体方案》，区域发展战略以新旧动能转换为主题，目的是探索优化存量资源配置和扩大优质增量供给并举的动能转换路径，从深化供给侧改革发力，聚焦以工艺流程再造为重点、以绿色科技创新为引领的产业结构变革，发展多能融合的产业示范模式，探索用风、光、核、生物质能、海洋能、地热能等非碳能源替代煤电的能源结构调整路径，加快推动清洁能源电力、绿氢等替代化石原料资源的产业优化路径建设，在重要产业领域和关键核心环节取得实质性突破，在北方地区率先探索出可复制、可推广的工业流程再造与新能源融合的示范经验和产业模式。

2020年1月，中国科学院与山东省政府成立了山东能源研究院，立足山东炼化一体化产业发展布局及高端化工产业发展规划，遵循绿色低碳和循环经济理念，依托山东和中国科学院的优势资源，加强能源科技创新，加快新旧动能转换，抢占能源科技竞争的制高点。推动创建以多能融合为特征、以能源技术革命为引领，集成新能源生产、产业低碳转型和生态环境保护的"双碳"技术区域示范，通过技术突破实施石化行业流程优化再造，推进化工产业链向高端化、特色化、高值化延伸，以能源转型升级助推经济高质量发展，加快实现山东能源产业的质量变革、效率变革、动力变革，持续促进山东的

---

① 资料来源：山东省工业和信息化厅. 山东省铝行业"十四五"发展规划. 2011-11-24。

经济结构转型升级，为国内其他地区推进绿色低碳高质量发展贡献样板经验。

5.5.2.1　推进可再生能源规模应用示范

推动能源生产与消费革命是山东省新旧动能转换、实现高质量发展的重要支撑。充分发挥山东省风、光、核等非碳能源资源优势，发挥科技创新的引领作用，以多能融合理念耦合传统能源与新能源产业，破除各能源种类及各能源行业之间的产业壁垒，推动建立新能源供给体系，重点开展海上风电基地以及风光储输一体化基地建设；基于氢能、储能技术平台，积极推进可再生能源大规模制氢、工业副产氢、新能源制氢和低谷电力制氢以及清洁电力智能供电系统的试点示范，加快清洁能源替代，综合推广利用绿氢、绿电清洁能源的技术路径和商业模式，打造新能源规模化应用和氢能源综合利用示范区。

5.5.2.2　推动工业流程再造多能融合示范

针对山东省产业结构偏重带来的能源效率低、碳排放高等问题，迫切需要创新工艺技术来提高能源利用效率和实现碳减排与绿色发展。多能融合体系构建跨领域突破多能融合互补及支撑能源相关重点行业工业流程再造的关键瓶颈及核心技术，探索高耗能工业与新能源(可再生能源、核能)的融合，以新能源制取绿氢为纽带，推进石化行业用氢的无碳化技术；推进钢铁行业氢冶金等先进低碳技术的工艺变革；推动水泥行业原料/燃料的替代，加快新型低碳水泥、负碳水泥的研发生产；推动铝冶炼产业低能耗绿色替代。以新能源绿电为纽带，实施能源开发清洁替代和能源消费电能替代，推进工业过程"再电气化"进程，提高清洁电能在传统高耗能行业能源消费中的比重。探索可再生能源与煤化工、冶金、建材行业的工艺流程再造，进一步推动工业流程与二氧化碳高效转化利用、与 CCS 结合等低碳/零碳路径，降低化石能源终端消费比重，提高原料煤的转化效率、减少能源的消耗、降低二氧化碳排放。推动可再生能源规模化应用，提高能源综合利用效率，在重要领域和关键环节取得实质性突破，为全国工业体系绿色转型、新能源规模化应用提供可靠的借鉴经验。

5.5.2.3　发展目标

2025 年，基本形成以多能融合为特征、以产业转型升级为目标的双碳技术综合集成战略框架方案，基本建成大型多能融合集成创新示范基地，围绕工业流程再造、清洁能源生产、工业副产氢综合利用等关键问题进行集中攻关、集成示范，加速将科学技术转变为现实生产力，为新旧动能转换、"氢进万家"和"双碳"目标实现夯实基础。

2030 年，建成国内重要的多能融合创新区域示范，建成多能融合新型能源与工业耦合体系，推动能源清洁低碳安全高效利用和工业行业绿色低碳高值转型，加速山东省经济社会高质量发展步伐。

5.5.3　山东省工业流程再造多能融合示范的重点举措

基于山东省化石能源、可再生能源等资源富集和工业部门基础良好、集聚效应明显等优势条件，以绿电、绿氢为耦合平台，充分利用能源种类之间互补及耦合利用的核心技术，重点推动化工、钢铁、水泥、有色等工业部门的流程再造，降低化石能源终端消费比重，提升整体能源利用效率，构建以电/氢为主体的清洁能源供应体系。

5.5.3.1 新能源的规模化应用示范

1. 可再生能源规模化利用示范

1)示范目标

可再生能源规模化、高比例、低成本发展是实现"双碳"目标的主攻方向以及碳减排的主要手段。山东省以风电、光伏发电为重点，以生物质能、地热能、海洋能等为补充，推动可再生能源多元化、协同化发展，到 2025 年，可再生能源发电装机规模达到8000 万千瓦以上。注重电源基地的开发建设，因地制宜采取风能、太阳能、生物质能等多能源品种发电互相补充，并适度配置一定比例的储能，统筹各类电源的规划、设计、建设、运营，推进以储能为纽带，连接清洁电力和火电形成智能化供电系统的示范，提升能源清洁利用水平和电力系统运行效率。

2)示范内容

风能综合利用示范：加快发展海上风电，以海上风电为主战场，以渤中基地、半岛南基地、半岛北基地三大片区为重点，充分利用海上风电资源，打造千万千瓦级海上风电基地。适度有序地推进陆上风电开发建设，重点打造鲁北盐碱滩涂地千万千瓦级风光储输一体化基地。

光能综合利用示范：坚持集散并举，大力发展光伏发电。加快发展集中式光伏，重点打造鲁北盐碱滩涂地千万千瓦级风光储输一体化基地、鲁西南采煤沉陷区百万千瓦级"光伏+"基地。大力发展分布式光伏，开展整县(市、区)分布式光伏规模化开发试点，建成"百乡千村"低碳发展示范工程。

可再生能源大规模制氢综合示范：推进可再生能源发电与电解水制氢耦合发展，开展高效低成本电解水制氢技术的示范应用，积极探索大规模氢制取、储运、应用的技术路径和商业模式。

2. 千万千瓦级核电基地示范

1)示范目标

积极安全有序发展核能是实现"双碳"目标、能源高质量发展的重要途径。山东省重点加强核能的综合利用，改变核能单一供电用途，发展核能供热、制氢、海水淡化等多种应用，有效减少煤炭等化石能源的消耗；重点以核能无碳化制绿氢为纽带，促进氢与化工、钢铁、水泥等行业的耦合发展，助力工业的低碳流程再造，大幅降低能耗及碳排放，为实现"双碳"目标提供重要支撑。

2)示范内容

打造胶东半岛千万千瓦级核电基地。积极推进海阳、荣成、招远三大核电厂址开发，建成荣成高温气冷堆、"国和一号"示范工程，开工备选海阳核电二期和三期、招远核电一期、荣成石岛湾核电二期等；储备招远核电二期、三期等。

核能制氢技术研究和示范应用。加快推进核能电解水制氢与热化学制氢的试点,重点利用第四代高温气冷堆先进技术高温高压的特性,进行大规模热化学循环制绿氢的示范,探索以绿氢为载体,与化工、钢铁、水泥等行业融合发展。

3. 国家氢能全链条产业基地示范

1)示范目标

氢能是实现"双碳"发展战略、能源结构调整和绿色低碳发展的重要载体。健全完善制氢、储氢、加氢、用氢全产业链氢能体系,加快形成"中国氢谷""东方氢岛"两大高地,打造山东半岛"氢动走廊"。积极开展副产氢纯化、可再生能源制氢、管道输氢、氢能交通、热电联供、氢与工业部门耦合等生产和利用技术的工程化示范,打造全国首个万台(套)氢能综合供能装置示范基地,推进氢能燃料电池的规模化应用,开展以绿氢为核心的能源综合利用,加快氢能在交通、工业、发电、供能等多领域全场景的示范推广。

2)示范内容

(1)氢能制备储运的规模化示范。积极推进新能源制氢和低谷电力制氢试点示范,培育风光核+氢储能一体化应用模式,重点依托山东省规划的大型清洁能源(风、光、核)基地,发展低成本高效率的制氢关键技术;同时,大力发展工业副产氢纯化技术。加快发展高压气态储氢和长管拖车运输,探索推进高效、智能氢气输送管网的建设和运营,重点提高高压气氢储运的技术水平,积极介入低温液态储氢、固体储氢和有机液体储氢研发领域,建设绿氨、液氢、固态储供氢等应用示范项目。

(2)氢能综合利用示范。加快氢能多领域多场景应用,在通信基站、数据中心等场所推进氢能应急电源示范,在海岛、园区等特定区域开展以氢为核心的能源综合利用试点。重点探索绿氢与煤化工、钢铁、水泥等行业工业流程再造的融合示范,充分发挥绿氢的能量属性与物质属性,大幅降低高碳行业的能耗与碳排放。

5.5.3.2　工业流程再造多能融合示范

1. 化工产业工业流程再造多能融合示范

1)示范目标

山东省化工产业面临二氧化碳排放压力大、能源利用效率偏低等突出问题,可通过煤化工与氢能的融合、石油化工与煤化工的融合等跨领域多能融合路径,实现化工产业工业流程再造。在鲁西南煤炭转化集中区如济宁、枣庄、菏泽等地,探索绿氢与煤化工气化工艺结合、绿氢与二氧化碳高效转化利用等路径,减少原料煤和能源的消耗,降低二氧化碳排放,提高能源利用效率。在煤、油资源相对富集区如菏泽等市,探索煤炭转化与石化的耦合发展,推广甲醇石脑油制烯烃、甲醇甲苯制对二甲苯等示范项目,以煤化工与石化的物质和能量的耦合,实现化石能源的清洁高效利用。

在胶东半岛和鲁北石化产业聚集地区,如东营、烟台、淄博、潍坊、滨州等市,重点探索石化产业与新能源(可再生能源、核能)的融合,以新能源制取绿氢、绿电为纽带,推进石化行业用氢的无碳化、绿电替代煤电的"再电气化"进程,降低化石能源终端消费比重，推动可再生能源规模化应用。

2) 示范内容

煤化工与氢能的融合示范：通过可再生能源或核能实现零碳排放制取绿氢，与煤化工的煤气化单元的水煤气变换工序结合，使用绿氢调节煤气化变换过程中合成气的碳氢比，可省略水煤气变换装置，避免该环节产生大量的 CO_2 排放，降低能源消费量，实现煤化工的绿色低碳发展。

煤化工与石油化工的融合示范：一方面推广新的煤化工工艺，大规模生产以烯烃和芳烃为代表的大宗化学品，实现煤化工产品对石油化工产品的替代补充；另一方面直接采用来自于煤化工和石油化工的平台产品，进行烯烃和芳烃等化学品的耦合生产，如甲醇石脑油耦合制烯烃、甲醇甲苯耦合制对二甲苯等技术，提高原子利用率以及能量效率。

2. 钢铁产业工业流程再造多能融合示范

1) 示范目标

山东钢铁产业是仅次于电力行业的第二大碳排放行业，着力在钢铁生产工艺流程中在源头减碳、过程节碳和末端用碳三个方面采取节能降耗措施，优先在日-临沿海先进钢铁制造产业基地、莱-泰内陆精品钢生产基地，积极开展氢直接还原铁技术、高炉富氢还原技术、废钢电弧炉技术等先进低碳技术，促进钢铁行业工艺流程结构转型和清洁能源替代，发展电炉短流程炼钢工艺，提升废钢资源回收利用水平。

2) 示范内容

源头减碳主要侧重于开发新的钢铁生产工艺，期望通过氢基直接还原、氢等离子体熔融还原和铁矿石电解等工艺技术的研究，开发无碳冶金新技术，从源头上减少钢铁行业化石能源消耗。

过程节碳重点关注现有钢铁生产路线，对现有流程进行调整或优化，关注点在于对现有钢铁厂进行优化、改造，节约能源、降低消耗，以减少 CO_2 的排放，并与 CCUS 进行组合，实现深度脱碳。主要技术研究方向包括高炉喷吹、氧气高炉、熔融还原等。

末端用碳主要是从钢铁生产中的煤气/烟气中捕集 CO_2 或 CO，并利用捕集的含碳资源进一步生产高值含碳产品，从而减少 CO_2 排放。重点开展 CO 转化和 CO_2 的 CCUS 等新技术研究。

3. 水泥产业工业流程再造多能融合示范

1) 示范目标

水泥产业是典型的难减排工业部门。利用山东省丰富的绿电和绿氢资源，与化工、钢铁、有色等多行业耦合，促进低碳化智慧化融合，带动山东水泥产业的低碳零碳发展；率先采用化工、钢铁等工业废渣作为原料，推广应用生活固废作为替代燃料，发展原料/燃料的替代技术，积极推动新型低碳水泥、负碳水泥的研发生产，优先在山水集团、中联水泥等行业龙头企业进行先行先试，并进行技术的引领示范，将新型行业产能合作体系做成行业典范。

2) 示范内容

燃料替代技术示范：发展绿氢绿电替代技术。燃料替代技术理论上减排潜力较大，当前应用替代燃料的生产线较少，应重点发展天然气和生物质等燃料替代煤炭的技术。

原料替代技术示范：利用本地钢铁、有色、煤电生产企业的钢渣、赤泥、粉煤灰等工业废弃料，按标准规定比例在水泥生产中进行部分原料替代，在实现水泥生产减少碳排放的同时对工业废渣进行利用，兼具经济和社会效益。

CCUS 技术示范：CCUS 是水泥生产工艺实现零碳目标的有效途径，但目前限于技术成熟度和成本原因无法大范围应用，在未来会成为减排技术的主要措施。

4. 铝产业工业流程再造多能融合示范

1）示范目标

铝是有色金属行业产量最大的产品，也是有色金属行业 CO_2 排放量最大的领域，铝冶炼的碳排放占有色金属行业碳排放总量的 80%，其中排放量最大的工艺是电解槽电解，能源消耗主要是电力消耗。发展低能耗绿色替代技术，包括离子液体低温电解铝/再生铝技术，依托山东魏桥创业有限公司、山东信发希望铝业有限公司、山东南山铝业股份有限公司等骨干企业，建设年产千吨级离子液体低温电解铝/再生铝工业性试验装置、千吨级离子液体再生铝技术工程示范；开发高效节能减排铝热还原炼镁技术，建设万吨级新法炼镁试验线，每年可实现碳减排 6 万吨以上。

2）示范内容

清洁能源替代示范：鼓励铝冶炼产业采用清洁能源替代火电等方式，淘汰落后高耗能产业。

先进铝生产技术示范：重点加强离子液体低温电解铝/再生铝技术、离子液体再生铝技术、高效节能减排铝热还原炼镁技术等的研发和示范，提升铝冶炼生产过程的余热回收水平，推动单位产品能耗持续下降。

铝资源回收利用示范：完善废弃铝资源回收、分选和加工网络，鼓励更多企业进入回收领域；大幅提高再生铝、再生铅等高耗能行业产品的回收比例。

5.5.4　山东省工业流程再造多能融合示范的关键技术分析

5.5.4.1　化工产业多能融合示范关键技术

山东有丰富的化石能源，截至 2021 年，全省有依法生产建设煤矿 99 处，产能规模为 12991 万吨/年[①]；山东省地炼产能约为 1.1 亿吨/年[②]，天然气产能为 68.42 万吨标准煤，《山东统计年鉴 2022》显示，煤电、供热、炼焦和工业终端消费量占据了山东省煤炭消费总量的 96% 左右，炼油行业产能丰富，可充分将煤炭资源和石油资源进行结合，以甲醇/合成气为平台，提升能源利用效率，促进煤化工与石油化工的协调发展。烯烃是石油化工的核心产品，是生产其他有机化工产品的基础。截至 2021 年底，山东乙烯产能为 261.5 万吨，占全国总产量的 9.3%，主要由石脑油裂解制乙烯，其中高温蒸汽裂解制乙烯技术中烯烃产率偏低，且为强吸热反应，能量消耗大。大连化物所研发的甲醇石脑油

---

① 山东省能源局公告 2022 年第 1 号.(2022-01-12). http://nyj.shandong.gov.cn/art/2022/1/12/art_189857_10291132.html.
② 10 家企业产能全部退出，山东地炼整合棋至"中盘".(2023-01-05).https://baijiahao.baidu.com/s?id=1754190645100333686.

耦合制烯烃技术，将石脑油原料和甲醇原料耦合起来，通过相同的分子筛催化剂经过催化反应制取烯烃，不但能够在反应过程中直接实现吸热/放热平衡，提高整个体系的能量利用效率，增加产品收率，而且在同一反应器里可以耦合使用煤化工(甲醇)与石油化工(石脑油)的基本原料，推动行业的协同发展[5]。该技术可以直接改造传统石油化学工业中能耗最严重的烯烃工厂，并且可使石化工业烯烃工厂原料灵活多样。甲醇石脑油耦合制烯烃反应对比如图 5.38 所示。

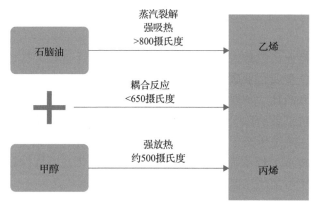

图 5.38 甲醇石脑油耦合制烯烃反应对比示意图

山东省太阳能、风能、生物质能、地热能、海洋能等可再生能源资源较为丰富，将可再生能源产生的绿氢与 CO_2 耦合，不仅可以充分提高可再生能源的利用率，消耗二氧化碳，而且可以生产化工品。大连化物所李灿院士团队研发了液态阳光技术，该技术通过光伏装置捕获太阳能，二氧化碳和水作为天然的能量运送者，将太阳能以稳定化合物的形式进行储存并利用，可实现可再生能源规模化储存利用和大规模减排二氧化碳，如图 5.39 所示。全球首套规模化(千吨级)合成绿色甲醇示范装置已经在兰州建成，于 2020年试车成功，整体技术处于国际领先水平，且具备大规模应用推广条件。

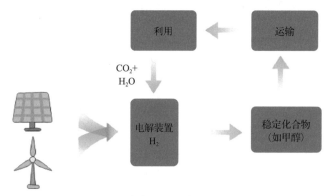

图 5.39 液态阳光生态循环示意图

山东省氢能产业基础优势明显，正在加快形成"中国氢谷"和"东方氢岛"两大高地，打造山东半岛"氢动走廊"，将氢能与化工产业耦合，不仅可以降低化石能源的消耗，还能够大幅减少二氧化碳的排放，具体实现路径如图 5.40 所示。氢是生产甲醇、氨以及石化加氢产品的重要原料。目前化工行业使用的氢是以石化原料为主的灰氢，若以可再生能源生产的绿氢代替，不仅会减少化石能源的消耗，减少二氧化碳的排放，而且绿氢可与化工生产过程中产生的二氧化碳结合得到化学品，积极推动山东省在合成氨、合成甲醇、炼化等行业由高碳工艺向低碳工艺转变，促进高耗能行业绿色低碳发展。

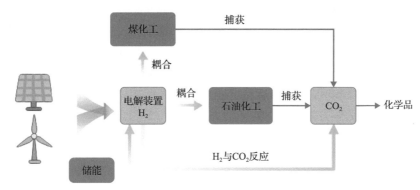

图 5.40　氢能与化工产业耦合

5.5.4.2　钢铁产业多能融合示范关键技术

截至 2021 年底，山东省粗钢钢铁产量为 7649 万吨，居全国第三位，已形成了现代化的产业基地，"十三五"以来，山东省钢铁工业重点围绕"调结构、优布局、控能耗、减排放"大力推进清洁生产，从源头大幅降低行业污染物排放，取得了积极成效[1]。但钢铁行业属于能源密集型和资源密集型行业，生产规模大、生产工艺流程长、排放量多。随着"双碳"目标的深入实施，能源资源等要素保障进一步趋紧，生态环境政策进一步加严，环保达标已经成为钢铁企业生存的"硬约束"。特别是在环境承载达到极限的产能密集地区，钢铁企业的绿色低碳转型面临的压力更大、任务更艰巨。现以典型钢铁脱碳技术为例进行分析。

1. 钢化联产技术

钢铁产业的流程工业特征决定了钢铁行业是碳素流、铁素流和氢、氧、氮、硫等多种化学元素的集合、耗散、耦合，以及多种原料、物质形态的协同、转换、联动。钢铁工业的特征使其能够与多种产业形成耦合与联产，如钢铁与化工、建材、氢能、城乡供热、电力、合成生物学、太阳能、风能等多种可再生能源的联产。

钢化联产是指以钢铁企业高炉、转炉和焦炉煤气为原料，经过一系列的净化分离工艺，提取出 CO、H_2 和 CH_4 等有价值的原料气组分，经化工合成工序制成甲醇、乙醇、LNG 等高附加值产品的过程。

山东省是我国化工生产和消费大省。化工生产依赖于煤炭、石油资源，消耗量巨大。钢铁生产过程中副产的煤气中含有大量的 CO、H_2，这是宝贵的化工原料，通过分离提纯钢铁生产副产的煤气中的有价元素合成化工产品的示范项目已陆续建成，这是实现石

---

① 国家统计局统计数据。

油资源替代的有效途径，可以促进化工原料多元供应。未来伴随可再生能源的规模化发展，电解水制氢的成本将持续下降，绿氢可以与钢厂尾气中的 CO 和 CO_2 生产清洁能源或者高端化工产品，实现"以氢固碳"，助力钢铁产业减少 CO_2 排放；同时电解水制氢过程副产的氧气也可用于炼铁和炼钢工序，降低钢铁生产过程中的能耗。在此情景下，钢铁生产企业生产模式将发生转变，由当前的生产钢铁的单一生产模式，转向以钢铁生产为主，兼顾甲醇、乙醇等清洁能源或高端化工产品生产，以及社会大宗固体废弃物消纳处理的多元生产模式，将成为我国绿色低碳循环产业的重要组成部分。

2021 年，山东省焦炭产量为 3187 万吨，生铁产量为 7524 万吨，粗钢产量为 7649 万吨。按照数据估算副产煤气资源总量[37]：焦炉煤气标准体积为 132 亿立方米，高炉煤气标准体积为 1166 亿立方米，转炉煤气标准体积为 76 亿立方米。这为钢铁生产企业进行钢化联产提供了有利的原料支撑。

2. 废钢电炉短流程炼钢技术

废钢电炉短流程炼钢技术，是以回收的废钢作为主要原料，以电力为能源介质，利用电弧热效应加热炉料进行熔炼的炼钢方法。废钢电炉短流程炼钢属于资源的再生循环利用，可以大幅度降低化石能源消耗和 CO_2 排放。与高炉-转炉长流程炼钢相比，废钢电炉短流程不需要铁矿石，不消耗焦炭和煤粉，主要消耗的能源为电。为此，一方面废钢电炉短流程工序能耗低，另一方面消耗的电可用可再生能源发电，因此可以从源头上减少碳消耗和碳排放。

山东是钢铁生产大省，同时，山东也是废钢铁回收利用大省。根据《山东省 2021 年再生资源回收行业发展报告》，2021 年，全省共回收废钢铁 1480 万吨，回收量占到八大类再生资源回收总量的 49.7%。这为废钢电炉短流程炼钢技术的应用提供了基础。

2022 年 1 月，由工业和信息化部、国家发展改革委、生态环境部联合发布《关于促进钢铁工业高质量发展的指导意见》，明确要求到 2025 年钢铁工业利用废钢资源量达到 3 亿吨以上，这也为短流程的推广提供了政策上的支持。

3. 氢冶金技术

氢冶金包括富氢冶炼和氢直接还原。氢冶金指以富氢或氢气为能源和还原剂，在低于铁矿石和氧化球团矿软化温度下进行还原得到固态金属铁的炼铁工艺，其产品称为直接还原铁，可作为电炉炼钢的优质原料。氢直接还原铁技术，以氢气代替碳还原铁矿石，将从源头彻底降低污染物与二氧化碳的排放量，是实现零碳排放的最重要的一种途径。

氢冶金因其降碳减排效果显著，成为钢铁工业实现高质量发展的重要途径，目前已有多家企业积极布局相关业务。以氢冶金为抓手，钢铁企业在实现节能减排、低碳转型的同时，可布局氢能下游产业链，进一步降低制氢用氢成本，拓宽钢铁产业氢能应用空间。氢直接还原铁作为优质钢生产的上等原料得到迅速发展，成为钢铁生产中不可缺少的组成部分。而由于环保政策日益严格，直接还原技术的还原气逐渐由碳、氢混合气向纯氢气转变。

5.5.4.3 水泥产业多能融合示范关键技术

山东省是我国水泥生产和消费大省，2021 年全省水泥产量为 1.66 亿吨，约占全国水泥总产量的 7%。山东的水泥熟料生产线数量和水泥熟料企业数量较多，分别位居全国第二和全国第六，截至 2021 年底，全省共有 111 条水泥熟料生产线，72 家水泥熟料企业[①]。其中，山水集团水泥熟料产能位居全国第六，18 家水泥熟料企业被工业和信息化部评为绿色工厂[②]，山东省 2005～2021 年水泥产量及全国占比如图 5.41 所示。

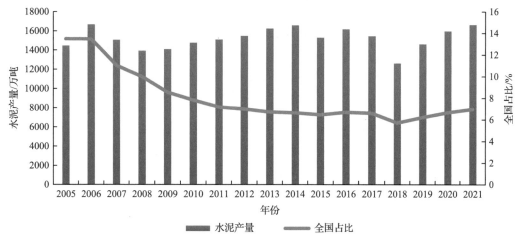

图 5.41 山东省 2005～2021 年水泥产量及全国占比[③]

能耗"双控""两高"项目严查、煤炭减量替代、产能置换新政等外部环境的变化，促使水泥行业开启新一轮产能整合升级。水泥行业，包括研发和生产企业为了实现低碳绿色发展，纷纷加大节能降耗技术的推广应用。现以几种典型减碳技术为例展开初步分析。

1. 替代燃料技术

我国水泥生产的主要燃料是煤炭，由于能源活动排放占水泥生产碳排放的比重为 35%左右（图 5.42），因此提高替代燃料率是水泥行业减碳的主要措施。替代燃料技术是采用碳中性或者碳排放强度较低的燃料，如废旧轮胎、废机油、废塑料、危废、生活垃圾、秸秆、垃圾衍生燃料（RDF）、固体回收燃料（SDF）、市政污泥等，代替煤炭等化石燃料，减少燃料燃烧的碳排放量。

欧美国家将可燃废弃物作为水泥窑的替代燃料，迄今已有 30 年，技术成熟可靠。目前全球水泥生产的化石燃料替代率（TSR）已达 30%左右，美国和日本较低，为 15%～20%，德国和荷兰较高，分别为 70%和 90%。我国在实现这项技术途径上经历了十多年的艰辛探索，近年终于成功地攻克了废弃物（如生活垃圾、市政污泥）的水分高、热值低、处置难等一系列技术难题。目前我国的 TSR 较低，为 2%左右，正处于进一步大规模推广的阶段，发展空间很大。

根据工业和信息化部印发的《"十四五"工业绿色发展规划》提出的开展水泥窑高比

① 山东省工业和信息化厅. 关于山东省水泥熟料、平板玻璃生产线清单的公示.(2021-04-26).http://gxt.shandong.gov.cn/art/2022/3/7/art_15202_10300780.html。

② 资料来源：山东省工业和信息化厅. 山东省建材工业"十四五"发展规划. 2011-11-17。

③ 资料来源：中国国家统计局. 国家数据库. https://data.stats.gov.cn/easyquery.htm?cn=C01。

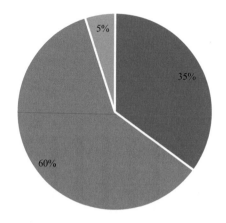

■ 能源活动排放　　■ 工业过程排放　　■ 间接排放

图 5.42　水泥生产的碳排放占比①

例燃料替代，应严格控制水泥等主要用煤行业的煤炭消费，鼓励有条件地区新建、改扩建项目实行用煤减量替代。山东省水泥行业结合自身发展条件，出台了相应的规划和政策。《山东省建材工业"十四五"发展规划》明确提出，积极推进协同处置，加大对大宗固废、生活垃圾和城市污泥的协同处置力度。

2020 年，全省一般工业固体废物量约为 2.49 亿吨，危险废物约为 933.3 万吨②。这两种废弃物的综合利用量较高，为水泥熟料生产企业开展燃料替代的协同处置提供了有利的物料支撑。

2. 余热回收发电技术

水泥生产需要大量的热量，但有近 45% 的热量都会被带走或损失掉。余热回收发电技术通过余热锅炉将窑头熟料冷却机和窑尾预热器排出的 350 摄氏度左右的废气进行热交换回收，产生过热蒸汽推动汽轮机实现热能向机械能转换，从而带动发电机发出电能，所发电能供水泥生产过程使用。

采用余热回收发电技术可使水泥生产企业能源利用率达到 95% 以上。目前常用的余热发电型式为蒸汽朗肯循环，其他技术还包括有机朗肯循环和卡林那循环。

我国水泥行业的余热回收发电技术成熟度高，推广利用范围广。据中国水泥协会统计，截至 2021 年底，我国水泥行业有 1065 条熟料生产线装备余热发电装置，约占我国全部熟料生产线的三分之二，总装机容量为 7472 兆瓦，发电能力达 483 亿千瓦时/年①。

3. 新能源利用技术

新能源利用技术是指采用清洁的绿电、绿氢、光伏、微波、红外等新能源替代煤炭、工业废弃物等作为煅烧水泥熟料的能源③。由于能耗双控、煤炭减量替代等政策的发布实

① 资料来源：中国水泥协会，中国建筑材料科学研究总院有限公司，生态环境部环境规划院. 中国水泥行业碳排放现状与碳达峰路径, 2021。

② 资料来源：山东省统计局. 山东统计年鉴 2021. 北京：中国统计出版社。

③ 工业过程不可替代化石能源消费预测及碳排放趋势分析.中国科学院过程工程研究所技术报告, 2021。

施,新能源利用已经成为近年来水泥行业关注的重点。主要水泥生产企业先后发展了新能源利用项目。

安徽海螺水泥股份有限公司作为水泥行业光伏项目的领先者,近年来建设了多个光伏发电项目,截至 2022 年底,公司在运行光储发电装机容量为 475 兆瓦,年光储发电达到 2.72 亿千瓦时。华润水泥(罗定)有限公司的分布式光伏发电项目也于 2022 年开工,年平均发电量约 1202 万千瓦时,每年可节约标准煤约 4000 吨,减少二氧化碳排放 10000 吨。广东塔牌集团股份有限公司分布式光伏发电项目也于 2022 年全面实现并网发电,年平均发电量约 1180 万千瓦时,每年可节约标准煤约 3700 吨,减少二氧化碳排放约 7600 吨。其在有效节能减排的同时每年可节约电费 600 多万元,真正实现经济效益与生态效益双赢。

国家层面和地方层面都纷纷提出新能源在水泥行业的规划路径。工业和信息化部印发的《"十四五"工业绿色发展规划》提出鼓励氢能等替代能源在水泥等行业的应用。山东省于 2022 年在国内率先出台《山东省高耗能高排放建设项目碳排放减量替代办法(试行)》,提出将包括水泥在内的 16 个"两高"行业的新建投资项目纳入管理范围,拟建项目新增碳排放量需由其他途径落实替代源,以确保"两高"项目碳排放总量只减不增;替代量核算公式为建设项目碳排放量乘以行业系数,替代源按行业划分为 1.2 或 1.5 的替代比例,其中,水泥、炼化、电解铝、煤电项目行业系数为 1.5;同时明确,替代源主要包括企业关停、转产减少的碳排放量,淘汰落后产能、压减过剩产能减少的碳排放量,拟建项目建设单位通过可再生能源、清洁电力替代化石能源减少的碳排放量以及通过其他途径减少的碳排放量。

山东省的可再生能源较为丰富,主要种类为太阳能和风能,生物质能和地热能次之。全省可再生能源的利用以发电为主。截至 2020 年底,山东省并网可再生能源装机 4534 万千瓦。其中,光伏装机 2273 万千瓦,风电装机 1795 万千瓦[①]。山东省光伏装机规模全国第一,为全省水泥行业开展利用分布式光伏发电技术提供了有利条件。

根据水泥生产企业的区域特征,采用分布式光伏发电和风力发电,可实现企业区域内清洁能源的最大化利用。

5.5.4.4 有色金属多能融合示范关键技术

有色金属冶炼加工过程能耗高,二氧化碳排放量大。其中,铝冶炼行业碳排放占整个有色金属行业的 80%。电解铝能耗受技术(霍尔-埃鲁法)高度成熟的限制,在当前技术路径下节能空间有限。如表 5.17 所示,1940 年,电解铝行业平均能耗为 26.4 千瓦时/千克,到 1991 年平均能耗下降至 15 千瓦时/千克,下降 43.2%;但 2020 年能耗仅降至 13 千瓦时/千克,较 1991 年仅下降 13.3%,且进一步下降空间非常有限。而当前离子液体法能耗预计能达到 9.5 千瓦时/千克,较当前行业平均能耗下降 26.9%,具有较大的节能效果。山东电解铝产业发达,山东魏桥创业集团有限公司、山东信发希望铝业有限公司、聊城信源集团有限公司位居全国电解铝企业产能前十,特别是山东魏桥创业集团有限公

司的 600 千安铝电解槽技术单位产品能耗低，在国际上处于领先水平。根据《山东省"十四五"应对气候变化规划》加快有色行业用能转型和循环再生的要求，推进有色行业清洁能源替代，完善废弃有色金属资源回收、分选和加工网络，提升有色金属生产过程余热回收水平，推动单位产品能耗持续下降是有色金属行业节能减排的主要技术发展方向。下面，以电解铝过程为例介绍各类技术。

表 5.17   电解铝技术的能耗[38]

电解铝技术	能耗/(千瓦时/千克)
行业平均(1940 年)	26.4
行业平均(1991 年)	15
当前霍尔-埃鲁法	13
当前离子液体法	9.5

1. 全绿电电解技术

该技术仅是将电解槽用电的来源由火电或网电转为绿电，相比于现有电解槽技术，并没有明显改动，能耗几乎不变，仅是二氧化碳排放量随着绿电比例的增加而逐步降低。云南、贵州等省份利用当地丰富廉价的水电资源承接了大量电解铝项目，不仅降低了电解铝成本，也促进了全国铝电解行业中绿电比例的提升，降低了二氧化碳的排放[39]。

2. 废铝回收再利用技术

铝的抗腐蚀性强，在使用过程中损耗程度极低，且多次重复利用后不会丧失其基本特性。废铝一般经过分拣、预处理与重熔再生后作为再生铝进行再利用，90%的再生铝应用于铝合金。废铝再生的能耗仅为新铝生产的 3%～5%，再生铝的温室气体排放量仅为原铝的 5%左右①。

我国再生铝很少保级利用，大部分降级使用作为铸造铝合金，且由于现行的再生铝技术中合金元素不能被去除，随着废铝一轮又一轮的循环，铝中合金元素不断积累。随着再生铝量的增加，在不久的将来再生铝的品质将低到无法再利用，变为"死金属"，因此，实现废铝的闭环回收与保级利用将成为再生铝技术发展的方向。现在主要研究的保级技术有低温熔盐体系再生铝保级技术和离子液体体系再生铝保级技术。

东北大学采用低温熔盐体系(600 摄氏度以下)，以废铝(或废铝合金)为可溶阳极，以纯铝为阴极进行熔盐电解。电解过程中可溶阳极中的铝在阴极铝板上沉积，而阳极中的合金元素以阳极泥的形式沉降至电解槽底部，从而实现废铝中铝与合金元素的彻底分离，实现废铝的再生。尽管该技术回收废铝电耗较高(预计在 5000～7000 千瓦时/吨铝)，但回收的铝可达到原铝的品质，回收能耗只相当于原铝的 40%～50%，二氧化碳排放量只有原铝的 30%，具有很好的二氧化碳减排优势。该技术采用的低温熔盐体系虽然在 600 摄氏度以下操作，但温度仍较高，因此阳极更换和阴极析出的纯铝被取出时伴随着能量损失，且再生铝表面残留熔盐的去除仍存在较大难度。

---

① 王祝堂. 中国再生铝工业启航新征程. (2021-06-25). https://www.cnmn.com.cn/ShowNews1.aspx?id=428681.

中国科学院过程工程研究所采用离子液体体系(100 摄氏度以下)，以废铝(或废铝合金)为可溶阳极，以纯铝为阴极进行低温电解。电解过程与低温熔盐体系一样，可溶阳极中的铝在阴极铝板上沉积，其他元素以阳极泥的形式沉降至电解槽底部，从而实现废铝中铝与其他元素的彻底分离，实现废铝的再生。该技术再生铝纯度可达99%以上，且回收能耗仅为原铝生产的30%~40%，是典型的低碳技术。该技术再生铝的清洗以及洗液中离子液体的回收再利用是难点，需进一步与再生电解过程结合，形成连续一体化装置和完整的生产链条。

3. 电解槽结构优化综合节能技术

电解铝过程中约50%的能耗以热量形式通过电解槽散失，因此应提升生产过程余热回收水平，将电解槽从传统的散热型结构改为保温型结构，减少电解槽的热损失，降低槽电压，提高电解槽的能源效率，从而降低铝电解槽的能耗。窄中缝铝电解槽对于减少电解过程热量损失效果明显，其阳极结构设计与优化、槽物理场变化趋势、槽电压与散热规律、槽工艺参数优化机制以及高导电阴极钢棒的设计与制作、高导电阴极钢棒电解槽磁场与流场变化规律和相应的电解工艺条件优化是其关键。

电解铝二氧化碳排放结构中辅料排放量约为0.6吨/吨铝，该辅料很大一部分来源于电解槽的阴极内衬生产过程中的排放。铝电解槽废内衬是一种危废，同时又是一种资源，这些废阴极内衬材料含有约40%的碳、30%的耐火材料和30%的氟化物电解质，还含有一定量的金属铝。因此，开展铝电解槽废内衬真空蒸馏与再利用技术、铝电解槽底部全氧化铝组分耐火材料利用技术对电解铝过程的综合节能也有一定贡献。

5.5.5　山东省工业流程再造多能融合示范的效果分析

5.5.5.1　化工工业流程再造多能融合示范的效果分析

1. 甲醇石脑油耦合制烯烃技术

1)甲醇石脑油耦合的流程示意图

煤基生产的甲醇和石油基生产的石脑油作为原料在同一装置进行裂解反应，甲醇裂解反应属于放热过程，而石脑油裂解反应属于吸热过程，二者共同进料反应，反应温度可降至650摄氏度以下，可实现能量优化利用，且甲醇的引入可降低石脑油裂解反应的活化能；同时，甲醇的参与能带来较多的芳烃产物，可以进一步丰富产品、增加价值，具体流程如图5.43所示。

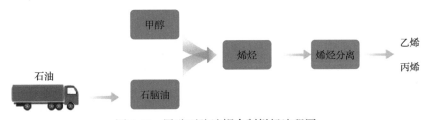

图 5.43　甲醇石脑油耦合制烯烃流程图

2)甲醇石脑油耦合的关键节点

甲醇石脑油耦合的关键技术为催化剂的制备。甲醇反应和烃类裂解反应通常采用不同的催化体系，大连化物所发明出一种改性 ZSM-5 分子筛催化剂催化甲醇耦合石脑油裂解反应的方法，将甲醇和石脑油在改性 ZSM-5 分子筛催化剂上进行共进料反应，以生产低碳烯烃和/或芳烃，利用改性 ZSM-5 分子筛催化的甲醇耦合石脑油裂解反应可以提高石脑油的催化裂解效率，高产率地生产低碳烯烃和芳烃[40]。

截至 20201 年底，山东省乙烯建成产能为 22161.5 万吨，丙烯产能为 688 万吨，乙烯主要来自丙烷脱氢（PDH）和石脑油裂解，丙烯主要来自炼油的催化裂化和 PDH。目前山东省石脑油裂解制烯烃装置较少，仅齐鲁石化就有 80 万吨石脑油制烯烃装置。

以 80 万吨/年（乙烯量）石脑油裂解制烯烃项目为例，石脑油制烯烃综合能耗为 61 万吨标准煤/年左右[41]，同规模下甲醇石脑油耦合制烯烃的能耗为 37 万吨标准煤/年左右，CO_2 排放量由 163 万吨/年左右下降至 98 万吨/年。表 5.18 为 80 万吨/年石脑油制烯烃与甲醇石脑油耦合制烯烃的对比情况。

表 5.18　80 万吨/年石脑油制烯烃与甲醇石脑油耦合制烯烃对比

对比项	石脑油制烯烃	甲醇石脑油耦合制烯烃
原料	石脑油等	石脑油+甲醇
产品	乙烯：33.06% 丙烯：16.56% 甲烷：14.7%	乙烯、丙烯、丁烯： 40%～45% 苯、甲苯、二甲苯： 10%～20% 甲烷：<4%
综合能耗/(万吨标准煤/年)	61	37
折算 CO_2 排放量*/(万吨/年)	163	98
CO_2 排放下降/%	—	40

*标准煤的二氧化碳排放因子为 2.66 吨二氧化碳/吨标准煤。

3）甲醇石脑油耦合的环境效益

山东石脑油和甲醇的产量较充裕，2021 年，山东省石脑油产量为 859.8 万吨[①]，甲醇产量约为 876 万吨[42]，具备良好的甲醇石脑油耦合制烯烃的原料基础。甲醇石脑油耦合制烯烃与石脑油蒸汽裂解制烯烃相比，能耗下降率约为 40%，石脑油原料利用率提高 10%（甲烷产率<4%），CO_2 排放下降 40%。

2. “液态阳光”技术

1）“液态阳光”技术流程图

“液态阳光”技术将电能转化为可储存运输的化学能，可实现可再生能源规模化储存利用和大规模 CO_2 减排。其工艺步骤为：①把光变成能量，目前可采用光伏发电的形式；②电解水制氢；③CO_2 加氢制甲醇。“液态阳光”的工艺流程示意见图 5.44。“液态阳光”甲醇具有多种用途，包括直接作为内燃机燃料、用于甲醇燃料电池、作为制取烯烃和芳烃的燃料、通过甲醇重整过程制取氢气等。

---

① 2021 年我国石脑油市场现状及需求趋势分析，进口依赖度依旧较强.(2022-03-14).https://www.huaon.com/channel/trend/790693.html。

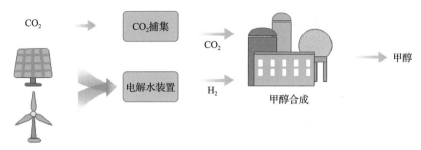

图 5.44 "液态阳光"工艺流程示意图

2)"液态阳光"技术形成的关键节点

"液态阳光"所涉及的技术有：①电解水制氢，绿氢可通过电解水制氢装置提供，电力由可再生能源提供；②CO_2捕集技术，通过化学吸收、物理吸收、物理吸附、膜分离、深冷分离等技术将 CO_2 分离出来，以满足生产所需。

3)"液态阳光"技术形成的效果

在减排潜力方面，理论上生产 1 吨"液态阳光"甲醇消耗 1.37 吨二氧化碳，根据目前的技术数据以二氧化碳转化率为 94%，可得生成 1 吨"液态阳光"甲醇可直接减排 1.46 吨二氧化碳。同时，每生产 1 吨甲醇，消耗的能量折算为煤炭，约排放 0.6 吨二氧化碳，"液态阳光"技术的净减排量为 1.40 吨二氧化碳。对比传统的煤制甲醇技术路线，生产 1 吨甲醇折合消耗 2.5 吨左右煤炭，约排放 4 吨二氧化碳，即"液态阳光"技术每生产 1 吨甲醇可间接实现替代减排 4 吨二氧化碳，因此"液态阳光"技术综合减排量为 5.40 吨二氧化碳。在储能效益方面，电解水制氢是效率较高的化学储能及能源转化反应，实现了电能到氢能的转换。每吨氢气的能量相当于 3.3 万千瓦时电能，但氢能大规模储存及运输的安全和成本问题非常突出，而甲醇作为优异的储氢材料，能缓解氢能储运安全、成本等难题，生产 1 吨"液态阳光"甲醇可消纳 8000 多千瓦时的电能，一个百万吨级的"液态阳光"项目，相当于可存储 80 亿千瓦时的电，储能潜力巨大。

4)"液态阳光"形成的环境效益

山东省可在煤电、煤化工等 CO_2 排放富集率较高的产业中，优先考虑"液态阳光"的应用，促进优化利用煤炭资源，降低煤电的碳排放，助力实现零碳排放的煤化工流程。"液态阳光"技术 1 吨甲醇可转化 1.375 吨二氧化碳，山东省 2021 年甲醇产能约为 876 万吨，若利用"液态阳光"技术生产 876 万吨甲醇，可转化减排 1204.5 万吨二氧化碳。

5.5.5.2 钢铁工业流程再造多能融合示范的效果分析

本节以氢直接还原技术进行工业流程再造示范的效果分析。

1. 氢直接还原技术流程再造示意图

氢直接还原技术简化的工艺流程图如图 5.45 所示。该技术所需的原料为直接还原级球团(direct reduced grade iron ore pellet，DR 球团)，还原剂为通过电解水、甲烷重整、甲烷热解等过程制取的氢气。DR 球团和氢气在竖炉内进行铁矿石的直接还原，产出直接还原铁。其中，海绵铁再送到电弧炉中进行进一步处理，其后续的加工过程与传统高炉-转炉流程一样。热压铁块是一种直接还原铁的压实形式，便于搬运、储存和使用，主要应用在电弧炉炼钢。

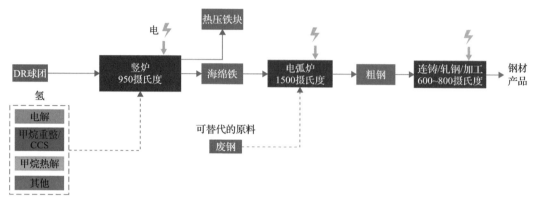

图 5.45　氢直接还原技术简化的工艺流程图

2. 工业流程再造的关键节点

推广氢冶金技术有两个问题需要解决，一个是采用哪一种氢冶金技术更具经济性和可操作性；另一个是大规模低成本氢气气源问题。

山东可依托本省化石资源和可再生资源优势，开展氢冶金示范。首先，建立中试装置，探索氢能冶炼规模化发展的可行性；其次，实现以焦炉煤气、化工等副产品工业化生产副产氢气，为氢冶金提供足量氢气；最后，推进绿氢工业化生产，推进钢铁高纯氢能冶炼。

3. 工业流程再造形成的效果

目前，氢直接还原技术报道较多的有 MIDREX 法、HYBRIT 法等。以 MIDREX 法为例，配合电炉使用的 MIDREX 工艺相较于高炉-转炉工艺可减碳 50%。瑞典 HYBRIT 法利用无化石燃料电力和氢气开发无化石燃料钢铁生产技术，可以使每吨粗钢的化石二氧化碳排放量由 1600 千克降低至 25 千克，减碳幅度达到 98%以上。高炉-转炉法与 HYBRIT 法的能耗及二氧化碳排放对比如表 5.19 所示[43]。

表 5.19　高炉-转炉法与 HYBRIT 法对比

指标	高炉-转炉法	HYBRIT 法
二氧化碳排放/(千克/吨粗钢)	1600	25
吨粗钢能耗/千瓦时	5466	4090
油耗/千瓦时	81	—
煤耗/千瓦时	5150	42
电耗/千瓦时	235	3488
生物质能耗/千瓦时	—	560

4. 工业流程再造形成的环境效益

发展全氢直接还原铁-电炉炼钢短流程能够降低碳排放 90%以上。虽然目前直接还原铁在钢铁产业结构中占比很小，但长远来看，对于改变山东省钢铁产业结构、摆脱"碳冶金"依赖、实现碳中和目标具有重要意义。

5.5.5.3　水泥工业流程再造多能融合示范的效果分析

本节以新能源利用中的绿氢替代技术为例进行工业流程再造示范的效果分析。

1. 绿氢替代技术流程再造示意图

绿氢替代技术是指在水泥熟料煅烧过程中采用氢气替代部分化石燃料，通过燃烧器将氢气注入水泥窑炉，减少燃料燃烧的排放量。氢气可通过电解水制氢得到，电力可采用可再生能源发电，具体可见图 5.46。

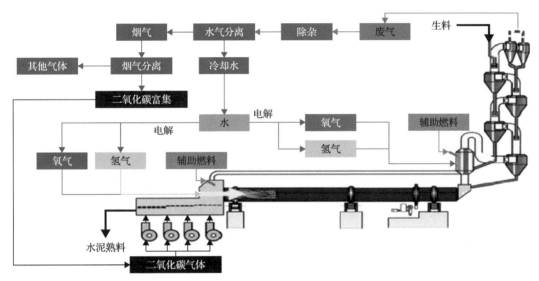

图 5.46　绿氢替代工艺流程图

绿氢替代技术可以降低化石燃料的消耗，同时可增加替代燃料包括劣质燃料的使用率，从而达到降低单位水泥熟料二氧化碳排放量以及单位生产成本的目的。在氢能替代率为 100% 时，每吨水泥熟料消耗 24 千克氢气、二氧化碳减排量约为 270 千克/吨水泥熟料，减少约 30% 的碳排放量。

2. 工业流程再造的关键节点

如图 5.46 所示，采用绿氢替代技术所涉及的流程再造的设备及技术如下。

电解水制氢：绿氢可通过电解水制氢装置提供，电力可采用外购电或绿电。

燃烧器：水泥窑和分解炉所用燃烧器适用于燃煤，采用绿氢替代技术，需研究氢气燃烧的热、动力学特性，以及氢气的喷流速度及其火焰特性，确定内外旋流助燃氧气的比例，设计全新的高效燃烧器系统和智能看火系统。

碳捕集分离：采用氢气替代燃煤煅烧水泥熟料，比采用燃煤的二氧化碳排放量降低约 32%，窑尾烟气浓度提高到 95%。可通过碳捕集分离技术，将二氧化碳分离后循环使用。

3. 工业流程再造形成的效果

以 5000 吨/天水泥熟料生产规模为例，在考虑与燃煤热损相同的前提条件下，按照不同氢气替代比例，可初步推算出相应的碳减排量，具体见表 5.20。

表 5.20　绿氢替代技术的主要效果

指标	氢气替代率/%	
	20	40
氢气提供的热量/（千焦/吨熟料）	586140	1172280
氢气低位热值/（千焦/千克）	119958	119958
每吨熟料氢气耗量/千克	4.88621	9.77242
氢气流量/（千克/时）	1017.96	2035.921
碳减排量/（吨二氧化碳/天）	266	532

4. 工业流程再造形成的环境效益

水泥行业采用氢能替代技术，可有效减少煤炭燃烧的碳排放量。但由于增加了电解水制氢或者其他用氢装置，增加了电力消耗。另外，我国目前制氢方案以煤制氢、天然气制氢、甲醇制氢等为主，与燃煤相比，不具备燃料成本优势。未来采用氢能替代技术主要的关键问题在降低用氢成本、增加储能等方面。

5.5.5.4　铝冶炼工业流程再造多能融合示范的效果分析

本节以全绿电电解技术进行铝冶炼工业流程再造示范的效果分析。

1. 全绿电电解技术流程再造示意图

相比于传统铝电解流程，全绿电电解技术是将铝电解槽用电的来源由火电转为绿电，现有电解槽几乎不需要改动，铝冶炼工业流程的环节和设备不变，单位产品能耗不变，而二氧化碳排放量随着绿电比例的增加而逐步降低，其流程再造示意图如图 5.47 所示。

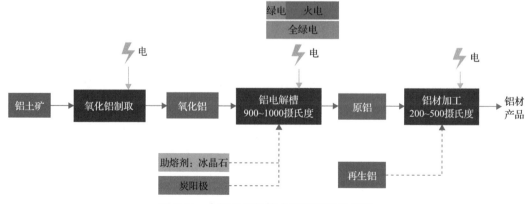

图 5.47　全绿电电解技术流程再造示意图

2. 工业流程再造的关键节点

铝电解流程耗电量非常大，若全由光伏、风电等分布式能源供应绿电，则需要大量的土地，同时还依赖庞大的输电体系和储能体系。现阶段比较现实的路径是依托水电或核电等能量密度较大且日内波动性相对较小的绿电供应渠道，在较易获得水电或核电的区域进行全绿电电解厂的先行示范，保证稳定的绿电供应和电解铝的生产。

3. 工业流程再造形成的效果

对于 100 万吨/年的电解铝项目，其年耗电量约为 135 亿千瓦时，按照全国铝电解行业的能源结构（火电占比为 88.1%，非化石能源占比为 11.9%[①]），电力造成的二氧化碳间接排放量约为 1000 万吨/年，电解过程中炭阳极消耗量约为 40 万吨/年，炭阳极造成的二氧化碳直接排放量约为 150 万吨/年，二氧化碳总排放量约为 1150 万吨/年。

截至 2020 年底，山东省全省电解铝企业共 4 家，产能为 845.5 万吨，居全国第一位。电解铝产量为 807.9 万吨[②]，年耗电量约为 1100 亿千瓦时，电力造成的二氧化碳间接排放量约为 8200 万吨，电解过程中炭阳极消耗量约为 323 万吨，炭阳极造成的二氧化碳直接排放量约为 1200 万吨，二氧化碳总排放量约为 9400 万吨。按照不同的绿电替代比例，可初步推算出相应的碳减排量，具体见表 5.21。

表 5.21　绿电替代电解技术应用于山东省电解铝产业的主要效果

指标	单位	2020 年	情景 1：30%绿电替代	情景 2：50%绿电替代	情景 3：100%绿电替代
用电量	亿千瓦时/年	1100	1100	1100	1100
二氧化碳间接排放量（电力）	万吨/年	8200	6500	4600	0
二氧化碳直接排放量（炭阳极）	万吨/年	1200	1200	1200	1200
二氧化碳总排放量	万吨/年	9400	7700	5800	1200
二氧化碳减排量	万吨/年	—	1700	3600	8200
节约煤炭量	万吨标准煤/年	—	244	515	1183

4. 工业流程再造形成的环境效益

绿电替代技术的逐步应用减少了电解铝行业对火电的依赖，使得发电过程中排放至大气中的二氧化硫和二氧化碳量逐渐降低。绿电以其特有的方式，实现用电零排放，推动绿色发展和生活方式的转变，助力生态环境保护。

[①] 国家发展改革委. 铝冶炼行业二氧化碳排放达峰方案研究报告. 2021。
[②] 资料来源：山东省工业和信息化厅. 山东省铝行业"十四五"发展规划. 2011-11-24。

第 6 章

碳中和目标下多能融合战略效果

6.1 基于能源系统模型的分析方法

有关气候变化和能源低碳发展路线的研究通常以模型情景分析为基础，用数学模型对能源系统的发展路线进行定量分析、评估，得到能源系统对碳减排的贡献潜力和相关费效。国内外常见的模型大体可以分为自上而下模型、自下而上模型两大类。

自上而下模型以可计算一般均衡(computable general equilibrium，CGE)模型为主，描述对象大多是包括能源部门在内的整个国民经济体系，以价格和弹性系数等作为纽带，表现主要生产要素、物资、服务等的需求与生产之间的平衡关系、各要素和部门之间的替代关系等，这类模型可以反映价格在经济活动中的作用，刻画经济主体间的相互关系和影响。能源是其分析对象的物资之一，但这类模型反映的是宏观意义上的技术进步，对具体能源技术缺乏描述，主要适用于宏观财税政策等对能源供需的影响分析。CGE 模型种类繁多，众多研究机构、学者都构建了基于类似思路的 CGE 模型，国际上最具代表性的是 GTAP(global trade analysis project)模型，很多国际、国家模型都使用其提供的投入产出和国际贸易等基础数据。

自下而上模型以工程技术作为出发点，着重对能源系统中各种技术间的能源流进行详细描述，定量刻画各种能源加工转化、消费利用技术的能源投入和产出、成本等，以能源技术为主进行能源系统的整体及对环境的影响等的分析。在这类模型的分析中，基础能源价格、各类能源服务需求等宏观要素要通过外生来决定，对能源部门的变化对其他经济部门的影响一般缺乏反馈。目前常用的自下而上模型主要包括国际能源署(International Energy Agency，IEA)的 MARKAL/TIMES(market allocation of technologies model/the integrated MARKAL-EFOM system)模型、国际应用系统分析研究所(International Institute for Applied Systems Analysis，IIASA)的 MESSAGE(model for energy supply system alternatives and their general environmental impacts)模型、日本国立环境研究所的 AIM(Asia-Pacific integrated model)/Enduse 模型、瑞典斯德哥尔摩环境研究所的 LEAP(long-range energy alternatives planning)模型等。

另外，有些研究试图通过构建混合模型来融合自下而上和自上而下两类模型，将能源系统和宏观经济系统链接起来，在系统描绘经济体系各部门间的关系的同时，对能源生产和消费进行详细刻画。根据两类模型间的链接方式的不同，混合模型大体可以分为硬链接和软链接两种。硬链接主要有两种思路，一种是以自下而上模型为基础，同时构建一个由总量生产函数等构成的宏观经济模块；另一种是基于 CGE 模型，在描述经济系统整体的同时，对能源部门进行相对详细的刻画。在第一种思路中，宏观经济模块对于经济体系的刻画往往相对比较简单，在第二种思路中，在 CGE 模型中如何表征不同技术的替代、电力等同质能源间的替代仍是难点。软链接是将独立的自上而下模型与自下而上模型通过变量进行链接，两个模型独立运行，结果的传递和参数调整都通过人工在模型外部来实现，存在一定主观性，参数和结果难以达到完全一致。代表性的混合模型主要包括美国 Brookhaven 实验室和斯坦福大学开发的 MARKAL-MACRO 模型、美国能源部的 NEMS(national energy modeling system)模型等。

在能源科技发展路线图相关研究中，IEA 发布的能源技术展望(energy technology perspectives，ETP)是最具代表性的研究成果(图 6.1)。

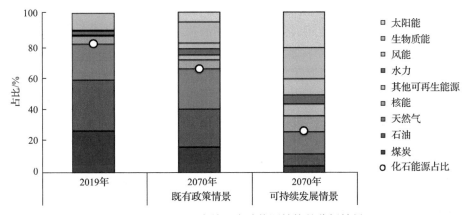

图 6.1　ETP2020 中关于全球能源结构的分析结果

ETP 模型是 IEA 能源技术展望中使用的主要分析工具，基于 TIMES 模型框架，包括 1000 多项技术，分为能量转换、工业、运输、建筑(住宅及商业、服务业)4 个模块(图 6.2)。

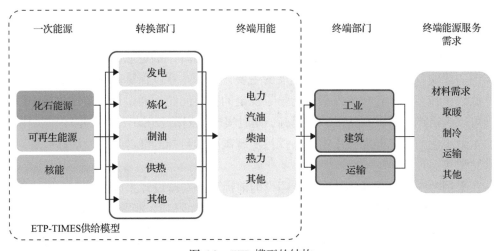

图 6.2　ETP 模型的结构

资料来源：https://www.iea.org

模型计算中,以满足建筑、工业和运输的最终能源需求为前提,从现状(现有的容量存量、在运营成本和转换效率等)出发,综合了未来可加入能源系统的新技术的技术和成本特征,通过优化得到成本最低的技术组合。

另外,IEA 每年发布的世界能源展望利用的 WEM(world energy model)主要分为能源终端需求模块、化石燃料与生物质能源供给模块及能源转换模块。通过外生给定经济成长、人口变化、能源价格、技术发展情况,从能源需求、供给、交易、投资及排放的角度,设定不同的情景,分析政策行动及科技发展等不同情景下的全球能源供需结构、能源投资及二氧化碳排放量等情况。在模型中,用能源价格将终端能源需求与转换部门进行动态关联,对于同类技术,基于技术的成本通过评定模型(Logit)和韦布尔分布来决定技术占比。

本书利用的能源系统模型也采用了 IEA 能源系统分析项目(ETSAP)开发的 TIMES 模型构架,具体如图 6.3 所示。模型对能源系统中各种能源的开采、加工、转换和分配,以及终端利用环节进行闭合链接,对能源生产和消费过程中所用技术的投入产出、能效、成本等进行了定量的描述,对于每一个环节不仅可以考虑现有的技术,还可以考虑未来可能出现的各种先进技术,反映了技术之间的替代。

模型分析以工程技术模型为出发点,采用多周期动态线性规划,以优化算法为基础,用线性规划问题的标准形式描述现实的能源系统,以满足能源服务需求为前提,将资源赋存、碳排放总量等作为约束条件,寻求实现规划期内能源系统的总成本最低的能源技术组合(最优解)。能源系统总成本包括各种能源开发和转换、消费环节技术的投资成本和运维成本,以及一次能源的供给成本,不包括中间的物料投入的成本,从而避免了物料成本的重复计算。

6.2 碳中和目标下我国能源系统发展情景设定

6.2.1 情景设定的核心问题

在支撑经济高质量稳定发展、保障能源安全的同时,推进能源系统的低碳转型,力争实现"双碳"目标,是我国能源发展的主要方向。本章以保障能源的供应为前提,将碳排放约束和多能融合技术发展作为情景设定的核心问题,通过设置碳排放量上限,来倒推可以满足能源需求并达成减排目标,同时实现规划期(2020~2060 年)内能源系统整体成本最小化的最优能源技术组合,探讨实现碳中和目标的能源系统发展路线和对能源技术的需求。

在采用相同的宏观经济社会发展假设的前提下,本章设计了以下两个主要情景。

(1)参考情景:经济稳步发展,对碳排放总量不加限制,能源技术保持进步。

(2)碳中和情景:实现碳中和目标,CO_2 排放量在 2030 年前达峰,其后逐步下降,到 2060 年排放量上限降到 25 亿吨以下(图 6.4),能源技术长足进步,化工氢能利用、先进储能等多能融合技术取得全面进展。

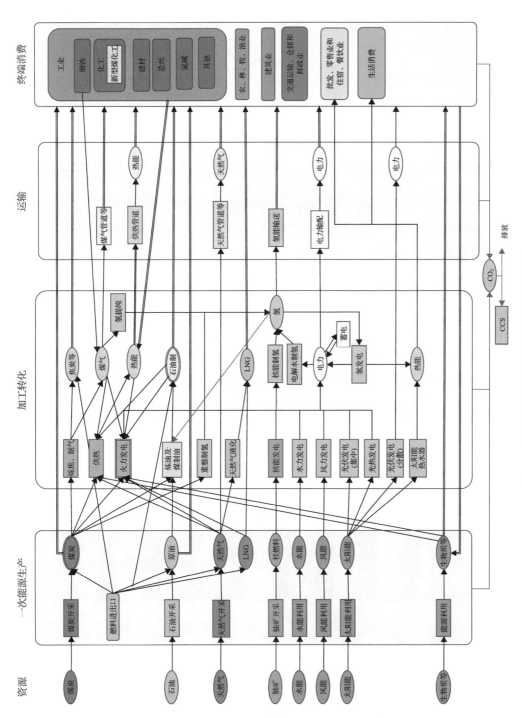

图 6.3 本书利用的中国能源系统模型结构图

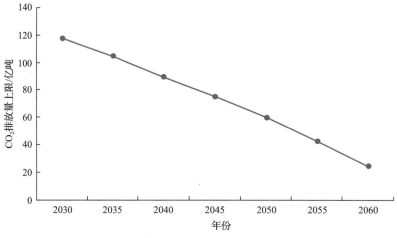

图 6.4   碳中和情景下的 CO_2 排放量上限

6.2.2   情景设定的关键参数

6.2.2.1   基础假设

1. 经济发展

我国的经济发展模式正在由以规模扩大为主的高速度发展向以质量提升为核心的中速发展转变，未来 GDP 的增速将逐渐放缓，产业结构的升级转型会取得进一步进展。参考国内外权威机构的相关研究，本章的前提是，我国的 GDP 增速由 2015~2020 年的年平均 6.5%左右逐步减缓，到 2030 年前后降为 5.0%左右，到 2060 年前进一步降到 2.6%左右，具体如图 6.5 所示。

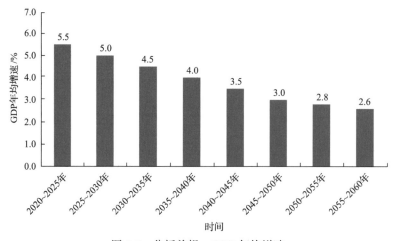

图 6.5   分析前提：GDP 年均增速

产业结构中，第三产业比重持续上升，到 2030 年超过 60%，到 2050 年达到 70%，到 2060 年达到 75%左右；第二产业在总量保持增长的同时，比重逐步下降，到 2030 年下降到 35%左右，到 2060 年进一步下降到 23%。第一产业的比重保持下降趋势，到 2030

年、2060 年分别下降到 6%、3%左右(图 6.6)。

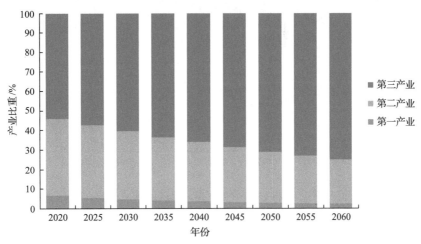

图 6.6　分析前提：三次产业结构

能源系统模型的优化计算中，目标函数为规划期(2020～2060 年)内能源系统折现总成本的最小化，本章中折现率设为 5%。

2. 人口与城镇化

本章中人口方面的前提假设参考联合国发布的相关研究报告。根据联合国发布的人口预测(2019 Revision of World Population Prospects)的中位数值，如图 6.7 所示，我国人口到 2030 年前将缓慢增长，在 2030 年左右达到约 14.6 亿人的峰值，之后转为减少，到 2050 年下降到 14.0 亿人左右，到 2060 年进一步下降到 13.3 亿人左右。

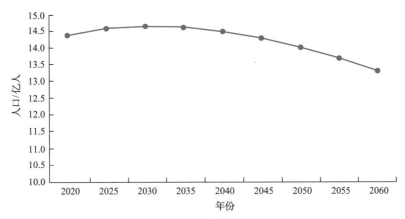

图 6.7　分析前提：总人口

未来我国人口的城镇化率将持续攀升。参考联合国发布的城镇化预测(2018 Revision of World Urbanization Prospects)，我国的城镇化率到 2030 年将超过 70%，到 2050 年以后达到 80%以上(图 6.8)。

以 2015 年价格计算，我国 GDP 总量到 2035 年接近 200 万亿元，约为 2015 年的 3 倍，到 2050 年达到 330 万亿元。人均 GDP 到 2035 年达到 2.2 万美元(按 1 美元=6.2 元

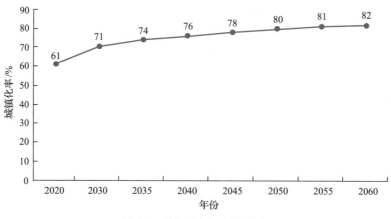

图 6.8 分析前提：城镇化率

计算)，2050 年达到 3.8 万美元，以购买力平价(PPP)计算达到人均 6.2 万美元，超过 2015 年美国的人均 GDP(5.7 万美元)，达到现代化强国水平。

3. 能源服务需求

本章根据上述经济社会发展的前提设定，推算了我国主要部门未来对各种能源服务的需求量。

高端制造业、服务业将是主要的经济增长点。如图 6.9 所示，工业部门中，钢铁、水泥等高耗能产品的产量将在 2030 年前转为下降，化工行业、单位产值能耗较低的机械、电子等制造业会保持一定的成长。

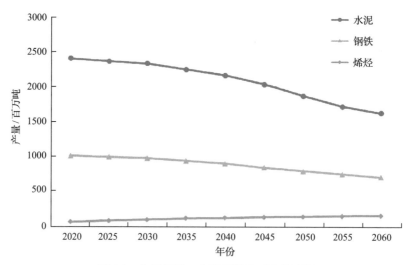

图 6.9 分析前提：主要高耗能工业品产量

建筑部门中，2030 年前商业/公共建筑的空调需求、照明·动力需求保持快速增长，热水需求也有一定增加(图 6.10)。家庭建筑的空调需求的增长将最为强劲，照明·动力需求也有较大增加，取暖需求的增长相对缓慢。2030 年后，建筑部门的各种能源服务需求的增长减缓，部分将有所下降。

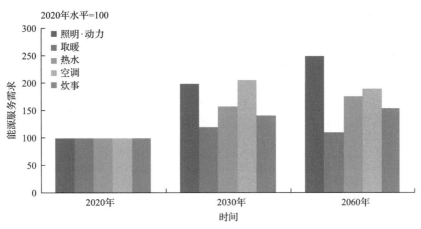

图 6.10　建筑部门能源服务需求(商业/公共建筑)

交通运输部门中,航空运输的增长最为迅猛,道路运输中乘用车会保持相对较快的增长,卡车货物运输的增长放缓(图 6.11)。

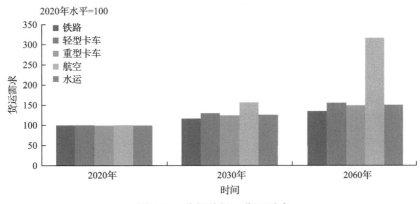

图 6.11　分析前提:货运需求

6.2.2.2　模型包含的主要技术及其参数

1. 能源生产环节

我国煤炭资源丰富,供给能力较为充足,今后主要是受到需求方面的限制,《能源发展"十三五"规划》中提出 2020 年煤炭消费总量控制在 41 亿吨以内,本章的分析中假设煤炭消费总量控制目标将保持这一水平,将 41 亿吨设为我国煤炭消费的上限值。国产煤炭的生产成本设定为基本保持在现状水平的约 500 元/吨。

我国石油资源相对匮乏,今后我国的原油生产将难以大幅增长,分析中将国产原油的年产量上限设为 2 亿吨,生产成本设定为 40 美元/桶(1 桶=0.158987 立方米)左右。

随着页岩气等非常规天然气开采的进展,我国的天然气生产有较大的增加潜力,本章中设定我国的天然气产能到 2030 年最大,可以达到 2650 亿米^3/年,到 2060 年可以进一步扩大到 3300 亿米^3/年以上(图 6.12)。国内生产成本设为 1.4～2.4 元/米^3。

对于进口燃料,章的设定如下:进口原油价格将稳步上升,到 2060 年达到 90 美元/

桶，进口天然气价格到 2060 年增加到 550 美元/吨，煤炭价格保持在进口 100 美元/吨左右，石油、天然气、煤炭间的价格差将有所扩大(图 6.13)。

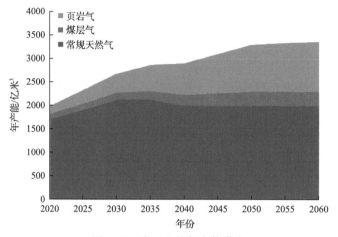

图 6.12　我国天然气产能潜力

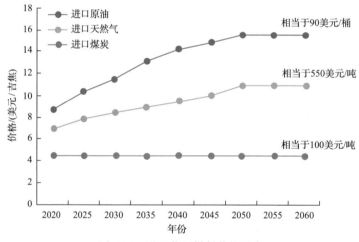

图 6.13　进口化石燃料价格设定

　　近年来，随着经济的发展和人民生活水平的提高，我国石油、天然气的消费量持续快速增加。另外，我国油气资源相对匮乏，生产量远低于需求量，2020 年石油对外依存度已达 73%，天然气的对外依存度也已攀升至 43%。我国的能源进口通道受地缘局势和地区政情不稳定因素影响，油气进口面临严重威胁。考虑上述能源供给安全问题，本章分别设定了对石油、天然气的进口依存度的约束条件，其中，石油的进口依存度到 2030 年要低于 75%，到 2045 年以后逐步降低到并保持在 60%以下，天然气的进口依存度的上限为到 2030 年为 55%，到 2035 年以后不高于 50%(图 6.14)。

　　非化石能源方面，参考国家宣布的 2030 年风电、太阳能发电总装机容量达到 12 亿千瓦以上的目标，本章设定了光伏和风电的发展规模的下限，光伏、风电的装机容量到 2030 年分别达到 7 亿千瓦、5 亿千瓦以上，合计达到 12 亿千瓦以上，到 2060 年至少分别达到 12 亿千瓦、7 亿千瓦。太阳能、风力发电成本持续下降，光伏发电、光热发电

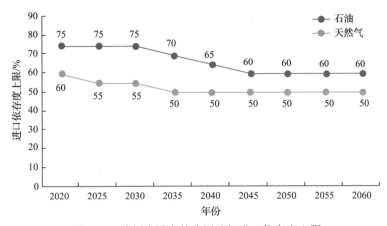

图 6.14　分析中设定的我国油气进口依存度上限

的初期投资成本到 2030 年分别下降到 540 美元/千瓦、4000 美元/千瓦，到 2060 年进一步分别下降到 400 美元/千瓦、3000 美元/千瓦。陆上风电、海上风电的初期投资成本到 2030 年分别下降到 1200 美元/千瓦、2400 美元/千瓦，到 2060 年进一步分别下降到 900 美元/千瓦、1600 美元/千瓦(图 6.15)。

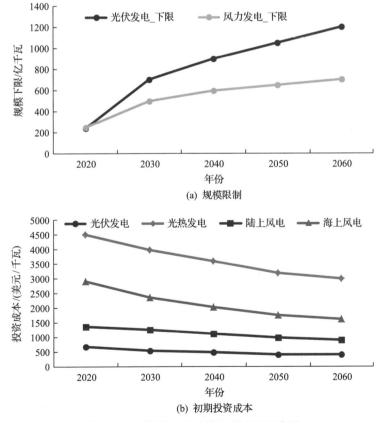

图 6.15　太阳能、风力发电技术主要参数

本章参考全国水力资源普查、IEA 等机构发布的能源展望等，设定了我国常规水电以及常规核电装机容量的上限，到 2030 年分别不超过 3.9 亿千瓦、0.9 亿千瓦，到 2060 年常规水电不超过 5 亿千瓦，常规核电不超过 3.6 亿千瓦。本章将小规模分布式核电技术也纳入了可选择的技术范围，将到 2030 年、2060 年的发展上限分别设定为 1000 万千瓦、6000 万千瓦。在经济性方面，常规水电、核电的投资成本基本保持现状水平，分别为 1800 美元/千瓦、2300 美元/千瓦，小规模分布式核电的投资成本也维持在 9000 美元/千瓦(图 6.16)。

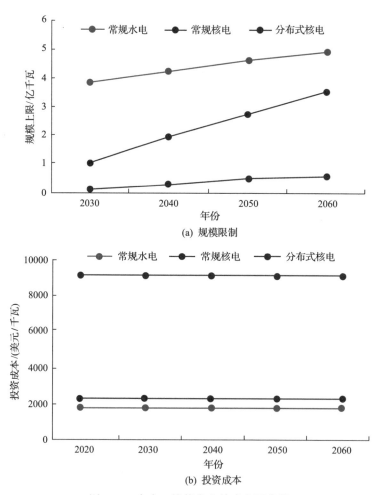

图 6.16 水力、核能发电技术主要参数

生物质能方面，基于我国目前生物质能的生产利用和垃圾处理情况，将生物质能的供给上限设为约 5 亿吨标准煤，供给成本为 150～600 美元/吨标准煤。

2. 能源转换环节

能源加工转换部门中，火力发电主要包括燃煤发电、燃气发电和生物质发电，火力发电技术相对成熟，投资成本和能效基本维持目前的水平。另外，分析中对垃圾发电设置了 40 吉瓦的发展上限(表 6.1)。

表 6.1　典型火力发电技术主要参数一览

发电技术	建设成本/(美元/千瓦)					寿命/年	年可利用小时数/时	能效/%
	2020 年	2030 年	2040 年	2050 年	2060 年			
超超临界煤炭火力发电	550	550	550	550	550	40	6750	45
煤气化联合循环发电	2400	2400	2400	2400	2400	40	6750	48
燃气轮机联合循环发电	400	400	400	400	400	40	7000	62
生物质发电	1500	1500	1500	1500	1500	40	5800	20
垃圾发电	3500	3500	3500	3500	3500	20	6100	17

供热技术中燃煤锅炉、燃气锅炉的主要参数如表 6.2 所示。

表 6.2　典型供热技术主要参数一览

锅炉	建设成本/(美元/千瓦)					寿命/年	年可利用小时数/时	能效/%
	2020 年	2030 年	2040 年	2050 年	2060 年			
燃煤锅炉	34	34	34	34	34	15	6500	65
燃气锅炉	46	46	46	46	46	20	6500	90

其他加工转换部门中，炼焦部门的能源转化效率约为 90%，石油炼化部门的能源转化效率约为 97%。

此外，模型中设置煤制油、生物质航油技术的能源转化效率分别约为 60%、48%。

3. 终端消费环节

1）主要工业部门

（1）钢铁。模型中钢铁部门的技术分为粗钢冶炼和钢材加工两大类，其中，钢材加工技术的能耗为 1.2～3.7 吉焦/吨，主要为电力消费；粗钢冶炼包括高炉炼钢、电炉炼钢以及氢能炼钢技术，其吨钢能耗分别约为 18 吉焦、2 吉焦、11 吉焦，吨钢 CO_2 排放分别为 1.88 吨、0.01 吨和 0.16 吨。

（2）水泥。水泥产业的能耗主要为研磨工序的电力消费以及窑炉工序的燃料消费，燃料主要有煤炭、天然气、燃料油 3 种，吨水泥的综合能耗为 2.5～2.8 吉焦，吨水泥生产的 CO_2 排放中燃料部分为 0.12～0.21 吨，熟料生产过程部分约为 0.4 吨。

（3）化工。化工部门中，对主要化工产品的甲醇、合成氨、烯烃、乙二醇设置了独立的生产技术，典型生产技术的煤制甲醇、煤制合成氨、石油制烯烃、煤制烯烃、煤制乙二醇的能源消耗分别为 52 吉焦/吨、39 吉焦/吨、176 吉焦/吨、64 吉焦/吨、103 吉焦/吨。

上述以外的化工行业用能统归为其他化工行业，根据我国能源平衡表推算总体用能水平。

2）交通运输部门

模型中交通运输部门分为货运与客运两大部分，各部分的运输需求又进一步分为铁路、公路、航空、水路 4 种类型，主要技术如表 6.3 所示。针对每种技术设置了投资成本、使用寿命、能效等参数。

表 6.3　交通运输部门主要技术一览

运输类型	货运	客运
铁路运输	货运列车(电动) 货运列车(柴油) 货运列车(氢燃料电池)	客运列车(电动) 客运列车(柴油) 客运列车(氢燃料电池)
公路运输	汽油轻卡 柴油轻卡 柴油轻混轻卡 电动轻卡 氢燃料电池轻卡 柴油重卡 电动重卡 氢燃料电池重卡	汽油乘用车 柴油乘用车 汽油轻混乘用车 柴油轻混乘用车 插电混动乘用车 电动乘用车 氢燃料电池乘用车 汽油出租车 CNG 出租车 电动出租车 氢燃料电池出租车 柴油公交车 天然气公交车 电动公交车 氢燃料电池公交车 轨道电车 燃油长途客车 电动长途客车 氢燃料电池长途客车
航空运输	货运飞机	客运飞机
水路运输	货船	客轮

注：CNG 为压缩天然气。

3) 建筑部门

模型中建筑部门分为商业与家庭两大部分，各部分的能源服务需求又进一步分为照明·动力、取暖、热水、空调、炊事 5 种类型，主要技术如表 6.4 所示。针对每种技术设置了投资成本、运维成本、使用寿命、能效等参数。

表 6.4　建筑部门主要技术一览

照明·动力	取暖	热水	空调	炊事
照明·动力(低效) 照明·动力(高效)	取暖(电力，低效) 取暖(电力，高效) 取暖(热力) 取暖(天然气，低效) 取暖(天然气，高效) 取暖(煤炭，低效) 取暖(煤炭，高效) 取暖(燃油，高效) 取暖(地热) 取暖(生物质)	热水(电力，低效) 热水(电力，高效) 热水(天然气，低效) 热水(天然气，高效) 热水(太阳能) 热水(LPG，低效) 热水(LPG，高效) 热水(煤炭，低效) 热水(煤炭，高效) 热水(燃油)	空调(电力，低效) 空调(电力，高效)	炊事(电力) 炊事(天然气) 炊事(LPG) 炊事(煤炭) 炊事(生物质)

注：LPG 为液化石油气。

4. 多能融合技术等

在碳中和情景中，多能融合技术得到迅速发展。工业部门中，煤化工加氢、"液态阳光"、氢能冶金等氢能利用技术取得显著进展；储能方面，除传统的抽水蓄能之外，锂电池储能、氧化还原液流电池(RFB)储能、压缩空气储能等先进储能技术的成本大幅下降，能效和寿命逐步提高。主要储能技术的参数如表 6.5 所示。

表 6.5　主要储能技术参数一览

储能技术	建设成本/(美元/千瓦)					寿命/年	能效/%
	2020 年	2030 年	2040 年	2050 年	2060 年		
抽水蓄能(8 小时)	650	650	650	650	650	60	80
锂电池储能(6 小时)	2300	1150	920	540	460	10~15	85~95
RFB 储能(10 小时)	5700	2900	1400	690	610	15~20	80~90
压缩空气储能(10 小时)	1600	1000	850	610	540	30	55~75

另外，分析中参考《抽水蓄能中长期发展规划(2021—2035 年)》，将抽水蓄能的上限设置为 2030 年 1.2 亿千瓦、2060 年 3.6 亿千瓦。

模型中导入了 CCS 技术，年投资成本设为约 100 美元/吨二氧化碳，能耗为 2.5~4 吉焦/吨二氧化碳，到 2060 年的 CO_2 年最大封存量设为 3 亿吨。

6.3　不同情景下能源系统发展

6.3.1　基础假设参数结果

本章各情景的 GDP、人口、产业结构、能源服务需求等采用了相同的前提。以 2015 年价格计算，我国 GDP 到 2035 年超过 32 万亿美元，到 2060 年达到约 70 万亿美元，约为 2020 年的 4.5 倍。我国人口在 2030 年左右达到约 14.6 亿人的峰值，之后转为减少，到 2050 年下降到 14.0 亿人左右，到 2060 年进一步下降到 13.3 亿人左右。

我国人均 GDP 到 2035 年达到 2.2 万美元(2015 年价格)，2050 年达到 3.8 万美元(按 PPP 计算约为 6.2 万美元)，达到现代化强国水平，到 2060 年进一步上升到约 5 万美元(图 6.17)。

6.3.2　参考情景

6.3.2.1　一次能源生产与消费

在碳排放不受限制的参考情景下，我国的一次能源消费(以发电煤耗法计算)到 2030 年持续增长到约 58 亿吨标准煤，到 2045 年达到约 63 亿吨标准煤的峰值，之后转为缓慢下降，到 2060 年约为 60 亿吨标准煤(图 6.18)。

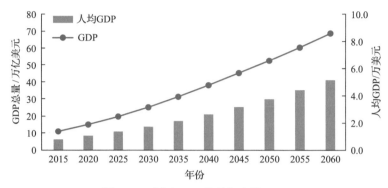

图 6.17　我国 GDP 总量与人均 GDP

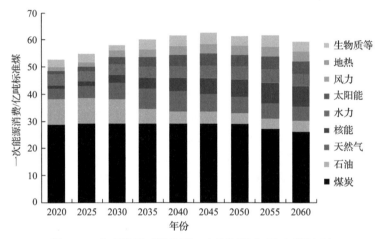

图 6.18　参考情景下的我国一次能源消费(发电煤耗法)

化石能源方面,煤炭是供给成本最低的燃料,在众多部门中被优先选择,但受煤炭消费总量控制所限,2025~2045 年煤炭消费保持贴近 29.3 亿吨标准煤(41 吨原煤)的上限,之后随着电力用煤需求的减少转为下降,2060 年约为 26 亿吨标准煤。石油消费到 2025 年达到 9.3 亿吨标准煤,之后,相对于油价的不断上涨,天然气的价格优势增强,电动车迅速普及,运输部门的天然气、电力消费大幅增加,此外,在不受碳排放、水资源等环境制约的前提下,煤制油品也得到一定发展,以上因素都导致了石油消费转为持续减少,到 2060 年降到 4.3 亿吨标准煤左右。天然气消费受建筑、交通等部门需求扩大的牵引,到 2035 年快速增加到 7.5 亿吨标准煤,之后由于建筑部门等终端部门的需求减少,天然气消费转为下降,到 2060 年约为 5.2 亿吨标准煤。

另外,非化石能源持续增长,以发电煤耗法计算[①],非化石能源在一次能源消费中的占比到 2030 年达到 24%。到 2060 年,非化石能源消费占比到进一步上升到 40.3%,其中核能、水电、太阳能、风能、生物质能分别为 12.5%、7.5%、7.7%、6.2%、6.0%。

参考情景下,我国 CO_2 排放量到 2030 年左右达到峰值。之后随着非化石能源增加、

---

① 太阳能、风力、水力发电按当年火力发电的平均发电煤耗折算成一次能源。核能发电按发电效率为 38%折算成一次能源。

石油等化石燃料消费的减少，CO_2 排放量转为下降，到 2060 年降为约 88 亿吨 (图 6.19)。

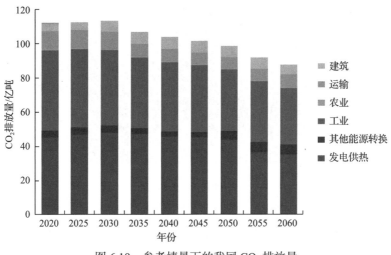

图 6.19　参考情景下的我国 CO_2 排放量

6.3.2.2　加工转换部门

1. 电力和供热

参考情景下，我国电力生产将持续增加，总发电量到 2030 年接近 11 万亿千瓦时，到 2045 年持续增长到 12.4 万亿千瓦时，之后随着电力需求的减少而略有下降，2060 年为 11.7 万亿千瓦时 (图 6.20)。总装机容量到 2030 年达到 37 亿千瓦，到 2045 年进一步增加到 43 亿千瓦，到 2060 年降为 36 亿千瓦 (图 6.21)。

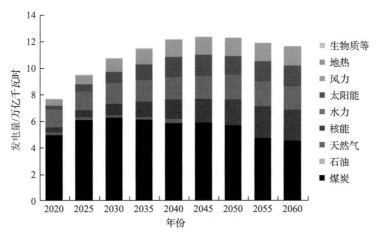

图 6.20　参考情景下的我国发电量

在政策和经济性双重驱动下，电力结构中非化石能源发电比例不断上升，到 2030 年装机容量占比达到 47%，发电量占比为 40%，到 2060 年装机容量占比达到 73%，发电量占比也达到 61%。

其中，受政策因素推动，光伏发电装机容量到 2030 年达到前提设定的发展下限 7.0

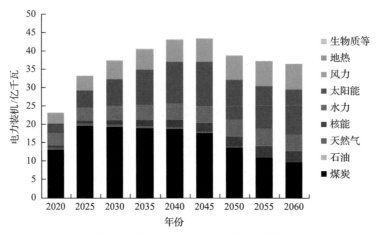

图 6.21 参考情景下的我国电力装机量

亿千瓦，到 2060 年达到 12 亿千瓦，发电量到 2030 年增加到约 0.86 万亿千瓦时，到 2060 年为 1.6 万亿千瓦时。同样受政策因素推动，风力发电到 2030 年为 5 亿千瓦，2060 年为 7 亿千瓦，均为陆上风电。风力发电量到 2030 年达到 0.95 万亿千瓦时，到 2060 年达到 1.4 万亿千瓦时。

主要发电技术中，核电、水电的经济性相对较高，装机容量均接近前提设定的发展上限，核电到 2030 年达 1.2 亿千瓦，2060 年达 3.2 亿千瓦，常规水电到 2030 年达 3.9 亿千瓦，2060 年达 5.0 亿千瓦。核电、水电发电量到 2030 年分别达到 0.9 万亿千瓦时、1.5 万亿千瓦时，到 2060 年分别达到 2.4 万亿千瓦时、1.8 万亿千瓦时。

燃煤火力发电装机到 2030 年增加到约 19 亿千瓦，之后转为减少，到 2060 年下降到约 10 亿千瓦。现有的低效煤电将逐步退出，今后新增煤电均为超超临界机组，其规模到 2060 年达到近 7 亿千瓦，燃煤热电联产保持在 3 亿千瓦左右。煤电发电量到 2035 年达到 6.3 万亿千瓦时，之后转为下降，到 2060 年减少到 4.5 万亿千瓦时。电力结构中，煤电装机容量和发电量占比均逐步下降，到 2030 年，装机容量占比降为 52%，发电量占比降为 58%，到 2060 年装机容量和发电量占比分别降为 27%、39%。煤电的年利用小时数在 3100~4600 小时。燃气发电的经济性相对较低，在参考情景下没有得到大规模发展。

可再生能源发电的增加带动了储能的发展，储能设备装机容量到 2030 年达到 1.0 亿千瓦，主要为抽水蓄能电站，之后随着电动车大幅增加并部分参与储能，专用的储能设备大体维持在 1.0 亿千瓦左右。各类储能设备的年累计储放电量在 2050 年以后达到约 3000 亿千瓦时，占总发电量的比值为 2.5%左右。

供热量到 2030 年达到 2.0 亿吨标准煤，到 2060 年达到 2.5 亿吨标准煤，主要来自燃煤热电联产供热。

2. 其他加工转换部门

其他主要加工转换部门中，焦炭的产量随着钢铁需求的减少逐步下降，到 2060 年降到约 3.7 亿吨标准煤。

此外，在碳排放等不受制约的参考情景下，随着石油价格的上升，以及发电用煤等需求的下降，将煤炭用于煤制油的经济性相对有所改善，煤制油规模不断扩大，在 2060 年用煤量达到 2.2 亿吨标准煤。

6.3.2.3　终端能源消费

参考情景下，未来一段时间，为了满足经济发展对能源服务的需求，我国终端能源消费仍将保持一定增长，到 2040 年增加到约 42 亿吨标准煤(图 6.22)。

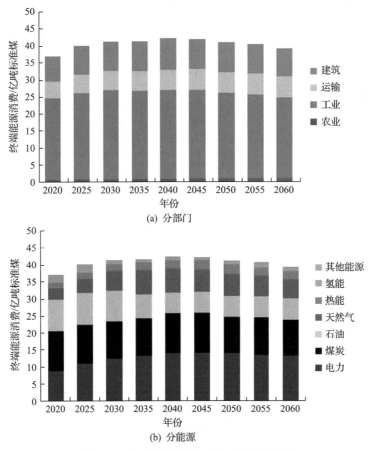

图 6.22　参考情景下的我国终端能源消费

2025 年以后，随着产业结构的升级和转型，钢铁、水泥等主要耗能行业的产量有望转为下降，工业整体的能源需求增长减缓，而运输、建筑(商业、家庭)将是能源消费增长的主力。2040 年以后，我国人均 GDP 将达到中等发达国家水平，人口也转为减少，各部门能源服务需求的增长将明显放缓，同时，各部门的能源利用效率将持续改善，终端能源消费总量转为下降，到 2060 年降为 39 亿吨标准煤。2030 年，工业、运输、建筑用能占比分别为 63%、15%、21%，2060 年分别为 61%、15%、22%。

从能源结构上看，工业、建筑、运输等部门的电力消费占比将持续增加，我国的终端能源消费中电力占比到 2030 年上升到 30%，到 2050 年以后进一步上升到 33%～34%。

随着钢铁、水泥等重工业部门的需求减少，2025 年以后终端煤炭消费趋于缓慢下降，但维持在 10 亿吨标准煤以上，到 2060 年为 10.4 亿吨标准煤。

在经济性优先的本章的模型分析中，随着原油价格的回升，油品和其他能源的价格差不断扩大，经济竞争力上天然气汽车、电动车相对于燃油汽车形成较大优势，在道路货运和公交客运等领域逐步取代燃油汽车。石油终端消费到 2025 年达到峰值，为 9.4 亿吨标准煤，之后转为下降，到 2060 年为 6.3 亿吨标准煤。

天然气消费在运输、建筑部门都大幅上升，到 2035 年天然气的终端消费总量达到 7.1 亿吨标准煤，之后转为下降，到 2060 年为 5.5 亿吨标准煤。

终端用热以工业外购热力、建筑集中供暖为主，终端热能消费量到 2030 年增加到近 1.9 亿吨标准煤，到 2060 年增加到约 2.5 亿吨标准煤。

6.3.3 碳中和情景

6.3.3.1 一次能源生产与消费

在到 2060 年 CO_2 排放量降到 25 亿吨以下的碳中和情景下，我国的一次能源消费总量(以发电煤耗法计算)到 2035 年增加到约 62 亿吨标准煤后转为缓慢下降，2050 年降为 59 亿吨标准煤。之后，随着到碳减排目标的进一步强化，一次能源消费再次转为增长，2060 年达到约 61 亿吨标准煤(图 6.23)。

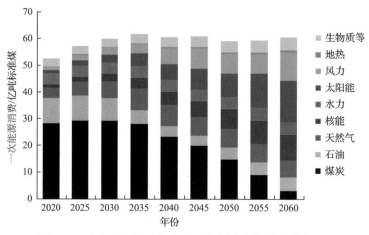

图 6.23　碳中和情景下的我国一次能源消费(发电煤耗法)

当用电热当量法计算时，太阳能发电、风电等可再生能源发电折算的一次能源消费将会大幅缩小，我国一次能源消费总量在 2035 年达到峰值，约为 55 亿吨标准煤，之后转为缓慢下降，到 2060 年约为 46 亿吨标准煤(图 6.24)。以下仍以目前通常采用的发电煤耗法计算。

化石能源方面，煤炭消费到 2030 年维持在上限 29.3 亿吨标准煤，之后，在碳减排压力下，燃煤发电和工业等终端用煤减少，煤炭消费转为快速下降，到 2060 年减为 3.3 亿吨标准煤。石油消费到 2025 年达到约 9.5 亿吨标准煤。2030 年以后，受交通运输用能由石油转向天然气和电力的影响，石油消费开始下降，到 2045 年降为 3.8 亿吨标准煤。

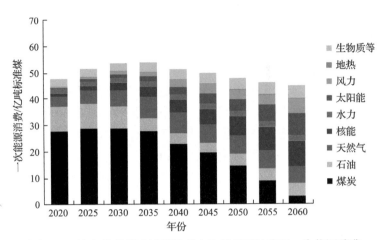

图 6.24　按电热当量法计算的碳中和情景下的我国一次能源消费

之后，在化工用油持续增长等因素的牵动下，石油消费总量有所回升，到 2060 年约为
5.0 亿吨标准煤。天然气消费到 2035 年快速上升到 8.3 亿吨标准煤，之后随着二氧化碳
减排目标的进一步强化转为下降，到 2060 年约为 6.6 亿吨标准煤。

以发电煤耗法计算，非化石能源在一次能源消费的占比到 2030 年达到 26.5%，核能、
水电、太阳能、风能、生物质能分别为 4.8%、7.1%、4.6%、4.5%、5.0%。2030 年以后，
在碳中和情景下，不断增强的碳排放制约推动非化石能源更加迅猛地增长，非化石能源
在一次能源消费的占比到 2040 年达到 42%，到 2050 年达到 55%，到 2060 年更是进一
步达到 76%。2060 年，太阳能、风能、核能、水电、生物质能的一次能源占比分别为 25%、
18%、16%、7.6%、8.1%。

碳中和情景下，我国 CO_2 排放量在 2030 年前达到峰值。之后，受排放量上限的制
约，CO_2 排放量转为快速下降，到 2060 年净排放量降为 25 亿吨，2050 年前发电供热部
门是碳减排贡献最大的部门，之后，工业部门、运输部门等成为碳减排的中心。CCUS
从 2040 年左右开始大规模导入，CO_2 减排量到 2050 年超过 2 亿吨，到 2060 年达到近 4
亿吨(图 6.25)。

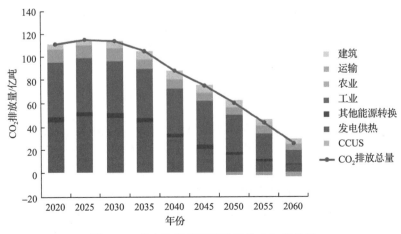

图 6.25　碳中和情景下的我国的 CO_2 排放量

6.3.3.2 加工转换部门

1. 电力和供热

碳中和情景下，我国总发电量到 2030 年超过 10 万亿千瓦时。之后，终端用能的电气化率持续增加，发电量到 2050 年增长到 12 万亿千瓦时，到 2060 年电气化率进一步提升，制氢用电大幅增加，发电量达到近 17 万亿千瓦时（图 6.26）。电力装机容量到 2030 年超过 32 亿千瓦，到 2060 年达到 77 亿千瓦（图 6.27）。

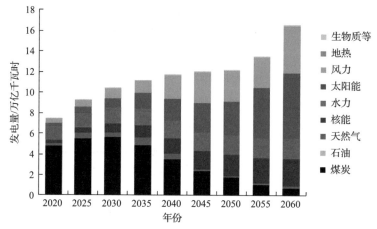

图 6.26　碳中和情景下的我国发电量

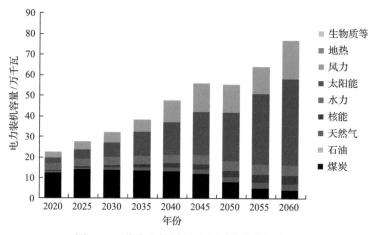

图 6.27　碳中和情景下的我国电力装机容量

碳减排压力下，到 2030 年，我国电力结构中，非化石能源发电的装机容量占比达到 54%，发电量占比达到 42%，到 2060 年装机容量占比达到 91%，发电量占比达到 94%。

其中，光伏发电到 2030 年装机容量达到 7 亿千瓦，到 2060 年达到 42 亿千瓦，发电量到 2030 年增加到约 0.9 万亿千瓦时，到 2060 年达到 5.7 万亿千瓦时。2050 年以后，发电时间长和稳定性高的光热发电得到一定发展，装机容量到 2060 年达到 2 亿千瓦，年发电量达到 0.7 万亿千瓦时。2060 年光伏、光热合计的太阳能发电占到我国总装机容量的 54%，总发电量的 38%。

2030 年以后，风力发电也得到了更大的发展，到 2040 年增加到近 10 亿千瓦，到 2060 年进一步增加到约 19 亿千瓦，主要为陆上风电。

水电、核电的装机容量均达到前提设定的发展上限。常规水电到 2030 年达 3.9 亿千瓦，2060 年达 5.0 亿千瓦，发电量分别达到 1.5 万亿千瓦时、2.0 万亿千瓦时。常规核电到 2030 年达 1.2 亿千瓦，2060 年达 3.6 亿千瓦，发电量到 2030 年达到 0.9 万亿千瓦时，到 2060 年达到 2.6 万亿千瓦时。

小型模块化核能热电联产（SMR）由于成本较高，在参考情景中没有得到应用，碳中和情景下，受减排压力的驱动，2040 年以后 SMR 开始大规模导入，并达到前提设定的发展上限，到 2045 年达到 0.4 亿千瓦，到 2060 年达到 0.6 亿千瓦。实际运行中，2050 年前发电和供热比例为 1∶3 左右，之后绝大部分用于供热，2060 年发电量为 130 亿千瓦时，供热量为 1.3 亿吨标准煤（约相当于 1.1 万亿千瓦时）。

燃煤火力发电装机到 2030 年前保持在近 14 亿千瓦，之后，煤电不再新建，现有设备逐步退出，到 2050 年下降到 8 亿千瓦，到 2060 年进一步下降到 4 亿千瓦。煤电发电量在 2030 年达到 5.6 万亿千瓦时的峰值后逐步下降，到 2050 年降为 1.7 万亿千瓦时，到 2060 年降为 0.7 万亿千瓦时，年发电小时数仅 1800 小时左右。电力结构中，煤电装机容量和发电量占比均逐步下降，到 2030 年，装机容量占比降为 42%，发电量占比降为 54%，到 2060 年装机容量和发电量占比分别降为 5%、4%。

天然气发电的装机容量到 2030 年为 1.2 亿千瓦左右，到 2060 年上升到 3 亿千瓦。天然气发电量在 2030 年约为 4400 亿千瓦时，之后随着波动性较大的可再生能源发电比例的上升，发电小时数大幅下降，天然气成为可再生能源发电供给能力不足时的应急补充电源，发电量波动较大，到 2060 年发电量仅为 2300 亿千瓦时，年发电小时数仅 800 小时左右。

可再生能源发展的高速化规模化给储能发展带来了更大的上升空间，电动车储能以外，专用储能设备装机容量到 2030 年达到 1.2 亿千瓦，到 2060 年达到 9.9 亿千瓦。2045 年前抽水蓄能电站是储能的绝对主力，之后，随着建设成本的下降和储能效率的提高，液流电池的经济性显著改善，开始大规模导入，到 2050 年达到 1.1 亿千瓦，到 2060 年达到约 8 亿千瓦，到 2060 年，压缩空气储能的竞争力也将有较大提升，达到 0.8 亿千瓦左右。各类储能设备的年累计储电量在 2040 年达到约 0.3 万亿千瓦时，占总发电量的比值为 2.4%，2060 年达到 2.5 万亿千瓦时，占总发电量的比值约为 15%。

供热量到 2040 年达到 2.5 亿吨标准煤，到 2040 年之后转为减少，到 2060 年约为 2.0 亿吨标准煤。2045 年前燃煤热电联产是供热的主力，之后，核能供热逐步增加，到 2060 年占到 60% 以上。

2. 其他加工转换部门

其他主要加工转换部门中，焦炭的产量在 2025 年以后随着钢铁需求的减少转为下降，到 2040 年降到 2.8 亿吨标准煤。2050 年之后，在减排压力下焦炭生产量进一步大幅减少，到 2060 年仅为 200 万吨标准煤左右。

碳中和情景中,煤制油技术在2040年前得到一定应用,用煤量将达到1亿吨标准煤左右。之后,受碳排放制约煤制油不再被应用。另外,2040年以后,新型氢能应用不断扩大,制氢量到2040年超过2000万吨标准煤(约600万吨氢),到2060年上升到2亿吨标准煤(约5000万吨氢)。2050年前,焦炉煤气、化工副产氢等是氢能供给的主力,2050年以后电解水制氢迅速增加,到2060年几乎全部为电解水制氢,用电量达到2.2万亿千瓦时,约为总发电量的13%。

2035年以后,生物质航油得到较大发展,产油量到2040年达到0.9亿吨标准煤,2060年达到1.5亿吨标准煤。

6.3.3.3 终端能源消费

碳中和情景下,为了实现减排目标,通过节能、提高电气化率、扩大氢能利用等手段,我国的终端能源消费总量在2040年达到42亿吨标准煤的峰值,之后转为下降,到2060年下降到35亿吨标准煤左右(图6.28)。

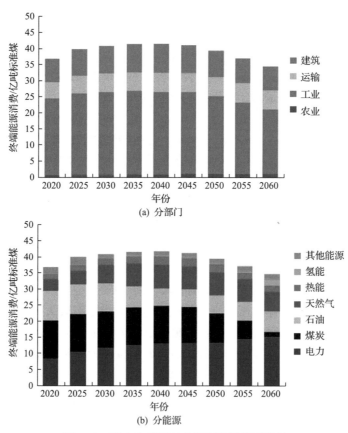

图 6.28 碳中和情景下的我国终端能源消费

分品种的能源结构中,电力的比重持续上升,到2030年达到29%,到2060年达到44%。2030年以后,氢能开始规模化应用,利用总量到2045年达到0.3亿吨标准煤(约700万吨氢),到2060年达到2.0亿吨标准煤(约5000万吨氢),终端用能占比约为 6%。

化石能源中，2025 年以后煤炭消费逐渐减少，到 2050 年减少到 10 亿吨标准煤，到 2060 年减少到 1.4 亿吨标准煤左右，占比约为 4%。油品消费在 2025 年达到 9.3 亿吨标准煤的峰值后随着新能源汽车的普及扩大转为下降，到 2045 年降至 5.4 亿吨标准煤，之后由于化工用油的增加有所回升，到 2060 年占比为 18%。天然气消费在 2040 年前持续快速增长，到 2040 年达到 7.2 亿吨标准煤，之后在减排压力下缓慢下降，到 2060 年降到约 5.9 亿吨标准煤，占比为 17%。

此外，热能消费到 2040 年达到 2.5 亿吨标准煤，其后随着人口减少和建筑节能的进展转为下降，到 2060 年降为 2.0 亿吨标准煤。终端的生物质能消费到 2060 年降为 1.3 亿吨标准煤，主要用于工业和农业生产。太阳热、地热的利用得到一定发展，到 2060 年分别为 0.3 亿吨标准煤、0.1 亿吨标准煤。

工业部门的能源消费在 2035 年达到峰值的 26 亿吨标准煤，之后随着产业结构的变化和能效的提高转为缓慢下降，到 2050 年降为 24 亿吨标准煤，之后加速下降，到 2060 年降到约 20 亿吨标准煤。工业部门的电气化率大幅提高，到 2060 年达到 47% 以上。减排压力下，工业部门中，电锅炉全面代替燃煤、燃气锅炉，窑炉用能也从化石燃料转向电力和氢能，不过到 2060 年仍有部分燃气窑炉。钢铁行业的传统高炉炼钢到 2060 年基本被电炉炼钢和氢能炼钢所取代，2060 年粗钢生产中两者各占一半左右。水泥行业的燃料从煤炭转向天然气，到 2060 年燃料基本全部为天然气。化工行业的燃料中，天然气的比例显著上升。主要产品中，煤制乙二醇、甲醇的生产中加氢技术得到应用，合成氨的生产逐步转向利用天然气，烯烃生产主要采用石油路线，CCS 也得到一定应用。

运输用能到 2040 年达到 6.9 亿吨标准煤，之后转为下降，到 2060 年减少为 4.7 亿吨标准煤。道路运输中，燃油车比例逐步降低，天然气货车在 2030~2055 年将得到大量应用，但到了 2060 年，道路运输基本全面实现电动化、氢能化。

建筑部门的能源消费也在 2040 年左右达到 10.8 亿吨标准煤的峰值，之后到 2060 年缓慢下降到 10 亿吨标准煤。2060 年，电力占比上升到 50% 以上，天然气占 20% 左右，其余为太阳热、地热、生物质等非化石能源。

6.3.3.4　减排过程的阶段分析

碳中和情景下，随着碳排放约束的不断强化，我国的能源系统的发展大体可以分成以下 3 个阶段。

1. 转型控碳阶段（2020~2035 年）

这一阶段，我国的终端能源消费保持一定增长，但增速逐步降低。工业部门中，钢铁、水泥等高耗能产品的生产从 2020 年以后缓慢下降，而化工和其他制造业保持一定增长。建筑、运输用能增速超过工业，占比逐渐提高。终端能源消费中，煤炭进入平台期，石油消费从 2030 年左右开始转为下降，天然气、电力占比逐年上升，增长的电力需求主要靠新增的非化石能源发电来供给，光伏、风电、核电、水电等稳步增加，而以煤电为主的化石燃料发电在 2030 年以后转为下降，非化石能源发电装机占比到 2035 年达到

61%，发电量占比约为50%。

一次能源消费中，煤炭、石油在2030年以后转为下降，天然气持续增长，到2035年非化石能源占比接近33%。我国CO_2排放量在2025～2030年达到峰值，之后转为缓慢下降，到2035年约为105亿吨，碳排放增长得到控制。

2. 电力脱碳阶段(2035～2050年)

这一阶段，我国的终端能源消费总量在达到约42亿吨标准煤的峰值后转为缓慢下降，工业部门能源消费在2035年以后逐步下降，运输、建筑部门的能源消费从2040年也开始减少。终端消费中，煤炭、石油消费继续下降，天然气消费在2040年以后进入平台期，氢能逐步得到一定应用，电力消费持续上升，占比到2050年达到34%。电力部门中，化石燃料发电方面，煤电开始大量退出，装机容量到2050年下降到8亿千瓦，发电量下降到约1.7万亿千瓦时，仅为2020年的36%，天然气作为补充电源的地位增强，装机容量上升到1.8亿千瓦，但发电量有限，仅为1200亿千瓦时左右。核能稳步扩大，水电增速减缓，光伏、风电加速发展，到2050年非化石能源发电装机容量达到45亿千瓦，装机容量、发电量占比均超过80%，储能超过3亿千瓦。

一次能源消费中，煤炭大幅下降，到2050年减少为15亿吨标准煤左右，石油消费持续下降，天然气消费也转为下降，到2050年分别为4亿吨标准煤、7亿吨标准煤左右，非化石能源占比达到55%。电力部门迅速脱碳，CO_2排放量到2050年下降到15亿吨左右，是这一阶段减碳的绝对主力。CCS从2045年左右开始大规模导入，主要用于工业部门，到2050年CO_2减排量达2亿吨。在此期间，我国CO_2排放量大幅下降，到2050年减少为60亿吨。

3. 深度减碳阶段(2050～2060年)

这一阶段，终端消费部门是我国实现进一步碳减排的重点，终端能源消费持续下降，煤炭消费急速减少，各个部门的电气化加速进展，到2060年电力占比达到44%，氢能占比达到6%左右。工业部门中，工业锅炉、窑炉全面转向电炉，电炉炼钢达到粗钢生产的一半，煤炭、石油主要用于化工原料，仅有天然气还作为燃料使用，氢能在炼钢、化工、窑炉等方面得到大规模应用。道路运输全面转向电力和氢能，油品主要用于航空部门。建筑部门的电力比例超过55%，天然气仍保持1/3左右的份额。除终端电力消费之外，制氢用电力大幅增加，到2060年发电总量达到近17万亿千瓦时。

电力部门中，光伏、风力发电大幅增长，光热发电也得到一定发展，2060年可再生能源发电装机达到66亿千瓦，占比达到85%，发电量占比达到近80%，储能规模达到约10亿千瓦。除常规核能发电之外，小型模块化反应堆成为清洁供热的重要来源。为了保障电力供给的安全，煤电、气电保持一定装机，但发电量占比仅为5%，电力部门CO_2排放量仅为6亿吨左右。

到2060年，一次能源消费中，煤炭下降到约3亿吨标准煤，石油约为5亿吨标准煤，天然气减少到6.5亿吨标准煤，非化石能源占比达到75%，利用CCUS的CO_2减排量达约4亿吨。我国CO_2排放量进一步下降，到2060年减为25亿吨。

6.4 基于情景比较的多能融合效果分析

6.4.1 化石能源清洁高效利用与耦合替代

参考情景下，煤电今后仍是我国发电的主力之一，煤炭热电联产也是供热的主要来源，2060年来自煤炭的电和热分别占到我国发电和供热总量的39%和92%。随着技术的持续进步，超超临界机组在煤电中的比例不断上升，到2060年占到煤电装机总量的70%。而由于经济性相对较低，模型分析中天然气发电没有得到发展。到2060年火力发电的平均热效率约为48%。

碳中和情景下，火力发电量大幅下降，作为电力供给的安全阀，煤电、气电仍保持了一定规模，但现有煤电机组逐步退役，2025年以后新建的煤电全部为超超临界机组，到2060年煤炭与生物质能耦合发电也得到一定发展。天然气发电中发电效率达到60%以上的联合循环机组达到一半左右。2060年火力发电的平均热效率达到52%。同时，煤电、气电在运用中主要作为调峰和备用电源，年发电小时数较低，分别只有1800小时和800小时左右。

2060年火力发电的碳排放强度在参考情景中降为704克CO_2/千瓦时，在碳中和情景中进一步下降到523克CO_2/千瓦时(图6.29)。

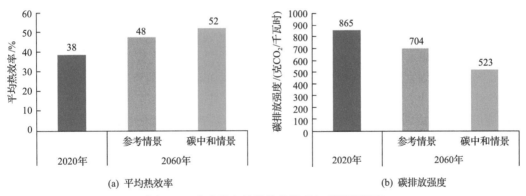

(a) 平均热效率　　　　　　　　　　　　(b) 碳排放强度

图6.29　火力发电的平均热效率与碳排放强度

参考情景下，受油价上涨驱动，煤化工成本竞争力提高，化工行业的煤炭利用逐步增加，到2060年达到5.6亿吨标准煤。化工行业整体的能源消费量到2060年增加到近11亿吨标准煤，CO_2排放总量达到15亿吨。

碳中和情景下，在中度的碳减排压力下，煤化工结合氢能利用得到较大发展，用煤量在2040年达到4.9亿吨标准煤，用氢量达到1500万吨标准煤左右。2050年以后随着碳减排压力进一步增强，化工用煤大幅下降，到2060年降到约1.1亿吨标准煤，化工用煤主要集中于乙二醇等的生产。煤加氢制乙二醇成为主流技术，氢能的利用大幅降低了乙二醇生产的碳排放，2060年比参考情景减少约6000万吨CO_2。

碳中和情景下，部门间能源的耦合利用也取得了进展。钢化联产，即用来自钢铁生产中的焦炉煤气、转炉煤气等的 CO、H_2 制造乙醇,在 2040 年占到乙醇总产量的近 30%。到 2060 年此技术生产的乙醇成为乙醇的最主要来源,不过由于传统高炉炼钢的减少,此时生产用的 CO 主要来自 CO_2 电催化,H_2 主要来自电解水制氢。到 2060 年甲醇全部通过二氧化碳加氢来制取。

2060 年化工行业整体用能比参考情景减少 1.4 亿吨标准煤,用电占比达到 27%,氢能利用量达到 5400 万吨标准煤。碳排放量减少 10 亿吨,降幅达 2/3,氢能利用等耦合技术、燃料替代、电气化是推动化工碳减排的主要手段(图 6.30)。

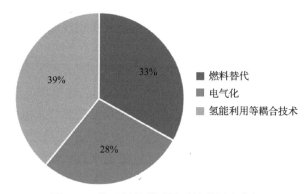

图 6.30　化工行业碳减排贡献的因素分解

6.4.2　非化石能源多能互补与规模应用

参考情景下,光伏发电、风电等可再生能源发电的发展缺乏高效低成本的储能技术的支撑,与高效火电、核能发电、水电等相比,经济性没有明显优势,模型分析中发展规模主要受考虑政策因素外生设置的规模下限所驱动,到 2060 年分别为 12 亿千瓦、7 亿千瓦。

碳中和情景下,液流电池、压缩空气储能等先进储能技术得到长足发展,电动车作为储能的作用也得到更大发挥,很大程度上缓解了可再生能源发电的间歇性问题,有力地促进了可再生能源发电的发展,到 2060 年光伏发电达到约 42 亿千瓦,风电达到 19 亿千瓦。风、光发电的进展是电力部门碳排放减少的最主要因素(图 6.31)。2060 年,在

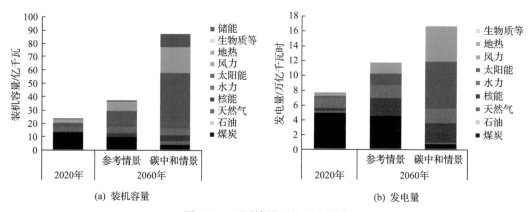

图 6.31　不同情景下的电力结构

发电总量高出参考情景近 5 万亿千瓦时的情况下，碳中和情景的电力供热部门的 CO_2 排放量减少 29 亿吨，仅为 6 亿吨左右。

　　碳中和情景下电力需求的增加，除了因为电气化带来的终端电力消费增加之外，电解水制氢也是主要因素之一，2060 年电解水制氢用电达到 2.2 万亿千瓦时，达到总发电量的 13%左右。2060 年，氢能主要来自电解水制氢，电解水制氢量达到 4800 万吨以上，核能制氢也得到了一定发展，制氢量达到 190 万吨左右(图 6.32)。

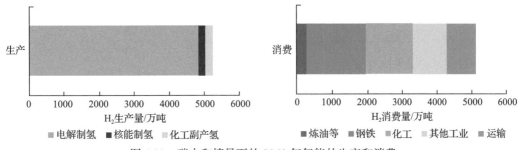

图 6.32　碳中和情景下的 2060 年氢能的生产和消费

　　用氢方面，2060 年工业部门占比达到近 80%，约为 4000 万吨，钢铁和化工是最主要的用氢行业，分别达到 1700 万吨和 1300 万吨。运输部门用氢达到 830 万吨，道路货运和客运各占一半左右。

6.4.3　高耗能工业低碳/零碳流程再造

1. 钢铁

钢铁行业是国民经济的重要基础产业，在我国工业化、城镇化进程中发挥着重要作用，钢铁行业也是我国制造业中碳排放最多的行业。2019 年中国粗钢产量为 10 亿吨，我国钢铁生产中目前约 90%来自采用传统高炉工艺的"长流程"生产方式，主要用焦炭还原铁矿石，从而生成液态铁，氧化还原过程主要发生在高炉炼铁阶段，该阶段的碳排放量占到全工艺的一半以上。而采用电炉的"短流程"可以利用废钢，不需要炼铁环节，其生产过程的能耗和碳排放强度都远远低于"长流程"，2019 年我国约有 10%的粗钢生产使用电炉(图 6.33)。

　　2019 年，我国废钢利用量约为 2.3 亿吨。今后，随着我国经济走向成熟，建筑用钢需求将会有所下降，同时，可以回收的废钢增多。为了降低钢铁部门的碳排放，需要推进钢材的回收利用，提高电炉炼钢的比例。同时，作为高炉炼钢的替代，重点发展氢能冶炼，用非化石能源电力生产的氢替代传统炼铁使用的焦炭等化石燃料，从而大幅降低铁矿石还原过程的碳排放。工业部门中，钢铁行业是最具碳减排潜力的行业之一。碳中和情景下，到 2060 年钢铁部门的 CO_2 排放降到 0.5 亿吨以下，电炉炼钢、氢能炼钢将全部取代高炉炼钢，各占钢铁生产的一半左右(图 6.34)。2020～2060 年，钢铁行业碳排放累计降低 20 亿吨以上，电炉的碳减排贡献最为突出(图 6.35)。

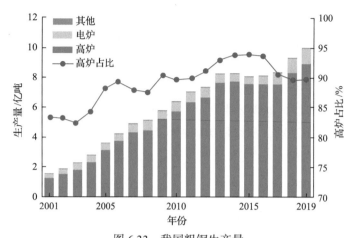

图 6.33　我国粗钢生产量

数据来源：世界钢铁协会（World Steel Association）、世界钢铁统计数据

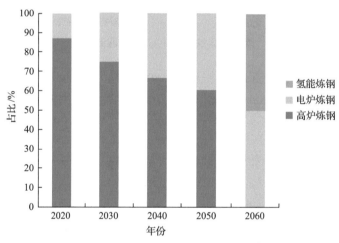

图 6.34　碳中和情景下的我国粗钢生产结构

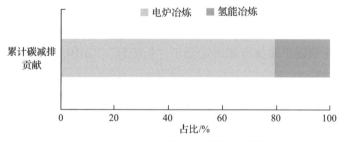

图 6.35　2020~2060 年钢铁行业累计碳减排贡献占比

2. 水泥

水泥是最重要的建筑原材料之一，水泥行业也是典型的能源密集型行业。我国水泥产量已连续 30 多年居世界第一位，2020 年我国水泥产量近 24 亿吨（图 6.36），CO_2 排放约为 15 亿吨，是制造业中第二大的碳排放源。水泥生产的碳排放主要来自熟料生产过程中生料煅烧石灰石分解，以及作为加热用燃料的煤等化石能源的燃烧。目前我国水泥企

业全部采用了新型干法生产技术，整体处于国际先进水平。

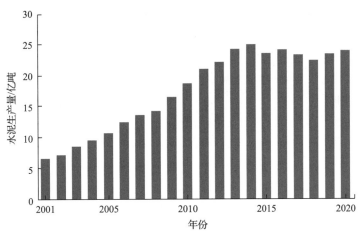

图 6.36　我国水泥生产量

数据来源：国家统计局

　　随着国内基础设施建设放缓和建筑存量饱和，国内水泥需求也将逐步降低。生产技术方面，降低水泥中熟料的用量，提高混合材的比例，用生物质、氢能等来替代化石燃料是水泥行业碳减排的重要手段。2020～2060 年，多种节能减排技术的应用将可以使水泥行业碳排放累计降低 64 亿吨，其中燃料转换、低熟料水泥的贡献较大(图 6.37)。

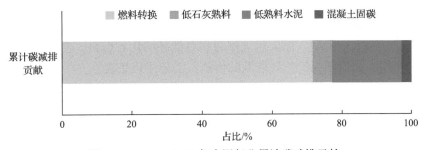

图 6.37　2020～2060 年水泥行业累计碳减排贡献

6.4.4　碳中和目标下的能源安全

1. 油气供给安全

　　2020 年我国的石油进口依存度达到 73%，天然气进口依存度也升至 43%，油气的安定供给是我国能源安全的核心问题之一。

　　我国石油资源有限,在本章的分析中,设定了年产原油不超过 2 亿吨的限制条件,同时设定了石油进口依存度到 2060 年不高于 60%的上限。碳中和情景下，作为石油消费的主力，在道路运输方面石油先是被天然气替代，之后随着减排压力的增加，电动车、氢能汽车得到进一步发展，道路运输用油大幅下降，石油进口依存度到 2045 年下降到 22%左右。之后，石油的用户主要是航空运输和化工部门，受这些部门需求扩大的影响，2050 年以后石油消费有所增加，进口依存度回升，到 2060 年略高于

40%（图 6.38）。

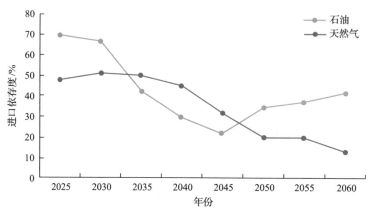

图 6.38 碳中和情景下的油气进口依存度

天然气方面，未来随着页岩气、煤层气等非常规天然气的开发和规模扩大，我国的天然气生产会有所增加，但更加旺盛的天然气需求使得供需缺口难以降低，碳中和情景下，进口依存度到 2035 年前一直接近前提设定的 50%这一上限。2040 年之后，随着天然气价格的逐步攀升，其经济性有所下降，同时，在减排压力下，建筑、道路运输用能从天然气转向更加低碳的电力和氢能，天然气消费转为减少，到 2060 年进口依存度得以降低到 13%左右。

总体来讲，碳减排的推进，有利于减少我国的石油消费，降低石油的进口依存度，改善我国石油供给安全问题。而天然气作为相对低碳的化石燃料，会在一段时间内起到过渡能源的作用，如何确保天然气资源的供给，需要予以重视。

2. 高比例可再生能源发电与电力系统安全

未来我国电力系统中可再生能源发电的比重将持续上升，可再生能源发电装机容量占比和发电量占比如图 6.39 所示。在碳中和情景下，随着碳减排压力的逐步强化，电力部门是推进碳减排的优先领域，可再生能源发电比例进一步大幅上升，到 2060 年装机容

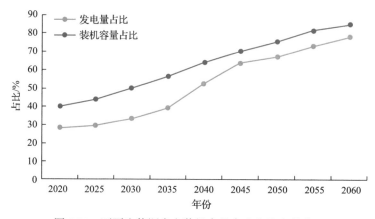

图 6.39 可再生能源发电装机容量占比和发电量占比

量占比达到 85%, 发电量占比达到 79%。在 CCS 的利用规模有限的情况下, 为了实现碳中和, 发电部门的脱化石燃料、近零碳化是必然趋势, 在高比例可再生能源电力系统中, 为了保持电力系统的昼夜供需平衡, 在长周期尺度上弥补间歇性光伏、风力发电在特定时段、不良气候条件下的供给不足, 需要储能发挥主要作用, 碳中和情景中专用储能达到 10 亿千瓦, 电动车储能也是具有较高经济性的重要的储能手段。此外, 维持一定规模的煤炭和天然气发电也可以起到重要的保障作用。

6.4.5　碳中和目标达成的成本比较分析

与参考情景相比, 在碳中和情景下, 在电力部门, 用光伏、风力发电配以压缩空气储能、光热发电来代替煤电; 在运输部门, 用电动汽车、氢燃料电池汽车替代燃油汽车; 在建筑部门更新换代采用价格较高的节能家电、用电设备等; 这些节能减排技术的采用, 加上制氢设备、CCUS 设备等的费用, 增加了能源系统的投资。与参考情景相比, 2020~2060 年的能源系统累计总投资在碳中和情景下增加了 51 万亿元, 增加的投资中电力部门占主要部分。与此相对, 终端消费的减少也降低了对化石燃料加工转换的投资, 电力以外的能源转换部门的投资, 累计减少总额达到 5 万亿元。终端和发电等方面化石能源消费的减少, 降低了能源系统中的化石燃料费用, 与参考情景相比, 化石燃料费用累计减少了 20 万亿元(图 6.40)。

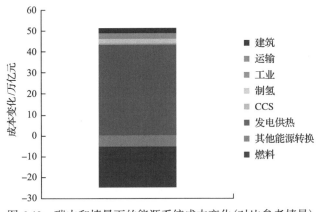

图 6.40　碳中和情景下的能源系统成本变化(对比参考情景)

综合计算上述成本变化, 碳中和情景下能源系统的总成本(初期投资+运维费用+一次能源购入)在 2020~2060 年比参考情景增加了 27 万亿元。

与参考情景相比, 碳中和情景下 2020~2060 年的 CO_2 累计排放量减少 816 亿吨, 平均减排成本约为 326 元/吨 CO_2。

从碳减排边际成本来看, 碳中和情景下, 当碳排放总量为 90 亿吨左右时, 碳减排的边际成本在 200 元/吨 CO_2 左右, 当碳排放量降低到 40 亿~60 亿吨时, 减排的边际成本在 600 元/吨 CO_2 上下, 当碳排放量进一步低到 25 亿吨左右时, 碳减排边际成本急剧上升, 达到近 2500 元/吨 CO_2(图 6.41)。

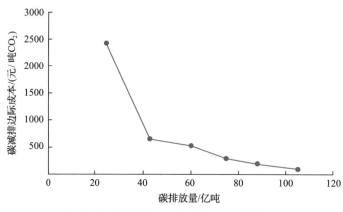

图 6.41　碳中和情景下碳减排的边际成本

第 7 章

碳中和目标下多能融合战略发展的结论与建议

7.1　进一步加强顶层设计，提升多能融合理念与技术对国家战略目标的支撑

能源发展战略是国家战略的重要组成部分。我国能源发展必须紧紧围绕新时代的新部署、新要求，从经济社会发展全局出发，以中国立场、全球视野，谋划具有前瞻性、操作性的能源发展战略。对照"两个一百年"奋斗目标和"双碳"目标，能源战略与能源技术必须加强顶层设计，综合考虑未来 10 年我国要建设成富强、民主、文明、和谐、美丽的社会主义现代化强国的国家战略的总体需求，明确能源发展战略中各个阶段、各个节点的衔接，以能源技术革命支撑领域能源革命，使之与"两个一百年"奋斗目标、"双碳"目标部署结合得更加紧密。

多能融合是适合我国能源资源禀赋、产业基础和现阶段高质量发展需求的理念与技术体系，且通过多个典型区域的示范、多项技术的研发与应用、多个行业的探讨，以中国科学院洁净能源创新研究院为代表的一批国内能源领域的科研机构，在多能融合领域多年来积累了一批先进的科研成果，其能够作为指导我国能源系统综合发展的系统方案。建议进一步加强以多能融合为核心的顶层设计，提升多能融合理念与技术对国家战略目标的支撑能力。

7.2　进一步激发各创新主体的积极性，推动多能融合创新体系的落实

面对多能融合新理念、新技术发展需求，建议进一步提升多能融合创新体系的构建与落实，建立符合多能融合特色的创新链、产业链、资金链、政策链相互交织、相互支撑的全链条创新体系。激发政府、企业、高校、科研机构、金融机构等各类创新主体的积极性，明确各类创新主体在国家创新体系中的使命定位，推动以多能融合为特征的能源技术创新政策的落实。

一是尽快完善能源领域国家实验室建设体系。在重大创新领域组建一批国家实验室，是习近平总书记在中共十八届五中全会提出的重大战略举措。2018 年的政府工作报告中提出要"高标准建设国家实验室"，2021 年政府工作报告中再次提出"强化国家战略科技力量，推进国家实验室建设"。能源领域研究是多学科交叉、技术集成度高、系统性较

强的科技创新，具有前瞻性、颠覆性、风险大、长期性等特点。建议国家发挥我国社会主义制度能够集中力量办大事的优势，瞄准制约我国能源发展的瓶颈问题和可能取得革命性突破的前沿技术，牵头组织优势力量开展重大关键技术集成化创新和联合攻关，依托重大能源工程开展试验示范，推动能源技术创新能力显著提升，这对推动我国能源科技进步，提升能源领域国际影响力，达到国家"双碳"目标具有重要的意义。

二是强化企业创新主体地位和主导作用。促进创新资源高效合理配置，出台政策鼓励企业加大对新技术的投入，激发企业创新的内生动力，培育一批具有国际竞争力的能源技术创新领军企业，推动企业成为能源技术与能源产业紧密结合的重要创新平台。

三是深化能源领域科研院所分类改革和高等学校科研体制机制改革。培育多元包容、尊重创新、宽容失败、良性竞争的科研文化，强化科研院所和高等院校的源头创新主力军地位。改革科技评价制度，建立以科技创新质量、贡献、绩效为导向的分类评价体系。

四是深化科技计划（专项、基金）管理改革，强化对能源重点领域技术研发和示范应用的支持。推动企业成为能源技术研发的投入主体，鼓励企业自主投入开展能源重大关键共性技术、装备和标准的研发攻关。研究设立能源产业科技创新投资基金，支持能源科技示范工程建设和企业技术改造。引导风险投资、私募股权投资等支持能源技术创新。深化金融领域改革，拓宽能源技术创新融资渠道，降低融资成本。积极发挥政策性金融、开发性金融和商业金融的优势，加大对能源技术重点领域的支持力度。

7.3 进一步明确多能融合技术变革发展的优先级，制定多能融合核心技术突破的路线图

绿色低碳能源技术创新及能源系统集成创新将成为引领新一次工业革命的关键因素，需要从技术/资源战略储备角度来确定重大变革技术的发展优先级，并根据优先级制定多能融合核心技术突破的路线图。建议国家成立领导小组，加强全局性顶层设计，充分发挥新型举国体制优势，构建新型创新体系，在一盘棋下绘制以多能融合为特征的能源发展路线。具体地，跨领域系统化部署以多能融合为特征的重大科技研发任务，推进跨领域综合交叉，打破能源与其他行业、能源内各分系统间相互独立分割的局面，解决控煤问题中依靠单个领域科技发展难以突破的跨系统问题，远近结合，明确战略高地，谋划关键核心技术的突破路线。在"十四五"期间，加速发展大规模储能技术和现代电网智能调控技术，解决大规模新能源和分布式发电并网消纳问题，形成以新能源为主体的新型电力系统，适应新能源电力生产、输送、并网和消纳环节的大规模、高比例特性。加速煤炭清洁高效转化技术突破与集中示范，突破合成气一步法转化高值化学品、煤制芳烃、煤炭分级分质利用等关键核心技术。中远期加快推进实现煤炭减量发展的关键技术，突破钢铁、化工、水泥、有色等难减排行业的零碳/低碳流程再造技术；部署前沿性和颠覆性技术，如先进核能、光电催化制氢、跨系统耦合集成与优化、大规模低成本 CCUS 等技术的创新、研发与突破，为深度减煤、减碳提供技术

支撑。

7.4 进一步推进跨领域的多能融合示范

多能融合是打破现有能源领域行业板块壁垒,推动各能源系统间资源优势的"合并",重构我国能源及重工业体系,实现高碳行业的绿色低碳循环发展的可行手段。多能融合重在推进跨能源系统、跨产业的融合,如在发电方面,利用大规模储能平台,推进可再生能源大规模、高比例发展,降低煤电机组的发电、调峰需求,降低电煤消费。在煤炭转化方面,推进可再生能源、高温核能等制取氢气,利用氢的能量和物质双重属性,构建绿氢与煤化工耦合、绿氢与二氧化碳催化转化制取化学品、氢能冶炼等绿色工业体系,不仅能从源头上降低煤炭消费,甚至还能实现工业生产过程的零碳化、负碳化。在产业融合方面,基于合成气平台,推进钢铁与化工行业融合,推进含碳尾气的资源化利用;基于共性产品,推进石油化工与煤化工融合。建议充分发挥新型举国体制优势,跨领域系统化部署多能融合重大科技专项,推进跨领域综合交叉,打破能源与其他行业、能源内各分系统间相互独立分割的局面,解决依靠单个领域科技发展难以突破的跨系统问题。

7.5 进一步推进典型区域的多能融合示范

我国幅员辽阔,各地能源状况不同且发展极不均衡,严重制约了多能融合现代能源体系的整体建设。现阶段,最可行的途径是在典型区域示范,集中突破一批多能融合关键技术,统筹优化已有的先进能源技术,系统创新融合模式,全面完善体制机制,为多能融合现代能源体系的全国建设提供技术方案,以点带面促进形成全国低碳发展新格局。在详细梳理多能融合技术方案的基础上,针对新时代发展下的高质量发展新要求,开展多能融合技术集中示范,进一步明确典型区域示范的任务,强化示范任务的过程管理,有效吸引企业、地方政府等社会优势力量参与,发挥组合优势,构建区域多能融合现代能源体系雏形,为全国现代能源体系的整体推进探索路径。

7.6 进一步提升多能融合理念与技术的国际合作

多能融合已经成为全球各国能源发展的趋势,我国在多能融合领域已经具备较好的基础,通过开展能源外交,加强能源国际合作,提升我国能源转型和低碳发展的话语权。坚持打开国门搞能源建设,以"一带一路"建设为契机,不断深化国际能源合作。在能源技术领域推进国际合作,广泛开展双多边合作与交流,促进国外先进能源技术和装备的引进、消化、吸收,实现知识产权自主化,提升国产化水平和市场竞争力。坚持"走出去"和"引进来"并重，在主要立足国内的条件下，在能源生产和消费革命的各个方面全方位加强国际能源合作，有效利用国际资源。抓好重大标志性合作项目，推动能源装备、技术、标准、服务"走出去"，努力抢占国际能源发展制高点。稳步推进全球能源互联网建设，加快与周边国家在能源设施方面的互联互通。

参 考 文 献

[1] 汤匀, 陈伟. 拜登气候与能源政策主张对我国影响分析及对策建议[J]. 世界科技研究与发展, 2021, 43(5): 605-615.

[2] 陈伟, 郭楷模, 岳芳, 等. 世界主要经济体能源战略布局与能源科技改革[J]. 中国科学院院刊, 2021, 36(1): 115-117.

[3] 蔡睿, 朱汉雄, 李婉君, 等. "双碳"目标下能源科技的多能融合发展路径研究[J]. 中国科学院院刊, 2022, 37(4): 502-510.

[4] 庞军, 常原华. 欧盟碳边境调节机制对我国的影响及应对策略[J]. 可持续发展经济导刊, 2023(Z1): 32-35.

[5] 叶茂, 朱文良, 徐庶亮, 等. 关于煤化工与石油化工的协调发展[J]. 中国科学院院刊, 2019, 34(4): 417-425.

[6] 陈洪派, 商辉, 孔志媛. 甲醇制烯烃工艺技术发展现状[J]. 现代化工, 2022, 42(8): 80-84,88.

[7] 黄晓凡, 汤效平, 崔宇, 等. 由煤炭制取芳烃技术进展[J]. 当代化工, 2020, 49(11): 2615-2620.

[8] 兰荣亮. 煤制乙醇工业生产技术对比分析[J]. 山东化工, 2019, 48(7): 139-140.

[9] 江天诰. 乙二醇的生产工艺技术研究[J]. 山西化工, 2021, 41(5): 52-53,76.

[10] 丁云杰. 煤经合成气制乙醇和混合高碳伯醇的研究进展[J]. 煤化工, 2018, 46(1): 1-5.

[11] 丁云杰, 朱何俊, 王涛, 等. 一种 CO 加氢直接合成高碳伯醇的催化剂及其制备方法: 101310856 A[P]. 2008-11-26.

[12] 中国石化有机原料科技情报中心站. 合成气制高碳醇 Co-Co2C 基催化剂项目通过鉴定[J]. 石油化工技术与经济, 2020, 36(1): 10.

[13] 赵国龙, 刘存, 邢学想, 等. 合成气一步法制低碳烯烃研究新进展[J]. 现代化工, 2019, 39(2): 55-60.

[14] 王集杰, 韩哲, 陈思宇, 等. 太阳燃料甲醇合成[J]. 化工进展, 2022, 41(3): 1309-1317.

[15] 俞红梅, 邵志刚, 侯明, 等. 电解水制氢技术研究进展与发展建议[J]. 中国工程科学, 2021, 23(2): 146-152.

[16] 毛宗强. 制氢工艺与技术[M]. 北京: 化学工业出版社, 2018.

[17] 陆佳敏, 徐俊辉, 王卫东, 等. 大规模地下储氢技术研究展望[J]. 储能科学与技术, 2022, 11(11): 9.

[18] 刘应都, 郭红霞, 欧阳晓平. 氢燃料电池技术发展现状及未来展望[J]. 中国工程科学, 2021, 23(4): 162-171.

[19] 张新宝, 张超, 孟凡朋, 等. 固体氧化物燃料电池的研究进展[J]. 山东陶瓷, 2021, 44(1): 9-11.

[20] 王宇鹏, 马秋玉, 赵洪辉, 等. 车用燃料电池系统技术综述[J]. 汽车文摘, 2019(1): 42-47.

[21] 张真, 杜宪军. 碳中和目标下氢冶金减碳经济性研究[J]. 价格理论与实践, 2021, 443(5): 65-68,184.

[22] Hepburn C, Adlen E, Beddington J, et al. The technological and economic prospects for CO_2 utilization and removal[J]. Nature, 2019, 575(7781): 87-97.

[23] 樊强, 许世森, 刘沅, 等. 基于 IGCC 的燃烧前 CO_2 捕集技术应用与示范[J]. 中国电力, 2017, 50(5): 163-167.

[24] 刘飞, 关键, 祁志福, 等. 燃煤电厂碳捕集, 利用与封存技术路线选择[J]. 华中科技大学学报(自然科学版), 2022, 50(7): 13.

[25] Yang L, Xu M, Fan J L, et al. Financing coal-fired power plant to demonstrate CCS (carbon capture and storage) through an innovative policy incentive in China[J]. Energy Policy, 2021, 158: 112562.

[26] 金鹏, 姜泽毅, 包成, 等. 炉顶煤气循环氧气高炉的能耗和碳排放[J]. 冶金能源, 2015, 34(5): 11-18.

[27] 王新频. 水泥工业几种 CO_2 捕获工艺介绍[J]. 水泥, 2019(7): 4-6.

[28] 吴涛, 桑圣欢, 祁治军, 等. 水泥厂碳捕集工艺技术[J]. 水泥技术, 2020, 1(4): 90-95.

[29] Li Z L, Wang J J, Qu Y Z, et al. Highly selective conversion of carbon dioxide to lower olefins[J]. ACS Catalysis, 2017, 7(12): 8544-8548.

[30] Li Z L, Qu Y Z, Wang J J, et al. Highly selective conversion of carbon dioxide to aromatics over tandem catalysts[J]. Joule, 2019, 3(2): 570-583.

[31] Wei J, Ge Q J, Yao R W, et al. Directly converting CO_2 into a gasoline fuel[J]. Nature Communications, 2017, 8(1): 1-9.

[32] 张甄, 王宝冬, 赵兴雷, 等. 光电催化二氧化碳能源化利用研究进展[J]. 化工进展, 2019, 38(9): 3927-3935.

[33] 樊静丽, 李佳, 晏水平, 等. 我国生物质能-碳捕集与封存技术应用潜力分析[J]. 热力发电, 2021, 50(1): 11.

[34] 毛政中, 孙怡, 黄志鹏, 等. 微生物电解池产甲烷技术研究进展[J]. 化工学报, 2019, 70(7): 2411-2425.

[35] 曲建升, 陈伟, 曾静静, 等. 国际碳中和战略行动与科技布局分析及对我国的启示建议[J]. 中国科学院院刊, 2022, 37(4): 444-458.

[36] 朱汉雄, 王一, 茹加, 等. "双碳"目标下推动能源技术区域综合示范的路径思考[J]. 中国科学院院刊, 2022, 37(4): 559-566.

[37] 郦秀萍, 上官方钦, 周继程, 等. 钢铁制造流程中碳素流运行与碳减排途径[M]. 北京: 冶金工业出版社, 2020.

[38] 吴君时, 郝文斌, 弭永利. 离子液体作为电解质应用于电解铝的研究现状与展望[J]. 化学工程, 2020, 48(3): 15-20.

[39] 李相白, 李建春. 碳足迹下云南绿色铝产业发展研究[J]. 云南科技管理, 2022, 35(2): 10-12.

[40] 刘中民, 魏迎旭, 齐越, 等. 采用改性 ZSM-5 分子筛催化剂催化甲醇耦合石脑油催化裂解反应的方法: CN102531821A [P]. 2012-07-04.

[41] 彭志荣, 段海涛, 董万军, 等. 乙烯装置能耗分析及优化措施[J]. 乙烯工业, 2021, 33(1): 11-13.

[42] 中国石油和化学工业联合会, 山东隆众信息技术有限公司. 中国石化市场预警报告(2022)[M]. 北京: 化学工业出版社, 2022.

[43] 储满生, 柳政根, 唐珏. 低碳炼铁技术[M]. 北京: 冶金工业出版社, 2021.